線形代数学
講義と演習

連立方程式の解法から学ぶ

小松 尚夫 著

大学教育出版

序　　文

本書は線形代数の入門書かつ演習書である．連立 1 次方程式という平易な問題の解法から出発し，行列の行基本変形に重点をおき，線形代数の基本事項が身に付くことを目標にしている．講義テキストとして用いることもできるが，自学自習もできるように丁寧に構成してある．また練習問題も多く収録しているので，紙と鉛筆を用いて自らの手で問題を解き進め実感として理解することができる．なぜこうなるのかがわかったならば，是非演習問題に当たり理解を深め，線形代数の知識を自分のものにしてほしい．

2010 年 1 月

小松　尚夫

線形代数学

目　次

第0章　高校までの復習

0.1　復習問題

高校までの復習として幾つかの問題を解いてみよう. 大学の線形代数を理解する上での基本事項が含まれているので, 間違ったりわからなかったりした問題はきちんと解けるようにしておくことが望ましい.

1.　次の連立方程式を解きなさい.

$$\begin{cases} x+5y+2z=9 \\ x+\ \ y+3z=0 \\ 2x+7y+3z=13 \end{cases}$$

2. 次の3種類の連立方程式を解きなさい.

$$(1)\quad \begin{cases} x+\ \ y=2 \\ 3x-2y=1 \end{cases} \qquad (2)\quad \begin{cases} x+\ \ y=2 \\ 2x+2y=4 \end{cases} \qquad (3)\quad \begin{cases} x+\ \ y=2 \\ 2x+2y=1 \end{cases}$$

3. 2つのベクトル $\vec{a}=(-1,2)$, $\vec{b}=(1,3)$ に対して次の問いに答えよ.
(1) $\vec{c}=(2,2)$ のとき, $\vec{c}=k\vec{a}+l\vec{b}$ となるような実数 k, l の値を定めよ.
(2) $\vec{d}=(x,-1)$ のとき, $3\vec{a}+2\vec{d}$ が $\vec{b}$ と垂直になるように, 実数 x の値を定めよ.

4. 次のそれぞれの行列 A に対して, $AB=E$ をみたす行列 B がそれぞれ存在するか. 存在すれば B を求めよ.

$$(1)\quad A=\begin{pmatrix} 2 & 1 \\ -4 & -2 \end{pmatrix} \qquad (2)\quad A=\begin{pmatrix} -3 & -5 \\ 2 & 3 \end{pmatrix}$$

5. $3A+B=\begin{pmatrix} 1 & 2 \\ 3 & 4 \end{pmatrix}$, $3A-B=\begin{pmatrix} 1 & -2 \\ -3 & 4 \end{pmatrix}$ のとき, $9A^2-B^2$ を求めなさい.

6. $A=\begin{pmatrix} -3 & -5 \\ 2 & 3 \end{pmatrix}$ について次の問いに答えなさい.
(1) 行列 A により点 $(2,-2)$ に移される点 (x,y) を求めなさい.

(2) 行列 A により直線 $y=-x+2$ はどんな図形に移されるか.

7. $A=\begin{pmatrix}2 & 1\\ 7 & 8\end{pmatrix}$, $P=\begin{pmatrix}1 & 1\\ -1 & 7\end{pmatrix}$ に対して次の問いに答えなさい.
(1) $B=P^{-1}AP$ を求めなさい.
(2) A^n を求めなさい.

0.2　確認問題

1.　次の連立方程式を解きなさい.

$$\begin{cases} x-4y-\ \ z=-10\\ x-3y+5z=\ \ 10\\ 3x+2y-2z=\ \ \ 1\end{cases}$$

2. 次の連立方程式について次の問いに答えなさい.

$$\begin{cases} x-\ \ y=3\\ 2x-2y=k\end{cases}$$

(1) どんな k の値に対して解をもたないか.
(2) どんな k の値に対してちょうど1個の解をもつか.
(3) どんな k の値に対して無限個の解をもつか.

3. 2つのベクトル $\vec{a}=(-1,2)$, $\vec{b}=(1,x)$ に対して次の問いに答えよ.
(1) $2\vec{a}+3\vec{b}$ と $\vec{a}-2\vec{b}$ が平行になるように, 実数 x の値を定めよ.
(2) $2\vec{a}+3\vec{b}$ と $3\vec{a}+2\vec{b}$ が垂直になるように, 実数 x の値を定めよ.

4. $A=\begin{pmatrix}2 & -1\\ 3 & -2\end{pmatrix}$ という行列について, A^2, A^3 を計算し, A^n を求めなさい.

5. $2A+3B=\begin{pmatrix}2 & -4\\ 1 & 5\end{pmatrix}$, $2A-3B=\begin{pmatrix}2 & 4\\ -1 & 5\end{pmatrix}$ のとき, $4A^2-9B^2$ を求めなさい.

6. $A=\begin{pmatrix}2 & -1\\ -5 & 3\end{pmatrix}$ について次の問いに答えなさい.
(1) $AB=BA=\begin{pmatrix}1 & 0\\ 0 & 1\end{pmatrix}$ をみたす行列 B を求めなさい.
(2) 行列 A により点 $(3,-4)$ に移される点 (x,y) を求めなさい.

7. $A = \begin{pmatrix} 1 & 2 \\ -1 & 4 \end{pmatrix}$, $P = \begin{pmatrix} 2 & 1 \\ 1 & 1 \end{pmatrix}$ に対して次の問いに答えなさい.

(1) $B = P^{-1}AP$ を求めなさい.

(2) A^n を求めなさい.

第1章　連立1次方程式と行列

1.1　連立1次方程式

次の連立1次方程式を解いてみよう.

$$\begin{cases} 5x+3y=-1 \\ 2x-3y=8 \end{cases}$$

代入法, 消去法, あるいは両方の組合せなどいろいろな方法が考えられる.
この連立方程式だけを操作して解いてみると, 例えば次のようになる.

$$\begin{cases} 5x+3y=-1 \\ 2x-3y=8 \end{cases} \xrightarrow{\text{第2式を第1式に加える}} \begin{cases} 7x \qquad =7 \\ 2x-3y=8 \end{cases}$$

$$\xrightarrow{\text{第1式を }\frac{1}{7}\text{ 倍する}} \begin{cases} x \qquad =1 \\ 2x-3y=8 \end{cases} \xrightarrow{\text{第1式を }(-2)\text{ 倍して第2式に加える}} \begin{cases} x \qquad =1 \\ \quad -3y=6 \end{cases}$$

$$\xrightarrow{\text{第2式を }-\frac{1}{3}\text{ 倍する}} \begin{cases} x=1 \\ y=-2 \end{cases}.$$

正確に言うと, **消去法**とは次の3つの操作からなるものをいう.

1. ある方程式に0でない定数をかける.
2. 2つの方程式を入れ替える.
3. ある方程式の定数倍を別の方程式に加える.

実は, 連立1次方程式

$$\begin{cases} 5x+3y=-1 \\ 2x-3y=8 \end{cases}$$

の解に関する情報はすべて, **行列**と呼ばれる2次元の配列

$$\begin{pmatrix} 5 & 3 & -1 \\ 2 & -3 & 8 \end{pmatrix}$$

に集約されている[1]. すなわち, 上の連立方程式で数字の部分のみ抜き出した形で考えると, 次のような操作をすることになる. ここで, 横方向の並びを**行**といい, 上から順に, 第1行,

[1]左辺と右辺を区別したいときは, $\left(\begin{array}{cc|c} 5 & 3 & -1 \\ 2 & -3 & 8 \end{array}\right)$ などと書く.

第2行, ... などと呼ぶ.

$$\begin{pmatrix} 5 & 3 & -1 \\ 2 & -3 & 8 \end{pmatrix} \xrightarrow{\text{第2行を第1行に加える}} \begin{pmatrix} 7 & 0 & 7 \\ 2 & -3 & 8 \end{pmatrix}$$

$$\xrightarrow{\text{第1行を } \frac{1}{7} \text{ 倍する}} \begin{pmatrix} 1 & 0 & 1 \\ 2 & -3 & 8 \end{pmatrix} \xrightarrow{\text{第1行を } (-2) \text{ 倍して第2行に加える}} \begin{pmatrix} 1 & 0 & 1 \\ 0 & -3 & 6 \end{pmatrix}$$

$$\xrightarrow{\text{第2行を } -\frac{1}{3} \text{ 倍する}} \begin{pmatrix} 1 & 0 & 1 \\ 0 & 1 & -2 \end{pmatrix}$$

一般に, m 個からなる n 元1次連立方程式

$$\begin{cases} a_{11}x_1 + a_{12}x_2 + \cdots + a_{1n}x_n = b_1 \\ a_{21}x_1 + a_{22}x_2 + \cdots + a_{2n}x_n = b_2 \\ \quad \vdots \qquad\quad \vdots \qquad\qquad\quad \vdots \qquad \vdots \\ a_{m1}x_1 + a_{m2}x_2 + \cdots + a_{mn}x_n = b_m \end{cases}$$

を考えよう. ここで $x_1, x_2, \ldots, x_n$ は変数で, a や b などは定数である. このとき, $+$ や $=$ の記号, x などを取り除いて長方形の形に数を並べると

$$\begin{pmatrix} a_{11} & a_{12} & \cdots & a_{1n} & b_1 \\ a_{21} & a_{22} & \cdots & a_{2n} & b_2 \\ \vdots & \vdots & & \vdots & \vdots \\ a_{m1} & a_{m2} & \cdots & a_{mn} & b_m \end{pmatrix}$$

となる. これを**拡大係数行列**と呼ぶ. そして, 方程式の場合の消去法に対応する次の操作を**掃き出し法**と呼ぶ.

1. ある行に0でない定数をかける.

2. 2つの行を入れ替える.

3. ある行の定数倍を別の行に加える.

またこのように, 横方向の並びである行を元にした変形方法を**行基本変形**と呼ぶ.

未知数が3個である3元連立1次方程式について, 連立方程式と拡大係数行列による解法を比較してみよう.

$$\begin{cases} x + 2y + z = 8 \\ 2x - 3y + 4z = 8 \\ 3x + 5y - 6z = -5 \end{cases} \qquad \begin{pmatrix} 1 & 2 & 1 & 8 \\ 2 & -3 & 4 & 8 \\ 3 & 5 & -6 & -5 \end{pmatrix}$$

第1式を -2 倍して第2式に加える　第1行を -2 倍して第2行に加える

$$\begin{cases} x+2y+z=8 \\ -7y+2z=-8 \\ 3x+5y-6z=-5 \end{cases} \qquad \begin{pmatrix} 1 & 2 & 1 & 8 \\ 0 & -7 & 2 & -8 \\ 3 & 5 & -6 & -5 \end{pmatrix}$$

第 1 式を -3 倍して第 3 式に加える　第 1 行を -3 倍して第 3 行に加える

$$\begin{cases} x+2y+z=8 \\ -7y+2z=-8 \\ -y-9z=-29 \end{cases} \qquad \begin{pmatrix} 1 & 2 & 1 & 8 \\ 0 & -7 & 2 & -8 \\ 0 & -1 & -9 & -29 \end{pmatrix}$$

第 3 式を (-1) 倍する　第 3 行を (-1) 倍する

$$\begin{cases} x+2y+z=8 \\ -7y+2z=-8 \\ y+9z=29 \end{cases} \qquad \begin{pmatrix} 1 & 2 & 1 & 8 \\ 0 & -7 & 2 & -8 \\ 0 & 1 & 9 & 29 \end{pmatrix}$$

第 2 式と第 3 式を入れ替える　第 2 行と第 3 行を入れ替える

$$\begin{cases} x+2y+z=8 \\ y+9z=29 \\ -7y+2z=-8 \end{cases} \qquad \begin{pmatrix} 1 & 2 & 1 & 8 \\ 0 & 1 & 9 & 29 \\ 0 & -7 & 2 & -8 \end{pmatrix}$$

第 2 式を -2 倍して第 1 式に加える　第 2 行を -2 倍して第 1 行に加える
第 2 式を 7 倍して第 3 式に加える　第 2 行を 7 倍して第 3 行に加える

$$\begin{cases} x-17z=-50 \\ y+9z=29 \\ 65z=195 \end{cases} \qquad \begin{pmatrix} 1 & 0 & -17 & -50 \\ 0 & 1 & 9 & 29 \\ 0 & 0 & 65 & 195 \end{pmatrix}$$

第 3 式を $\frac{1}{65}$ 倍する　第 3 行を $\frac{1}{65}$ 倍する

$$\begin{cases} x-17z=-50 \\ y+9z=29 \\ z=3 \end{cases} \qquad \begin{pmatrix} 1 & 0 & -17 & -50 \\ 0 & 1 & 9 & 29 \\ 0 & 0 & 1 & 3 \end{pmatrix}$$

第 3 式を 17 倍して第 1 式に加える　　第 3 行を 17 倍して第 1 行に加える
第 3 式を -9 倍して第 2 式に加える　第 3 行を -9 倍して第 2 行に加える

$$\begin{cases} x \qquad = 1 \\ \quad y \quad = 2 \\ \qquad z = 3 \end{cases} \qquad\qquad \begin{pmatrix} 1 & 0 & 0 & 1 \\ 0 & 1 & 0 & 2 \\ 0 & 0 & 1 & 3 \end{pmatrix}$$

解は $x = 1,\ y = 2,\ z = 3$ である．

練習問題 1.1

1. 次のそれぞれの連立方程式に関する拡大係数行列を求めよ．

(1) $\begin{cases} 3x - 2y = -1 \\ 4x + 5y = 3 \\ 7x + 3y = 2 \end{cases}$　(2) $\begin{cases} 2x_1 + 5x_3 = 1 \\ 3x_1 - x_2 + 4x_3 = -5 \\ 6x_1 + x_2 - x_3 = -10 \end{cases}$

(3) $\begin{cases} x_1 + 2x_2 - x_4 + x_5 = 1 \\ 3x_2 + x_3 - x_5 = 2 \\ x_3 + 7x_4 = 1 \end{cases}$　(4) $\begin{cases} x = 1 \\ y = 1 \\ z = 1 \end{cases}$

2. 次の拡大係数行列に対応する連立方程式をそれぞれ求めよ．ただし，変数は $x,\ y,\ z,\ w,\ \ldots$ でも $x_1,\ x_2,\ x_3,\ x_4,\ \ldots$ でもよい．

(1) $\begin{pmatrix} 2 & 0 & 0 \\ 3 & -4 & 0 \\ 0 & 1 & 1 \end{pmatrix}$　(2) $\begin{pmatrix} 3 & 0 & -2 & 5 \\ 6 & 1 & 4 & -3 \\ 0 & -2 & 1 & 9 \end{pmatrix}$

(3) $\begin{pmatrix} 7 & 2 & 1 & -3 & 5 \\ 1 & 2 & 4 & 0 & 1 \end{pmatrix}$　(4) $\begin{pmatrix} 1 & 0 & 0 & 0 & 7 \\ 0 & 1 & 0 & 0 & -2 \\ 0 & 0 & 1 & 0 & 3 \\ 0 & 0 & 0 & 1 & 4 \end{pmatrix}$

3. 上の連立方程式 1(2), 2(2) を掃き出し法によりそれぞれ解け．

4. 次の連立方程式を行列の行基本変形を用いて解け．

$$\begin{cases} x + y + 2z = 6 \\ 3x + 6y - 5z = -1 \\ 2x + 4y - 3z = 0 \end{cases}$$

1.2　階数

行列を使って，連立 1 次方程式の解を求める方法を学んだ．ところで，次の連立 1 次方程式を解いてみよう．

$$(1)\ \begin{cases} 4x - 2y = 8 \\ 2x - y = 4 \end{cases} \qquad (2)\ \begin{cases} 4x - 2y = 5 \\ 2x - y = 4 \end{cases}$$

(1) 拡大係数行列に直して行基本変形を施すと,

$$\begin{pmatrix} 4 & -2 & 8 \\ 2 & -1 & 4 \end{pmatrix} \xrightarrow{\text{第1行と第2行を交換する}} \begin{pmatrix} 2 & -1 & 4 \\ 4 & -2 & 8 \end{pmatrix}$$

$$\xrightarrow{\text{第1行を}\ (-2)\ \text{倍して第2行に加える}} \begin{pmatrix} 2 & -1 & 4 \\ 0 & 0 & 0 \end{pmatrix} \xrightarrow{\text{第1式を}\ \frac{1}{2}\ \text{倍する}} \begin{pmatrix} 1 & -\frac{1}{2} & 2 \\ 0 & 0 & 0 \end{pmatrix}.$$

これは連立方程式

$$\begin{cases} 2x - y = 4 \\ \quad\ \ 0 = 0 \end{cases}$$

と同値である. 第２式は自明の式であるから, 見かけ上は２個でも実質１個の式

$$2x - y = 4$$

だけということになる. これをみたす解 (x, y) は $(-1, -6)$, $(0, -4)$, $(1, -2)$, $(2, 0)$, $(3, 2)$ など無数に存在する. 一般に, 例えば $x = t$ とおくと $y = 2t - 4$ であるから, 求める解は

$$\begin{cases} x = t \\ y = 2t - 4 \end{cases} \qquad (t\ \text{は任意定数})$$

となる.

(2) 拡大係数行列に直して行基本変形を施すと,

$$\begin{pmatrix} 4 & -2 & 5 \\ 2 & -1 & 4 \end{pmatrix} \xrightarrow{\text{第1行と第2行を交換する}} \begin{pmatrix} 2 & -1 & 4 \\ 4 & -2 & 5 \end{pmatrix}$$

$$\xrightarrow{\text{第1行を}\ (-2)\ \text{倍して第2行に加える}} \begin{pmatrix} 2 & -1 & 4 \\ 0 & 0 & -3 \end{pmatrix} \xrightarrow{\text{第1式を}\ \frac{1}{2}\ \text{倍する}} \begin{pmatrix} 1 & -\frac{1}{2} & 2 \\ 0 & 0 & -3 \end{pmatrix}.$$

これは連立方程式

$$\begin{cases} 2x - y = \ \ 4 \\ \quad\ \ 0 = -3 \end{cases}$$

と同値である. 第２式は矛盾であるから, この連立方程式は解をもたない.

以上のように, 解がない場合や解の個数が無限個ある場合はどのように扱ったらよいのだろうか. また, 解の様子をもっと的確に知る方法はないだろうか.

２元連立１次方程式の場合, xy 平面にグラフを書くことによって識別することができる.

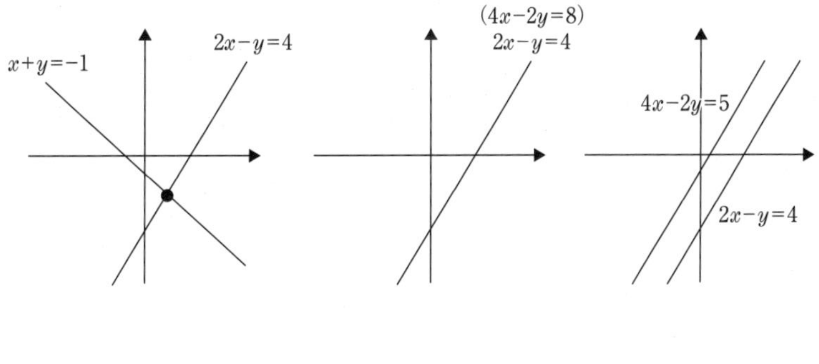

ただ1つの解　　　　無限個の解　　　　解なし

しかし3元の場合幾何学的に考えることは難しく，4元以上の場合は不可能である．

そこで, 行基本変形を使ってみよう．行基本変形を施すことによって様々な形に行列を変形出来るが, わかりやすい形や取り扱い形になるように変形することが大切である．例えば,

$$\begin{pmatrix} 1 & 0 & 0 & 1 \\ 0 & 1 & 0 & 2 \\ 0 & 0 & 1 & 3 \end{pmatrix}$$

という形であれば, 即座に解 $x = 1$, $y = 2$, $z = 3$ が導き出せるが, 基本変形する以前の段階の行列では解の様子はわかりにくい.

この目標となる行列の形を**簡易階段行列**という．行番号が増えるにつれて, 左側に並ぶ0の個数が増えていくような行列のことを**階段行列**というが, 簡易階段行列とはさらに行基本変形を進め, 次の性質を満たすものである.

1. ある行に0でない成分があれば, 一番左側の0でない成分は1である.
2. すべての成分が0であるような行は行列の下方にまとめる.
3. 2つの連続する行にそれぞれ0でない成分があれば, 下の行における一番左の1の位置は上の行より右側にくる.
4. 各列において上のような1があれば, その列の他の成分はすべて0になる.

例 1.1

$$\begin{pmatrix} 1 & -\frac{1}{2} & 2 \\ 0 & 0 & 0 \end{pmatrix}, \quad \begin{pmatrix} 1 & 0 & 0 \\ 0 & 1 & 0 \\ 0 & 0 & 1 \end{pmatrix}, \quad \begin{pmatrix} 0 & 1 & -2 & 0 & 1 \\ 0 & 0 & 0 & 1 & 3 \\ 0 & 0 & 0 & 0 & 0 \\ 0 & 0 & 0 & 0 & 0 \end{pmatrix}$$

は簡易階段行列である.

$$\begin{pmatrix} 2 & -1 & 4 \\ 0 & 0 & 0 \end{pmatrix}, \quad \begin{pmatrix} 1 & 1 & 0 \\ 0 & 1 & 0 \\ 0 & 0 & 0 \end{pmatrix}, \quad \begin{pmatrix} 0 & 1 & -2 & 6 & 0 \\ 0 & 0 & -1 & 1 & 0 \\ 0 & 0 & 0 & 0 & 1 \\ 0 & 0 & 0 & 0 & 0 \end{pmatrix}$$

は階段行列である.

階段行列 A において, 0でない成分を含む行の個数を**階数**といい, $\mathrm{rank} A$ で表す．上の例では, 最初の3つの簡易階段行列の階数はそれぞれ1, 3, 2, 次の3つの階段行列の階数はそれぞれ1, 2, 3である.

練習問題 1.2

1. 次の行列の階数を求めよ.

(1) $\begin{pmatrix} 1 & -1 & 3 \\ 5 & -4 & -4 \\ 7 & -6 & 2 \end{pmatrix}$ (2) $\begin{pmatrix} 2 & 0 & -1 \\ 4 & 0 & -2 \\ 0 & 0 & 0 \end{pmatrix}$

(3) $\begin{pmatrix} 1 & 4 & 5 & 2 \\ 2 & 1 & 3 & 0 \\ -1 & 3 & 2 & 2 \end{pmatrix}$ (4) $\begin{pmatrix} 1 & 4 & 5 & 6 & 9 \\ 3 & -2 & 1 & 4 & -1 \\ -1 & 0 & -1 & -2 & -1 \\ 2 & 3 & 5 & 7 & 8 \end{pmatrix}$

(5) $\begin{pmatrix} 1 & -3 & 2 & 2 & 1 \\ 0 & 3 & 6 & 0 & -3 \\ 2 & -3 & -2 & 4 & 4 \\ 3 & -6 & 0 & 6 & 5 \\ -2 & 9 & 2 & -4 & -5 \end{pmatrix}$ (6) $\begin{pmatrix} 1 & 2 & 1 & 2 \\ 1 & -1 & 1 & -1 \\ 1 & 2 & 2 & 1 \end{pmatrix}$

1.3 行列演算

前の節で長方形の数の並びを扱ったが, このような数の長方形的配列を**行列**という. 配列における各数を行列の**成分**という. 行列としては例えば次のようなものがある.

$$\begin{pmatrix} -2 & 1 \\ 3 & 0 \\ 4 & -1 \end{pmatrix}, \quad (3\ 1\ 0\ -2), \quad \begin{pmatrix} 4 & -2 & 5 \\ 8 & 0 & 0 \\ 2 & -1 & 4 \end{pmatrix}, \quad \begin{pmatrix} 4 \\ -5 \end{pmatrix}, \quad (3)$$

行列の**型**とは, 横方向の並びである**行**の個数と, 縦方向の並びである**列**の個数とから成る. 例えば, 上の例では, 最初の行列は3行と2列から成るからその型は 3×2 である. この行列を, 3×2 行列, 3行2列行列などと呼ぶ. 同様に, 残りの行列の型は, それぞれ 1×4, 3×3, 2×1, 1×1 である. 行が1個しかない行列を**行行列**または**行ベクトル**, 列が1個しかない行列を**列行列**または**列ベクトル**と呼ぶ. 上の例では, 2番目の 1×4 行列が行行列, 4番目の 2×1 行列が列行列である.

普通, 行列を表すのに英大文字を, 行列の成分である数量を表すのに英小文字を用いる. 例えば,

$$A = \begin{pmatrix} 4 & -2 & 8 \\ 2 & -1 & 4 \end{pmatrix}, \quad C = \begin{pmatrix} a & b & c \\ d & e & f \end{pmatrix}.$$

行列に対し数量のことを**スカラー**という. 本書では特に断らない限り, スカラーとは実数のことである[2]. 行列の第 i 行と第 j 列の交わりの要素を (i,j) 成分といい, a_{ij} などと表す. 例えば, 3×4 行列の場合は

$$A = \begin{pmatrix} a_{11} & a_{12} & a_{13} & a_{14} \\ a_{21} & a_{22} & a_{23} & a_{24} \\ a_{31} & a_{32} & a_{33} & a_{34} \end{pmatrix}$$

[2]一般にスカラーは複素数と考えてよいが, 本書で扱うのは実数の場合だけである.

と書き, 一般の $m \times n$ 行列の場合は

$$A = \begin{pmatrix} a_{11} & a_{12} & \cdots & a_{1n} \\ a_{21} & a_{22} & \cdots & a_{2n} \\ \vdots & \vdots & & \vdots \\ a_{m1} & a_{m2} & \cdots & a_{mn} \end{pmatrix}$$

などと書く. 省略して $A = (a_{ij})$ と書くこともある.

また, 行と列の個数が等しい行列を**正方行列**という. $n \times n$ 行列のことを n 次の正方行列という. 正方行列において, 要素 $a_{11}, a_{22}, \ldots, a_{nn}$ のことを行列の**主対角成分**または単に**対角成分**という.

定義　2つの行列 A と B が**等しい**とは, A と B の型が等しく, さらに対応する成分がすべて等しいことをいう. このとき, $A = B$ と書く.

例 1.2

$$A = \begin{pmatrix} 2 & 5 \\ -1 & x \end{pmatrix}, \quad B = \begin{pmatrix} 2 & 5 \\ -1 & 3 \end{pmatrix}, \quad C = \begin{pmatrix} 2 & 5 & 0 \\ -1 & 4 & 0 \end{pmatrix}$$

という行列を考えよう. $x = 3$ ならば $A = B$ であるが, $x \neq 3$ ならば $A \neq B$ である. また, A と C は型が異なるから $A = C$ となるような x の値は存在しない.

定義　2つの行列 A と B が同じ型のとき, 和 $A + B$ は A の成分に B の対応する成分を加えて得られる行列である. 差 $A - B$ も同様に対応する成分を引いて得られる行列となる. 行列の型が異なるとき, 和や差は定義されない.

例 1.3

$$A = \begin{pmatrix} 2 & 5 & 2 & 7 \\ 0 & -1 & 1 & 3 \\ 3 & 4 & 4 & -1 \end{pmatrix}, \quad B = \begin{pmatrix} 3 & 5 & 4 & -8 \\ -3 & 1 & 7 & 2 \\ 4 & -2 & 0 & 1 \end{pmatrix}, \quad C = \begin{pmatrix} -3 & 1 \\ 0 & 1 \end{pmatrix}$$

のとき,

$$A + B = \begin{pmatrix} 5 & 10 & 6 & -1 \\ -3 & 0 & 8 & 5 \\ 7 & 2 & 4 & 0 \end{pmatrix}, \quad A - B = \begin{pmatrix} -1 & 0 & -2 & 15 \\ 3 & -2 & -6 & 1 \\ -1 & 6 & 4 & -2 \end{pmatrix}$$

である. $A + C$, $A - C$, $B + C$, $B - C$ などは定義されない.

定義　任意の行列 A とスカラー c に対して, 行列の各成分に c をかけて得られる行列 cA を A のスカラー倍という.

例 1.4 行列

$$A = \begin{pmatrix} 1 & 4 & -2 \\ 2 & 3 & -1 \end{pmatrix}, \quad B = \begin{pmatrix} 0 & 2 & -8 \\ 5 & -3 & 1 \end{pmatrix}, \quad C = \begin{pmatrix} -6 & 9 & 3 \\ 12 & 0 & 3 \end{pmatrix}$$

に対して,

$$2A = \begin{pmatrix} 2 & 8 & -4 \\ 4 & 6 & -2 \end{pmatrix}, \quad (-1)B = \begin{pmatrix} 0 & -2 & 8 \\ -5 & 3 & -1 \end{pmatrix}, \quad \frac{1}{3}C = \begin{pmatrix} -2 & 3 & 1 \\ 4 & 0 & 1 \end{pmatrix}$$

特に, $(-1)B$ を $-B$ と書く.

$A_1, A_2, \ldots, A_n$ が同じ型の行列で $c_1, c_2, \ldots, c_n$ がスカラーのとき,

$$c_1A_1 + c_2A_2 + \cdots + c_nA_n$$

という形の式を**係数** $c_1, c_2, \ldots, c_n$ をもつ $A_1, A_2, \ldots, A_n$ の**線形結合**または**1次結合**と呼ぶ. 例えば上の行列 A, B, C に対して

$$\begin{aligned} 2A - B + \frac{1}{3}C &= 2A + (-1)B + \frac{1}{3}C \\ &= \begin{pmatrix} 2 & 8 & -4 \\ 4 & 6 & -2 \end{pmatrix} + \begin{pmatrix} 0 & -2 & 8 \\ -5 & 3 & -1 \end{pmatrix} + \begin{pmatrix} -2 & 3 & 1 \\ 4 & 0 & 1 \end{pmatrix} = \begin{pmatrix} 0 & 9 & 5 \\ 3 & 9 & -2 \end{pmatrix} \end{aligned}$$

は係数 $2, -1, 3$ の A, B, C の線形結合である.

定義 $m \times r$ 行列 A と $r \times n$ 行列の**積** AB は $m \times n$ 行列となる. すなわち, $A = (a_{ij})$ が $m \times r$ 行列, $B = (b_{ij})$ が $r \times n$ 行列のとき,

$$AB = \begin{pmatrix} a_{11} & a_{12} & \cdots & a_{1r} \\ a_{21} & a_{22} & \cdots & a_{2r} \\ \vdots & \vdots & & \vdots \\ a_{i1} & a_{i2} & \cdots & a_{ir} \\ \vdots & \vdots & & \vdots \\ a_{m1} & a_{m2} & \cdots & a_{mr} \end{pmatrix} \begin{pmatrix} b_{11} & b_{12} & \cdots & b_{1j} & \cdots & b_{1n} \\ b_{21} & b_{22} & \cdots & b_{2j} & \cdots & b_{2n} \\ \vdots & \vdots & & \vdots & & \vdots \\ b_{r1} & b_{r2} & \cdots & b_{rj} & \cdots & b_{rn} \end{pmatrix}$$

$$= \begin{pmatrix} c_{11} & c_{12} & \cdots & c_{1j} & \cdots & c_{1n} \\ c_{21} & c_{22} & \cdots & c_{2j} & \cdots & c_{2n} \\ \vdots & \vdots & & \vdots & & \vdots \\ c_{i1} & c_{i2} & \cdots & c_{ij} & \cdots & c_{in} \\ \vdots & \vdots & & \vdots & & \vdots \\ c_{m1} & c_{m2} & \cdots & c_{mj} & \cdots & c_{mn} \end{pmatrix}.$$

ここで, $1 \leq i \leq m$, $1 \leq j \leq n$ に対して

$$c_{ij} = a_{i1}b_{1j} + a_{i2}b_{2j} + \cdots + a_{ir}b_{rj}.$$

$A = (a_{ij})$ が $m \times r$ 行列, $B = (b_{ij})$ が $s \times n$ 行列で $r \neq s$ のときは, 積 AB は定義されない.

例 1.5

$$A=\begin{pmatrix}1&-2&4\\2&-1&3\end{pmatrix},\quad B=\begin{pmatrix}0&2&-8&3\\5&-3&1&2\\1&1&0&-4\end{pmatrix}$$

のとき,

$$AB=\begin{pmatrix}1&-2&4\\2&-1&3\end{pmatrix}\begin{pmatrix}0&2&-8&3\\5&-3&1&2\\1&1&0&-4\end{pmatrix}=\begin{pmatrix}-6&12&-10&-17\\-2&10&-17&-8\end{pmatrix}.$$

ここで, 例えば $(1,3)$ 成分は

$$1\cdot(-8)+(-2)\cdot 1+4\cdot 0=-10,$$

$(2,4)$ 成分は

$$2\cdot 3+(-1)\cdot 2+3\cdot(-4)=-8$$

などと計算した.

ところが, B は 3×4 行列, A は 2×3 行列であるから, 積 BA は定義されない.

練習問題 1.3

1. $A=(1\ 2)$, $B=\begin{pmatrix}3\\4\end{pmatrix}$, $C=(5\ 6\ 7)$ に対し, AB, BC, $(AB)C$, $A(BC)$ を求めよ.
2. $A=\begin{pmatrix}1&2&1\\-1&3&-2\end{pmatrix}$, $B=\begin{pmatrix}2&-1&0\\3&0&1\end{pmatrix}$ のとき, $2A-3B$, $3A+2B$ を求めよ.
3. $A=\begin{pmatrix}2&-1&2\\2&-3&3\\1&1&3\end{pmatrix}$, $B=\begin{pmatrix}1&3&2\\2&7&3\\1&-1&3\end{pmatrix}$ のとき, 次を求めよ.

   (1) $AB+BA$　　(2) $ABAB$
4. $A=\begin{pmatrix}-1&2&0\\2&1&3\end{pmatrix}$, $B=\begin{pmatrix}2&3\\-1&0\\2&1\end{pmatrix}$ のとき, AB と BA を求めよ.

1.4　行列演算と特別な行列

2つの行列

$$A=\begin{pmatrix}1&4\\2&-1\end{pmatrix},\quad B=\begin{pmatrix}3&-2\\7&5\end{pmatrix}$$

に対して積 AB と BA が定義されるが

$$AB=\begin{pmatrix}31&18\\-1&-9\end{pmatrix},\quad BA=\begin{pmatrix}-1&14\\17&23\end{pmatrix}$$

となって $AB \neq BA$ である.

行列演算において積に関する**交換法則**は一般に成り立たない. しかし, 多くの演算は行列についても成り立つ.

定理 1.1 行列 A, B, C, スカラー a, b に対して演算が定義されているとき, 次が成り立つ.

(1) $A + B = B + A$ (和の交換法則)

(2) $A + (B + C) = (A + B) + C$ (和の結合法則)

(3) $A(BC) = (AB)C$ (積の結合法則)

(4) $A(B + C) = AB + AC, \quad (A + B)C = AC + BC$ (分配法則)

(5) $a(B + C) = aB + aC, \quad (a + b)C = aC + bC$ (スカラーの分配)

(6) $a(bC) = (ab)C$

(7) $a(BC) = (aB)C = B(aC)$

$$\begin{pmatrix} 0 & 0 \\ 0 & 0 \end{pmatrix}, \quad \begin{pmatrix} 0 & 0 & 0 \\ 0 & 0 & 0 \end{pmatrix}, \quad \begin{pmatrix} 0 \\ 0 \\ 0 \\ 0 \end{pmatrix}$$

のようにすべての成分が 0 である行列を**零行列**といい, O で表す.

実数 a, b, c においては,

$ab = ac$ で $a \neq 0$ ならば, $b = c$ (約分法則)

$ab = 0$ ならば, a か b の少なくとも 1 つは 0 である

という事実が成り立っていた. ところが行列の場合これらの性質は一般には成り立たない.

$$A = \begin{pmatrix} 0 & 1 \\ 0 & 2 \end{pmatrix}, \quad B = \begin{pmatrix} 2 & 3 \\ 3 & 5 \end{pmatrix}, \quad C = \begin{pmatrix} 4 & 1 \\ 3 & 5 \end{pmatrix}, \quad D = \begin{pmatrix} 3 & 4 \\ 0 & 0 \end{pmatrix}$$

のとき,

$$AB = \begin{pmatrix} 3 & 5 \\ 6 & 10 \end{pmatrix}, \quad AC = \begin{pmatrix} 3 & 5 \\ 6 & 10 \end{pmatrix}$$

となって, $AB = AC$ かつ $A \neq O$ であるにもかかわらず $B = C$ が成り立たない. また $AD = O$ であるにもかかわらず A も D も O とはならない.

このように, 零行列 O は通常の数値計算における 0 と完全に同じ働きをするわけではないが, 重要な行列演算の多くでは似たような役目を果たす.

定理 1.2 (零行列の性質) 行列 A と零行列 O の間に演算が定義されているとき, 次が成り立つ.

(1) $A + O = O + A = A$

(2) $A - A = O$

(3) $AO = O, \quad OA = O$

$$\begin{pmatrix} 1 & 0 \\ 0 & 1 \end{pmatrix}, \quad \begin{pmatrix} 1 & 0 & 0 \\ 0 & 1 & 0 \\ 0 & 0 & 1 \end{pmatrix}, \quad \begin{pmatrix} 1 & 0 & 0 & 0 \\ 0 & 1 & 0 & 0 \\ 0 & 0 & 1 & 0 \\ 0 & 0 & 0 & 1 \end{pmatrix}$$

のように, 主対角成分がすべて1でそれ以外の成分がすべて0である正方行列を**単位行列**と呼び E で表す[3]. 特に $n \times n$ であることを強調したい場合は E_n と書く. よって, 上の行列はそれぞれ, E_2, E_3, E_4 と書くこともできる.

行列 A との間に積が定義されている場合,

$$AE = A, \quad EA = A$$

が成り立つ. これより, 単位行列は数値計算における $a \cdot 1 = a$, $1 \cdot a = a$ における1の役割とほとんど同じであることがわかる.

$$\begin{pmatrix} 2 & 0 & 0 \\ 0 & -3 & 0 \\ 0 & 0 & 1 \end{pmatrix}$$

のように, 主対角成分以外の成分がすべて0の正方行列を**対角行列**という. 単位行列 E はその1つの例である. 対角行列では積の計算が非常に楽である.

例 1.6

$$\begin{pmatrix} 2 & 0 & 0 \\ 0 & -3 & 0 \\ 0 & 0 & 1 \end{pmatrix} \begin{pmatrix} 5 & 0 & 0 \\ 0 & -1 & 0 \\ 0 & 0 & -2 \end{pmatrix} = \begin{pmatrix} 10 & 0 & 0 \\ 0 & 3 & 0 \\ 0 & 0 & -2 \end{pmatrix}$$

さて,

$$\begin{pmatrix} 2 & 4 & -2 \\ 0 & -3 & 1 \\ 0 & 0 & 1 \end{pmatrix}$$

のように, 主対角成分より下の成分がすべて0の正方行列を**上三角行列**という. 同様に, 主対角成分より上の成分がすべて0の正方行列を**下三角行列**という. 上三角行列どうしの積は（定義されれば）上三角行列である. 例えば,

$$\begin{pmatrix} 2 & 4 & -2 \\ 0 & -3 & 1 \\ 0 & 0 & 1 \end{pmatrix} \begin{pmatrix} 3 & -2 & 2 \\ 0 & 4 & -1 \\ 0 & 0 & 1 \end{pmatrix} = \begin{pmatrix} 6 & -12 & -2 \\ 0 & -12 & 4 \\ 0 & 0 & 1 \end{pmatrix}$$

[3] I と表すこともある

同様に, 下三角行列どうしの積は下三角行列になる.

$m \times n$ 行列 A に対して, 行と列を入れ替えて得られる $n \times m$ 行列を A の**転置行列**といい ^tA で表す[4].

$$A = \begin{pmatrix} 2 & 4 & -2 \\ 0 & -3 & 1 \\ 0 & 0 & 1 \end{pmatrix}, \quad B = \begin{pmatrix} 1 & -2 & 4 \\ 2 & -1 & 3 \end{pmatrix}$$

のとき,

$$^tA = \begin{pmatrix} 2 & 0 & 0 \\ 4 & -3 & 0 \\ -2 & 1 & 1 \end{pmatrix}, \quad {}^tB = \begin{pmatrix} 1 & 2 \\ -2 & -1 \\ 4 & 3 \end{pmatrix}$$

となる.

上の行列 A の場合でもわかるように, 上三角行列の転置行列は下三角行列になる. 同様に, 下三角行列の転置行列は上三角行列になる.

例 1.7 次の行列の転置行列を求めてみよう.

$$A = \begin{pmatrix} 6 & -1 \\ -1 & 5 \end{pmatrix}, \quad B = \begin{pmatrix} 0 & -4 & 2 \\ 4 & 0 & -1 \\ -2 & 1 & 0 \end{pmatrix}.$$

この例では

$$^tA = \begin{pmatrix} 6 & -1 \\ -1 & 5 \end{pmatrix}, \quad {}^tB = \begin{pmatrix} 0 & 4 & -2 \\ -4 & 0 & 1 \\ 2 & -1 & 0 \end{pmatrix}$$

となって, $^tA = A$, $^tB = -B$ が成り立つことがわかる. このような行列をそれぞれ, **対称行列**, **交代行列**と呼ぶ.

転置行列では以下の性質が成り立つ. ただし行列演算が定義されるものとする.

定理 1.3 (転置行列の性質)

(1) $^t(^tA) = A$

(2) $^t(A + B) = {}^tA + {}^tB$

(3) スカラー c に対して, $^t(cA) = c\,{}^tA$

(4) $^t(AB) = {}^tB\,{}^tA$

さらに, 対称行列では以下の性質が成り立つ.

定理 1.4 A と B が型が同じ対称行列で, c がスカラーのとき, ^tA, $A + B$, $A - B$, cA も対称行列である.

---

[4] A^t, ^TA, A^T などと表すこともある.

練習問題 1.4

1. $A = \begin{pmatrix} 1 & 2 & 1 \\ -1 & 3 & -2 \end{pmatrix}$, $B = \begin{pmatrix} 2 & -1 & 0 \\ 3 & 0 & 1 \end{pmatrix}$ のとき, 次を求めよ.

   (1) ${}^tA + {}^t(2B)$ (2) ${}^t(4A - 5B)$ (3) ${}^tAB$

2. A が正方行列のとき, 次を示せ.

   (1) $A\,{}^tA$ と $A + {}^tA$ は対称行列である

   (2) $A - {}^tA$ は交代行列である

3. $A = \begin{pmatrix} 3 & 0 & 2 \\ 5 & -2 & -4 \\ -1 & 1 & 3 \\ 4 & 2 & 7 \end{pmatrix}$ に対して $A\,{}^tA$ と ${}^tAA$ をそれぞれ求めよ.

4. $A = \begin{pmatrix} 2 & -1 & 3 \\ 1 & 2 & 4 \\ -5 & 6 & 7 \end{pmatrix}$ を対称行列と交代行列の和として表せ.

1.5 正則行列

定義 正方行列 A に対して, $AX = XA = E$ を満足する正方行列 X が存在するとき, A を**正則行列**といい, X を A の**逆行列**という.

例 1.8

$$A = \begin{pmatrix} 5 & -7 \\ -2 & 3 \end{pmatrix}$$

の逆行列は

$$B = \begin{pmatrix} 3 & 7 \\ 2 & 5 \end{pmatrix}$$

である. なぜなら,

$$AB = \begin{pmatrix} 5 & -7 \\ -2 & 3 \end{pmatrix}\begin{pmatrix} 3 & 7 \\ 2 & 5 \end{pmatrix} = \begin{pmatrix} 1 & 0 \\ 0 & 1 \end{pmatrix} = E$$

かつ

$$BA = \begin{pmatrix} 3 & 7 \\ 2 & 5 \end{pmatrix}\begin{pmatrix} 5 & -7 \\ -2 & 3 \end{pmatrix} = \begin{pmatrix} 1 & 0 \\ 0 & 1 \end{pmatrix} = E$$

となるからである.

例 1.9

$$A = \begin{pmatrix} 1 & 4 & 0 \\ 2 & 5 & 0 \\ 3 & 6 & 0 \end{pmatrix}$$

は正則行列ではない．なぜなら，

$$X = \begin{pmatrix} b_{11} & b_{12} & b_{13} \\ b_{21} & b_{22} & b_{23} \\ b_{31} & b_{32} & b_{33} \end{pmatrix}$$

とおくと，XA の第 3 列は

$$\begin{pmatrix} b_{11} & b_{12} & b_{13} \\ b_{21} & b_{22} & b_{23} \\ b_{31} & b_{32} & b_{33} \end{pmatrix}\begin{pmatrix} 0 \\ 0 \\ 0 \end{pmatrix} = \begin{pmatrix} 0 \\ 0 \\ 0 \end{pmatrix}$$

となって，

$$XA \neq E = \begin{pmatrix} 1 & 0 & 0 \\ 0 & 1 & 0 \\ 0 & 0 & 1 \end{pmatrix}$$

正則行列 A の逆行列はただ 1 つしか存在しないことが示されるので，A の逆行列を A^{-1} で表す．すなわち，

$$AA^{-1} = A^{-1}A = E\,.$$

定理 1.5 A と B が同じ型の正則行列で AB も正則行列ならば，

$$(AB)^{-1} = B^{-1}A^{-1}$$

逆行列は数値計算 $aa^{-1} = a^{-1}a = 1$ における逆数 a^{-1} と似たような働きをする．逆行列については，次の章で詳しく勉強する．

A が正方行列のとき，A のべきを次のように定義する．

定義

$$A^0 = E, \qquad A^n = \underbrace{AA\cdots A}_{n\,\text{個}} \quad (n > 0)$$

また A が正則行列のとき，

$$A^{-n} = \underbrace{A^{-1}A^{-1}\cdots A^{-1}}_{n\,\text{個}} \quad (n > 0)$$

定理 1.6 A が正方行列で r と s が整数のとき，

$$A^rA^s = A^{r+s}, \qquad (A^r)^s = A^{rs}$$

定理 1.7 A が正則行列で，c が 0 でないスカラーのとき，

1. A^{-1} も正則行列で，$(A^{-1})^{-1} = A$
2. A^n も正則行列で，$n = 0, 1, 2, \ldots$ に対して $(A^n)^{-1} = (A^{-1})^n$

3. cA も正則行列で, $(cA)^{-1} = \frac{1}{c}A^{-1}$

練習問題 1.5

1. 次の行列の m 乗 $(m \geq 1)$ を計算せよ.

(1) $\begin{pmatrix} 0 & 0 & 0 & 1 \\ 0 & 0 & 1 & 0 \\ 0 & 1 & 0 & 0 \\ 1 & 0 & 0 & 0 \end{pmatrix}$　　(2) $\begin{pmatrix} 0 & 1 & 0 & 0 \\ 0 & 0 & 1 & 0 \\ 0 & 0 & 0 & 1 \\ 0 & 0 & 0 & 0 \end{pmatrix}$

1.6 連立1次方程式の解法

m 個からなる n 元連立1次方程式

$$\begin{cases} a_{11}x_1 + a_{12}x_2 + \cdots + a_{1n}x_n = b_1 \\ a_{21}x_1 + a_{22}x_2 + \cdots + a_{2n}x_n = b_2 \\ \quad\vdots \qquad\quad \vdots \qquad\qquad\quad \vdots \qquad \vdots \\ a_{m1}x_1 + a_{m2}x_2 + \cdots + a_{mn}x_n = b_m \end{cases}$$

を考えよう.

$$A = \begin{pmatrix} a_{11} & a_{12} & \cdots & a_{1n} \\ a_{21} & a_{22} & \cdots & a_{2n} \\ \vdots & \vdots & & \vdots \\ a_{m1} & a_{m2} & \cdots & a_{mn} \end{pmatrix}, \quad \boldsymbol{x} = \begin{pmatrix} x_1 \\ x_2 \\ \cdots \\ x_n \end{pmatrix}, \quad \boldsymbol{b} = \begin{pmatrix} b_1 \\ b_2 \\ \cdots \\ b_m \end{pmatrix}$$

とおくと, これは

$$A\boldsymbol{x} = \boldsymbol{b}$$

という等式と同値である.

このとき, 次が成り立つ.

定理 1.8 n 元連立1次方程式 $A\boldsymbol{x} = \boldsymbol{b}$ が解をもつための必要十分条件は

$$\mathrm{rank}(A, \boldsymbol{b}) = \mathrm{rank}A$$

となることである. さらに, 解をもつとき, $\mathrm{rank}(A, \boldsymbol{b}) = \mathrm{rank}A = r$ とおくと,

(1) $n = r$ ならば, $A\boldsymbol{x} = \boldsymbol{b}$ はただ1つの解をもつ.

(2) $n > r$ ならば, $A\boldsymbol{x} = \boldsymbol{b}$ は無数の解をもち, $(n-r)$ 個の任意定数を含む.

上記で, 解が $(n-r)$ 個の任意定数を含むことを解の**自由度**が $(n-r)$ であるという.

例 1.10 次の連立1次方程式について, 解があるかどうか判定し, 解があればそれを求めよ.

$$(1)\quad \begin{cases} x-2y=1 \\ 2x+y=4 \end{cases} \qquad (2)\quad \begin{cases} 3x+y+z=1 \\ x+2y-z=2 \\ 2x-y+2z=-3 \end{cases}$$

(1)

$$(A,\boldsymbol{b})=\begin{pmatrix} 1 & -2 & 1 \\ 2 & 1 & 4 \end{pmatrix} \xrightarrow{\text{第1行を }(-2)\text{ 倍して第2行に加える}} \begin{pmatrix} 1 & -2 & 1 \\ 0 & 5 & 2 \end{pmatrix}$$

$$\xrightarrow{\text{第2行を }\frac{1}{5}\text{ 倍する}} \begin{pmatrix} 1 & -2 & 1 \\ 0 & 1 & \frac{2}{5} \end{pmatrix} \xrightarrow{\text{第2行を }2\text{ 倍して第1行に加える}} \begin{pmatrix} 1 & 0 & \frac{9}{5} \\ 0 & 1 & \frac{2}{5} \end{pmatrix}$$

$\mathrm{rank}(A,\boldsymbol{b})=\mathrm{rank}A=2$ であるからただ1つの解をもち, $x=\frac{9}{5}$, $y=\frac{2}{5}$

(2)

$$(A,\boldsymbol{b})=\begin{pmatrix} 3 & 1 & 1 & 1 \\ 1 & 2 & -1 & 2 \\ 2 & -1 & 2 & -3 \end{pmatrix} \xrightarrow{\text{第1行と第2行を交換する}} \begin{pmatrix} 1 & 2 & -1 & 2 \\ 3 & 1 & 1 & 1 \\ 2 & -1 & 2 & -3 \end{pmatrix}$$

$$\xrightarrow[\text{第1行を }(-2)\text{ 倍して第3行に加える}]{\text{第1行を }(-3)\text{ 倍して第2行に加える}} \begin{pmatrix} 1 & 2 & -1 & 2 \\ 0 & -5 & 4 & -5 \\ 0 & -5 & 4 & -7 \end{pmatrix}$$

$$\xrightarrow{\text{第2行を }(-1)\text{ 倍して第3行に加える}} \begin{pmatrix} 1 & 2 & -1 & 2 \\ 0 & -5 & 4 & -5 \\ 0 & 0 & 0 & -2 \end{pmatrix}$$

$\mathrm{rank}(A,\boldsymbol{b})=3$, $\mathrm{rank}A=2$ であるから解は存在しない.

練習問題 1.6

1. 次の連立方程式を行列の階数を用いて解け.

$$(1)\quad \begin{cases} x_1+x_2+x_3-x_4=-1 \\ 6x_1+7x_2+8x_3-5x_4=-1 \\ 5x_1+7x_2+9x_3-3x_4=5 \end{cases} \qquad (2)\quad \begin{cases} 2x_1+x_3-11x_4=11 \\ x_1+9x_2-8x_3-7x_4=-3 \\ x_1+x_2-7x_4=5 \end{cases}$$

$$(3)\quad \begin{cases} x_1-x_2+x_3=4 \\ -x_1-3x_3=-3 \\ x_2+2x_3=-1 \\ x_1+2x_2+7x_3=1 \end{cases} \qquad (4)\quad \begin{cases} x-y-z=4 \\ x+2y+3z=5 \\ 2x+y+2z=5 \end{cases}$$

1.7　同次連立1次方程式

前節で, $\boldsymbol{b}$ が零ベクトルである, すなわち右辺の定数がすべて0であるような連立1次方程式

$$\begin{cases} a_{11}x_1 + a_{12}x_2 + \cdots + a_{1n}x_n = 0 \\ a_{21}x_1 + a_{22}x_2 + \cdots + a_{2n}x_n = 0 \\ \quad \vdots \qquad\quad \vdots \qquad\qquad\quad \vdots \qquad \vdots \\ a_{m1}x_1 + a_{m2}x_2 + \cdots + a_{mn}x_n = 0 \end{cases}$$

あるいは

$$A\boldsymbol{x} = \boldsymbol{0}$$

を, **同次連立1次方程式**または**斉次連立1次方程式**という. これに対して, 右辺の定数に0でないものが含まれるような連立方程式を**非同次連立1次方程式**または**非斉次連立1次方程式**という.

同次連立1次方程式は明らかに, $\boldsymbol{x} = \boldsymbol{0}$, すなわち

$$\begin{pmatrix} x_1 \\ x_2 \\ \cdots \\ x_n \end{pmatrix} = \begin{pmatrix} 0 \\ 0 \\ \cdots \\ 0 \end{pmatrix}$$

を解にもつが, このような解を**自明解**という. これ以外の解を**非自明解**と呼ぶ. よって, 同次連立1次方程式は必ず解をもつ[5]が, それ以外の解をもつかどうかが問題である. 非同次連立1次方程式では, 拡大係数行列 $(A, \boldsymbol{b})$ を行基本変形してきたが, 同次連立1次方程式では係数行列 A について基本変形するだけでよい.

例 1.11 次の同次連立1次方程式の解を求めよ.

$$(1) \quad \begin{cases} 3x - 9y + 6z = 0 \\ 2x - 6y + 4z = 0 \\ -4x + 12y - 8z = 0 \end{cases} \qquad (2) \quad \begin{cases} x - 7y + 6z + w = 0 \\ 2x - y + 2z + w = 0 \\ 3x + 2y + z + w = 0 \\ 2x - y - z + 2w = 0 \end{cases}$$

(1)

$$A = \begin{pmatrix} 3 & -9 & 6 \\ 2 & -6 & 4 \\ -4 & 12 & -8 \end{pmatrix} \xrightarrow{\text{第2行を }-1\text{ 倍して第1行に加える}} \begin{pmatrix} 1 & -3 & 2 \\ 2 & -6 & 4 \\ -4 & 12 & -8 \end{pmatrix}$$

$$\xrightarrow{\text{第1行を }-2\text{ 倍して第2行に, 4 倍して第3行に加える}} \begin{pmatrix} 1 & -3 & 2 \\ 0 & 0 & 0 \\ 0 & 0 & 0 \end{pmatrix}$$

[5] 少なくとも自明解が解である. また, $\boldsymbol{b} = \boldsymbol{0}$ より定理1.8で $\mathrm{rank}(A, \boldsymbol{b}) = \mathrm{rank}A$ が成り立つことからもわかる.

$\mathrm{rank}A = 1 < 3$ であるから無限個の解をもち, 解の自由度は $3-1=2$. そこで, 例えば $y=t_1$, $z=t_2$ とおくと, $x=3y-2z=3t_1-2t_2$. よって求める解は, $x=3t_1-2t_2$, $y=t_1$, $z=t_2$ (t_1, t_2 は任意定数).

(2)

$$A=\begin{pmatrix}1&-7&6&1\\2&-1&2&1\\3&2&1&1\\2&-1&-1&2\end{pmatrix}\xrightarrow[\text{第 2 行, 第 3 行, 第 4 行にそれぞれ加える}]{\text{第 1 行を }-2\text{ 倍, }-3\text{ 倍, }-2\text{ 倍して}}\begin{pmatrix}1&-7&6&1\\0&13&-10&-1\\0&23&-17&-2\\0&13&-13&0\end{pmatrix}$$

$$\xrightarrow{\text{第 4 行を }1/13\text{ 倍して第 2 行と交換する}}\begin{pmatrix}1&-7&6&1\\0&1&-1&0\\0&23&-17&-2\\0&13&-10&-1\end{pmatrix}\xrightarrow[\text{第 2 行を }(-13)\text{ 倍して第 4 行に加える}]{\text{第 2 行を }(-23)\text{ 倍して第 3 行に加える}}$$

$$\begin{pmatrix}1&-7&6&1\\0&1&-1&0\\0&0&6&-2\\0&0&3&-1\end{pmatrix}\xrightarrow[\text{第 2 行を 7 倍して第 1 行に加える}]{\text{第 3 行を }1/6\text{ 倍する}}\begin{pmatrix}1&0&-1&1\\0&1&-1&0\\0&0&1&-1/3\\0&0&3&-1\end{pmatrix}$$

$$\xrightarrow[\text{第 3 行を }(-3)\text{ 倍して第 4 行に加える}]{\text{第 3 行を第 1 行, 第 2 行にそれぞれ加える}}\begin{pmatrix}1&0&0&2/3\\0&1&0&-1/3\\0&0&1&-1/3\\0&0&0&0\end{pmatrix}$$

$\mathrm{rank}A=3<4$ であるから解は無限個存在し, 解の自由度は $4-3=1$ である. 対応する連立方程式が

$$\begin{cases}x \qquad\quad + \frac{2}{3}w=0\\ \quad y \qquad - \frac{1}{3}w=0\\ \qquad\quad z-\frac{1}{3}w=0\end{cases}$$

であるから, 例えば $w=3t$ とおくと, $x=-(2/3)w=-2t$, $y=(1/3)w=t$, $z=(1/3)w=t$ となる. よって求める解は, $x=-2t$, $y=t$, $z=t$, $w=3t$ (t は任意定数).

練習問題 1.7

1. 次の斉次連立 1 次方程式の解を求めよ.

(1) $$\begin{cases}x_1+2x_2+3x_3+4x_4=0\\5x_1+6x_2+7x_3+8x_4=0\\9x_1+10x_2+11x_3+12x_4=0\\13x_1+14x_2+15x_3+16x_4=0\end{cases}$$

(2) $$\begin{cases}x-2y+3z=0\\3x-2y-4z=0\\3x+2y-17z=0\end{cases}$$

(3) $$\begin{cases}x-2y+3z+4w=0\\5x+6y-7z+8w=0\\9x+10y+11z-12w=0\\13x+14y+15z+16w=0\end{cases}$$

(4) $$\begin{cases}2x_1-4x_2+6x_3=0\\-4x_1+8x_2-12x_3=0\\3x_1-6x_2+9x_3=0\end{cases}$$

1.8 章末問題

1. 次の行列の階数を求めよ.

(1) $\begin{pmatrix} 2 & 1 & 1 \\ 1 & 2 & 1 \\ 1 & 1 & 2 \end{pmatrix}$　(2) $\begin{pmatrix} -2 & 1 & 1 \\ 1 & -2 & 1 \\ 1 & 1 & -2 \end{pmatrix}$

(3) $\begin{pmatrix} 1 & 0 & -1 & 0 & 1 & 0 \\ -1 & 1 & 1 & -1 & -1 & 1 \\ 2 & 0 & -2 & 0 & 2 & -1 \\ 3 & 2 & -3 & -2 & 3 & 2 \end{pmatrix}$　(4) $\begin{pmatrix} 1 & 2 & 3 & 4 \\ 4 & 1 & 2 & 3 \\ 3 & 4 & 1 & 2 \\ 2 & 3 & 4 & 1 \end{pmatrix}$

(5) $\begin{pmatrix} 1 & 2 & 3 & 4 \\ 0 & 1 & 2 & 3 \\ -1 & 0 & 1 & 2 \\ -2 & -1 & 0 & 1 \end{pmatrix}$　(6) $\begin{pmatrix} 1 & 2 & 3 & 4 \\ 4 & 3 & 2 & 1 \\ 3 & 4 & 1 & 2 \\ 2 & 1 & 4 & 3 \end{pmatrix}$

(7) $\begin{pmatrix} 1 & 2 & 2 & 1 \\ 2 & 1 & 1 & 2 \\ 3 & 1 & 1 & 3 \\ 1 & 3 & 3 & 1 \end{pmatrix}$　(8) $\begin{pmatrix} 1 & 2 & 3 & 4 \\ 2 & 3 & 4 & 5 \\ 3 & 4 & 5 & 6 \\ 4 & 5 & 6 & 7 \end{pmatrix}$

2. 次の行列の階数をそれぞれの a において求めよ. $\begin{pmatrix} a & a & a & a \\ a & a & a & 1 \\ a & a & 1 & 1 \\ a & 1 & 1 & 1 \end{pmatrix}$

(1) $a = 1$ のとき
(2) $a = 0$ のとき
(3) 上記以外のとき

3. 次の行列の階数をそれぞれの a において求めよ. $\begin{pmatrix} 1 & a & a & a \\ a & 1 & a & a \\ a & a & 1 & a \\ a & a & a & 1 \end{pmatrix}$

(1) $a = 1$ のとき
(2) $a = -1/3$ のとき
(3) 上記以外のとき

4. 次の計算をせよ.

(1) $\begin{pmatrix} 2 & 3 \\ 4 & 5 \end{pmatrix}\begin{pmatrix} 6 & 7 \\ 8 & 9 \end{pmatrix}$　(2) $\begin{pmatrix} -1 & 0 \\ 1 & 2 \\ 3 & 4 \\ 5 & 6 \end{pmatrix}\begin{pmatrix} -2 & 0 & 2 \\ 3 & 1 & -1 \end{pmatrix}$

(3) $\begin{pmatrix} 4 \\ 5 \end{pmatrix}\begin{pmatrix} -2 & -3 \end{pmatrix}$　(4) $\begin{pmatrix} -2 & -3 \end{pmatrix}\begin{pmatrix} 4 \\ 5 \end{pmatrix}$

(5) $\begin{pmatrix} 1 & 2 & 3 \\ 4 & 5 & 6 \\ 7 & 8 & 9 \end{pmatrix}\begin{pmatrix} 1 & 0 & 0 & -1 \\ 0 & 1 & 0 & -1 \\ 0 & 0 & 1 & -1 \end{pmatrix}$　(6) $\begin{pmatrix} 1 & 0 & 0 & -1 \\ 0 & 1 & 0 & -1 \\ 0 & 0 & 1 & -1 \end{pmatrix}\begin{pmatrix} -1 & 2 & 3 \\ 4 & -5 & 6 \\ 7 & 8 & -9 \\ 3 & 2 & 1 \end{pmatrix}$

(7) $\begin{pmatrix} 2 \\ 3 \end{pmatrix}\begin{pmatrix} 4 & 5 \end{pmatrix}$　(8) $\begin{pmatrix} 4 & 5 \end{pmatrix}\begin{pmatrix} 2 \\ 3 \end{pmatrix}$

5.

$$A=\begin{pmatrix} 2 & 3 \\ -7 & 0 \\ 1 & 5 \end{pmatrix},\quad B=\begin{pmatrix} 0 & 1 \\ 3 & -2 \\ 2 & -1 \end{pmatrix},\quad C=\begin{pmatrix} 3 & -1 & 4 \\ -6 & 2 & 1 \end{pmatrix}$$

のとき, $3(A+B)C-2AC$ を計算せよ.

6.

$$A=\begin{pmatrix} 0 & 2 & 1 \\ 1 & 0 & 2 \end{pmatrix},\quad B=\begin{pmatrix} 3 & 0 \\ 0 & 1 \\ 1 & 3 \end{pmatrix},\quad C=\begin{pmatrix} 5 \\ 3 \\ 0 \end{pmatrix}$$

のとき, AB, BC, AC, BA, CB, CA が定義されるならばそれぞれ求めよ.

7.

$$A=\begin{pmatrix} 1 & 2 & -3 \\ 5 & 1 & -4 \\ 3 & -9 & 5 \end{pmatrix},\quad B=\begin{pmatrix} 2 & 0 & 1 \\ -3 & 1 & 5 \\ 2 & 7 & 1 \end{pmatrix},\quad C=\begin{pmatrix} 6 & 1 & 4 \\ 0 & 3 & 7 \\ 4 & 0 & -1 \end{pmatrix}$$

のとき, $(A+3B-C)+(-A+B+2C)$, ${}^t(AB)C$ が定義されるならばそれぞれ求めよ.

8. 次の連立方程式を行列の行基本変形を用いて解け (解をもたない場合や解が無限個ある場合も含まれているかもしれない).

(1) $\begin{cases} x_1-2x_2+3x_3=2 \\ x_2-x_3=-2 \\ 3x_1-5x_2+8x_3=5 \end{cases}$ (2) $\begin{cases} x-2y-3z=-2 \\ -2x+3y+18z=15 \\ 2x-5y+6z=7 \end{cases}$

(3) $\begin{cases} 3x+2y-z=3 \\ 4x-5y+3z=5 \\ x+16y-8z=1 \end{cases}$ (4) $\begin{cases} x+2y-3z=-4 \\ 2x-3y+z=-1 \\ 7y-3z=5 \\ 8x+y-5z=-5 \end{cases}$

(5) $\begin{cases} 10x+2y+3z=34 \\ 3x+y+z=10 \\ 12x+3y+4z=41 \end{cases}$ (6) $\begin{cases} 2x+2y+3z-4w=1 \\ 3x-y+2z-5w=2 \\ x+5y+4z-3w=3 \end{cases}$

9. 次の連立方程式を, 行列の行基本変形を用いて階数を議論することにより解け. (解をもたない場合や解が無限個ある場合も含まれているかもしれない.)

(1) $\begin{cases} x+3y+2z=1 \\ x+5y+8z=7 \\ 2x+6y+6z=3 \end{cases}$ (2) $\begin{cases} 2x-y+4z=1 \\ x-y+z=-1 \\ 3x-y+7z=3 \end{cases}$

(3) $\begin{cases} 3x_1-5x_3+x_4=2 \\ x_1+2x_2-4x_3=1 \\ x_1-4x_2+3x_3+x_4=1 \end{cases}$ (4) $\begin{cases} x+y+5z=3 \\ 2x+y+7z+w=7 \\ 3x+y+9z+w=8 \end{cases}$

(5) $\begin{cases} x_1+2x_2=3 \\ 2x_1+5x_2-x_3=0 \\ -3x_1+x_2+6x_3=1 \end{cases}$ (6) $\begin{cases} 3x+y+4z+5w=2 \\ 6x-y-36z-45w=-8 \\ -6x-2y+12z+15w=3 \end{cases}$

(7) $\begin{cases} x_1+4x_2+7x_3=-1 \\ 9x_1+2x_2+3x_3=5 \\ 2x_1-3x_2-6x_3=7 \\ 7x_1+5x_2+9x_3=-2 \end{cases}$ (8) $\begin{cases} 2x_1+3x_2-x_3=11 \\ x_1+2x_2=5 \\ x_1-x_2+2x_3=-2 \end{cases}$

10. 次の同次連立1次方程式を解け.

(1) $\begin{cases} 3x_1 + 6x_2 - 9x_3 = 0 \\ 2x_1 + 4x_2 - 6x_3 = 0 \\ -4x_1 - 8x_2 + 12x_3 = 0 \end{cases}$　　(2) $\begin{cases} x_2 + 3x_3 + 2x_4 = 0 \\ -x_1 \quad - 4x_3 + 3x_4 = 0 \\ -x_1 + x_2 - x_3 + 5x_4 = 0 \\ x_1 - 2x_2 - 2x_3 - 7x_4 = 0 \end{cases}$

(3) $\begin{cases} 3x_1 - 3x_2 - x_3 = 0 \\ -2x_1 + x_2 + x_3 = 0 \\ 2x_1 + 5x_2 - 3x_3 = 0 \end{cases}$　　(4) $\begin{cases} x_1 + x_2 - 7x_3 + 6x_4 = 0 \\ 2x_1 + 2x_2 - x_3 - x_4 = 0 \\ 2x_1 + x_2 - x_3 + 2x_4 = 0 \\ 3x_1 + x_2 + 2x_3 + x_4 = 0 \end{cases}$

11. 次の非同次連立1次方程式のすべての解を求めよ.

(1) $\begin{cases} x - y + z + w = 2 \\ 2x - y + 3z - w = 0 \\ -x + 2y + z - w = 1 \\ -2x + 3y - z - 4w = -2 \end{cases}$　　(2) $\begin{cases} x_1 + 2x_2 - 3x_3 - 4x_4 = 1 \\ x_1 + 3x_2 - 5x_3 - 5x_4 = 0 \\ 2x_1 + 3x_2 - 4x_3 - 7x_4 = 3 \\ -3x_1 + x_2 - 5x_3 + 5x_4 = -10 \end{cases}$

(3) $\begin{cases} x_1 + 3x_2 - 5x_3 = 1 \\ 2x_1 + 4x_2 - 5x_3 = 3 \\ 3x_1 + 8x_2 - 12x_3 = -2 \end{cases}$　　(4) $\begin{cases} x_1 + x_2 - x_3 - x_4 = 1 \\ 3x_1 + 2x_2 + 2x_3 + x_4 = -1 \\ -2x_1 - 3x_2 + 8x_3 + 7x_4 = 3 \\ 3x_1 + x_2 + 8x_3 + 6x_4 = 4 \end{cases}$

第2章　行列式

2.1　逆行列

正方行列 A に対して, $AX = XA = E$ を満足する正方行列 X を A の**逆行列**といった. 逆行列はどんな行列 A に対しても存在するとは限らないが, 存在するとすればただ 1 つでありそれを A^{-1} と書いた. それではどんな場合に逆行列が存在し, どのようにして逆行列は定められるのであろうか.

例 2.1

$$A = \begin{pmatrix} -5 & -3 \\ 2 & 1 \end{pmatrix}$$

の逆行列がもし存在すれば, 求めてみよ. 同様に

$$B = \begin{pmatrix} 6 & -3 \\ -2 & 1 \end{pmatrix} \qquad C = \begin{pmatrix} 7 & 6 \\ 9 & 8 \end{pmatrix}$$

についてはどうか.

例 2.2

$$A = \begin{pmatrix} 1 & -1 & 4 \\ 2 & -3 & 1 \\ 3 & -5 & -1 \end{pmatrix}$$

の逆行列は存在し,

$$A^{-1} = \begin{pmatrix} -8 & 21 & -11 \\ -5 & 13 & -7 \\ 1 & -2 & 1 \end{pmatrix}$$

で与えられる. 逆行列の条件 $AA^{-1} = A^{-1}A = E$ を満たすことを確かめよ. また, どのようにしたらこの逆行列が求められるのか考えてみよ.

例 2.1 の解答は次の通りである.

$$A^{-1} = \begin{pmatrix} 1 & 3 \\ -2 & -5 \end{pmatrix}, \qquad C^{-1} = \frac{1}{2}\begin{pmatrix} 8 & -6 \\ -9 & 7 \end{pmatrix}$$

また B の逆行列は存在しない. 2 次の正方行列の場合, 逆行列は元の行列から割と簡単に求めることができた. すなわち, 一般に次のことが成り立つ.

定理 2.1 行列

$$A = \begin{pmatrix} a & b \\ c & d \end{pmatrix}$$

は $ad - bc \neq 0$ のとき逆行列をもち, 逆行列は

$$A^{-1} = \frac{1}{ad - bc} \begin{pmatrix} d & -b \\ -c & a \end{pmatrix}$$

で与えられる.

それでは例 2.2 のような 3 次以上の正方行列にも 2 次の場合と同様な公式があるのだろうか. 2.5 節で余因子ということを考えることにより, 逆行列を求める方法を学ぶ. しかし実は, それを知らなくても定義から逆行列は求めることができる.

$AX = E$ をみたす X が逆行列だから,

$$X = \begin{pmatrix} a & b & c \\ d & e & f \\ g & h & i \end{pmatrix}$$

とおくと,

$$\begin{pmatrix} 1 & -1 & 4 \\ 2 & -3 & 1 \\ 3 & -5 & -1 \end{pmatrix} \begin{pmatrix} a & b & c \\ d & e & f \\ g & h & i \end{pmatrix} = \begin{pmatrix} 1 & 0 & 0 \\ 0 & 1 & 0 \\ 0 & 0 & 1 \end{pmatrix}$$

すなわち, 3 つの連立方程式

$$\begin{cases} a - d + 4g = 1 \\ 2a - 3d + g = 0 \\ 3a - 5d - g = 0 \end{cases}, \quad \begin{cases} b - e + 4h = 0 \\ 2b - 3e + h = 1 \\ 3b - 5e - h = 0 \end{cases}, \quad \begin{cases} c - f + 4i = 0 \\ 2c - 3f + i = 0 \\ 3c - 5f - i = 1 \end{cases}$$

を解くことに帰着される. これらの連立方程式は左辺の変数と右辺の定数が異なるだけだから, まとめて解くことができる.

第 1 式を (-2) 倍して第 2 式に, 第 1 式を (-3) 倍して第 3 式にそれぞれ加える.

$$\begin{cases} a - d + 4g = 1 \\ \quad - d - 7g = -2 \\ \quad -2d - 13g = -3 \end{cases}, \quad \begin{cases} b - e + 4h = 0 \\ \quad - e - 7h = 1 \\ \quad -2e - 13h = 0 \end{cases}, \quad \begin{cases} c - f + 4i = 0 \\ \quad - f - 7i = 0 \\ \quad -2f - 13i = 1 \end{cases}$$

第 2 式を (-1) 倍する.

$$\begin{cases} a - d + 4g = 1 \\ \quad d + 7g = 2 \\ \quad -2d - 13g = -3 \end{cases}, \quad \begin{cases} b - e + 4h = 0 \\ \quad e + 7h = -1 \\ \quad -2e - 13h = 0 \end{cases}, \quad \begin{cases} c - f + 4i = 0 \\ \quad f + 7i = 0 \\ \quad -2f - 13i = 1 \end{cases}$$

第 2 式を第 1 式に, 第 2 式を 2 倍して第 3 式にそれぞれ加える.

$$\begin{cases} a \quad +11g=3 \\ \quad d+\ 7g=2 \\ \qquad\quad g=1 \end{cases},\quad \begin{cases} b \quad +11h=-1 \\ \quad e+\ 7h=-1 \\ \qquad\quad h=-2 \end{cases},\quad \begin{cases} c \quad +11i=0 \\ \quad f+\ 7i=0 \\ \qquad\quad i=1 \end{cases}$$

第 3 式を (-11) 倍して第 1 式に, 第 3 式を (-7) 倍して第 2 式にそれぞれ加える.

$$\begin{cases} a \qquad =-8 \\ \quad d \quad =-5 \\ \qquad g=\ 1 \end{cases},\quad \begin{cases} b \qquad =21 \\ \quad e \quad =13 \\ \qquad h=-2 \end{cases},\quad \begin{cases} c \qquad =-11 \\ \quad f \quad =-7 \\ \qquad i=\ 1 \end{cases}$$

以上より, 例 2.2 で示されたように

$$A^{-1}=\begin{pmatrix} -8 & 21 & -11 \\ -5 & 13 & -7 \\ 1 & -2 & 1 \end{pmatrix}$$

が確かめられた.

以上の方法は, 実は第 1 章で導入された行基本変形と同値であり, 行列を用いた方がより簡単である. すなわち,

$$(A|E_3)=\left(\begin{array}{ccc|ccc} 1 & -1 & 4 & 1 & 0 & 0 \\ 2 & -3 & 1 & 0 & 1 & 0 \\ 3 & -5 & -1 & 0 & 0 & 1 \end{array}\right)$$

と書くと,

$$(A|E_3)\xrightarrow[\text{第1行を }(-3)\text{ 倍して第3行に加える}]{\text{第1行を }(-2)\text{ 倍して第2行に加える}}\left(\begin{array}{ccc|ccc} 1 & -1 & 4 & 1 & 0 & 0 \\ 0 & -1 & -7 & -2 & 1 & 0 \\ 0 & -2 & -13 & -3 & 0 & 1 \end{array}\right)$$

$$\xrightarrow{\text{第2行を }(-1)\text{ 倍する}}\left(\begin{array}{ccc|ccc} 1 & -1 & 4 & 1 & 0 & 0 \\ 0 & 1 & 7 & 2 & -1 & 0 \\ 0 & -2 & -13 & -3 & 0 & 1 \end{array}\right)$$

$$\xrightarrow[\text{第2行を 2 倍して第3行に加える}]{\text{第2行を第1行に加える}}\left(\begin{array}{ccc|ccc} 1 & 0 & 11 & 3 & -1 & 0 \\ 0 & 1 & 7 & 2 & -1 & 0 \\ 0 & 0 & 1 & 1 & -2 & 1 \end{array}\right)$$

$$\xrightarrow[\text{第3行を }(-7)\text{ 倍して第2行に加える}]{\text{第3行を }(-11)\text{ 倍して第1行に加える}}\left(\begin{array}{ccc|ccc} 1 & 0 & 0 & -8 & 21 & -11 \\ 0 & 1 & 0 & -5 & 13 & -7 \\ 0 & 0 & 1 & 1 & -2 & 1 \end{array}\right)=(E_3|A^{-1})$$

一般の n 次の正方行列 A についても行基本変形を用いて逆行列を求めることができる.

定理 2.2 n 次の正方行列 A の逆行列が存在すれば, 行列 $(A|E_n)$ に第 1 章の行基本変形の操作を行って, $(E_n|A^{-1})$ の形に変形できる.

例 2.3 例 2.1 の行列

$$B = \begin{pmatrix} 6 & -3 \\ -2 & 1 \end{pmatrix}, \qquad C = \begin{pmatrix} 7 & 6 \\ 9 & 8 \end{pmatrix}$$

の逆行列を行基本変形によって求めてみよう．

$$(B|E_2) = \left(\begin{array}{cc|cc} 6 & -3 & 1 & 0 \\ -2 & 1 & 0 & 1 \end{array}\right) \xrightarrow{\text{第 1 行を } \frac{1}{6} \text{ 倍する}} \left(\begin{array}{cc|cc} 1 & -\frac{1}{2} & \frac{1}{6} & 0 \\ -2 & 1 & 0 & 1 \end{array}\right)$$

$$\xrightarrow{\text{第 1 行を 2 倍して第 2 行に加える}} \left(\begin{array}{cc|cc} 1 & -\frac{1}{2} & \frac{1}{6} & 0 \\ 0 & 0 & \frac{1}{3} & 1 \end{array}\right)$$

$(E_2|B^{-1})$ という形にならないから，B の逆行列は存在しない．

$$(C|E_2) = \left(\begin{array}{cc|cc} 7 & 6 & 1 & 0 \\ 9 & 8 & 0 & 1 \end{array}\right) \xrightarrow{\text{第 1 行を } \frac{1}{7} \text{ 倍する}} \left(\begin{array}{cc|cc} 1 & \frac{6}{7} & \frac{1}{7} & 0 \\ 9 & 8 & 0 & 1 \end{array}\right)$$

$$\xrightarrow{\text{第 1 行を } (-9) \text{ 倍して第 2 行に加える}} \left(\begin{array}{cc|cc} 1 & \frac{6}{7} & \frac{1}{7} & 0 \\ 0 & \frac{2}{7} & -\frac{9}{7} & 1 \end{array}\right)$$

$$\xrightarrow{\text{第 2 行を } \frac{7}{2} \text{ 倍する}} \left(\begin{array}{cc|cc} 1 & \frac{6}{7} & \frac{1}{7} & 0 \\ 0 & 1 & -\frac{9}{2} & \frac{7}{2} \end{array}\right)$$

$$\xrightarrow{\text{第 2 行を } -\frac{7}{6} \text{ 倍して第 1 行に加える}} \left(\begin{array}{cc|cc} 1 & 0 & 4 & -3 \\ 0 & 1 & -\frac{9}{2} & \frac{7}{2} \end{array}\right) = (E_2|C^{-1})$$

よって，

$$C^{-1} = \begin{pmatrix} 4 & -3 \\ -\frac{9}{2} & \frac{7}{2} \end{pmatrix} = \frac{1}{2}\begin{pmatrix} 8 & -6 \\ -9 & 7 \end{pmatrix}$$

練習問題 2.1

1. 次の行列の逆行列を行基本変形により求めよ．ただし，逆行列が存在しない場合もある．

(1) $\begin{pmatrix} 2 & 1 & 1 \\ 1 & 1 & 1 \\ 1 & 2 & 1 \end{pmatrix}$　(2) $\begin{pmatrix} 1 & 2 & -1 \\ -2 & -3 & 2 \\ 3 & 5 & -3 \end{pmatrix}$　(3) $\begin{pmatrix} 0 & 1 & 1 \\ 1 & 2 & 3 \\ 3 & 5 & 7 \end{pmatrix}$

(4) $\begin{pmatrix} 2 & 3 & -1 \\ 1 & -1 & -2 \\ 1 & 1 & -1 \end{pmatrix}$　(5) $\begin{pmatrix} 1 & 1 & 0 \\ 1 & 0 & 1 \\ 0 & 1 & 1 \end{pmatrix}$　(6) $\begin{pmatrix} 1 & 2 & 1 & 2 \\ 3 & 4 & 3 & 4 \\ 0 & 0 & 5 & 6 \\ 0 & 0 & 7 & 8 \end{pmatrix}$

(7) $\begin{pmatrix} 0 & b & 1 \\ a & 1 & 0 \\ 1 & 0 & 0 \end{pmatrix}$　(8) $\begin{pmatrix} 1 & 0 & 0 \\ 0 & 1 & 0 \\ a & b & 1 \end{pmatrix}$　(9) $\begin{pmatrix} 0 & -1 & 0 & 0 \\ 1 & 0 & -1 & 0 \\ 0 & 1 & 0 & -1 \\ 0 & 0 & 1 & 0 \end{pmatrix}$

2.2 行列式の定義

前の節で, 与えられた正方行列の逆行列を求める方法の1つを学んだ. しかし, 3次以上の正方行列の場合にも, 2次正方行列の場合のように簡便に逆行列を求める方法 (定理 2.1) はないのだろうか. 行基本変形による方法は便利だが, 最後まで計算していかないと逆行列が存在するかどうかわからない場合が多い.

逆行列をもつような行列を**正則行列**という. 2次の正方行列の場合, $ad-bc \neq 0$ のときまたそのときに限り逆行列が存在した. この逆行列をもつかどうかを決定する条件の式 $ad-bc$ を2次正方行列の**行列式**といい, $|A|$ や $\det(A)$ などと書く. 同様にして, 3次以上の正方行列においても行列式が定められる. すなわち, n 次の正方行列 A において, A に逆行列が存在するための条件式を A の**行列式**といい, $|A|=0$ のときまたそのときに限り A は逆行列をもたない.

一般の n 次正方行列 A に対しても行列式 $|A|$ が定義され, 次が成り立つ.

定理 2.3 n 次正方行列が正則であるための必要十分条件は $|A| \neq 0$ となることである.

$$A = \begin{pmatrix} a_{11} & a_{12} \\ a_{21} & a_{22} \end{pmatrix}$$

のときは, 行列式は

$$|A| = \begin{vmatrix} a_{11} & a_{12} \\ a_{21} & a_{22} \end{vmatrix} = a_{11}a_{22} - a_{12}a_{21}$$

であった. 3次の正方行列

$$A = \begin{pmatrix} a_{11} & a_{12} & a_{13} \\ a_{21} & a_{22} & a_{23} \\ a_{31} & a_{32} & a_{33} \end{pmatrix}$$

に対しては, 行列式は

$$\begin{aligned} |A| = \begin{vmatrix} a_{11} & a_{12} & a_{13} \\ a_{21} & a_{22} & a_{23} \\ a_{31} & a_{32} & a_{33} \end{vmatrix} &= a_{11}a_{22}a_{33} + a_{12}a_{23}a_{31} + a_{13}a_{21}a_{32} \\ &\quad - a_{11}a_{23}a_{32} - a_{12}a_{21}a_{33} - a_{13}a_{22}a_{31} \end{aligned}$$

で与えられる. 3次の行列式を求めるのに**サラスの方法**という便利な覚え方がある.

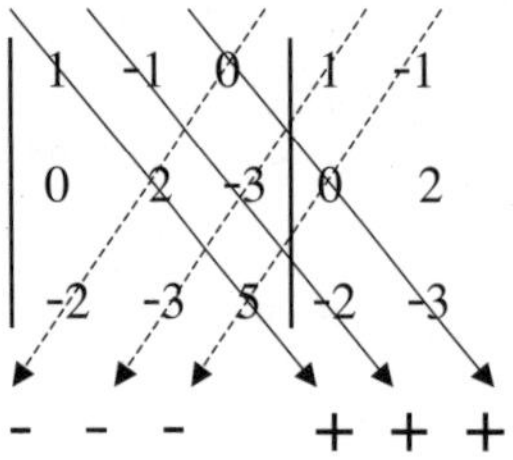

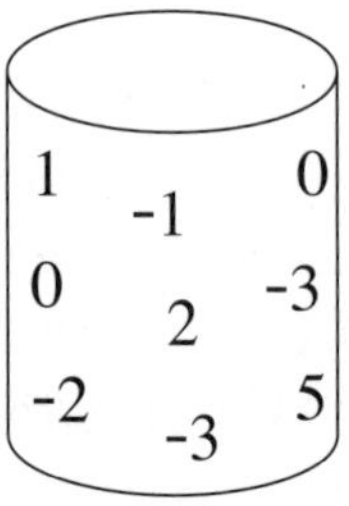

$$\begin{vmatrix} 1 & -1 & 0 \\ 0 & 2 & -3 \\ -2 & -3 & 5 \end{vmatrix} = 1 \cdot 2 \cdot 5 + (-1)(-3)(-2) + 0 \cdot 0 \cdot (-3)$$
$$- 0 \cdot 2 \cdot (-2) - 1 \cdot (-3)(-3) - (-1) \cdot 0 \cdot 5$$
$$= -5$$

4 次以上の行列式も同様にして与えられるが, 4 次の場合でも 24 個の項から成り, 残念なことにサラスの方法のような便利な覚え方は存在しない[1].

次の節で解説するが, 4 次の行列式は 3 次以下の行列式に展開するといううまい方法がある. さらに行列式の展開と 2.4 節で解説する行列式の性質と組み合わせると, 4 次の行列式をより簡単に計算できる. 5 次以上の行列式でも同様である.

練習問題 2.2

1. 次の行列式の値を求めよ.

(1) $\begin{vmatrix} 1 & 1 & -1 \\ 1 & -1 & 1 \\ -1 & 1 & 1 \end{vmatrix}$　(2) $\begin{vmatrix} -8 & 4 & 1 \\ 2 & -1 & -1 \\ 5 & 0 & -6 \end{vmatrix}$　(3) $\begin{vmatrix} 8 & 1 & 6 \\ 3 & 5 & 7 \\ 4 & 9 & 2 \end{vmatrix}$

(4) $\begin{vmatrix} 1 & 2 & 3 \\ 1 & 4 & 9 \\ 1 & 8 & 27 \end{vmatrix}$　(5) $\begin{vmatrix} 0 & a & b \\ a & 0 & c \\ b & c & 0 \end{vmatrix}$　(6) $\begin{vmatrix} a & b & c \\ c & a & b \\ b & c & a \end{vmatrix}$

[1]一般に, n 次の行列式の値は置換という概念を使って定義されるが, ここでは省略する.

2.3 行列式の展開

前節の 3 次の行列式は次のようにいろいろとまとめることができる.

$$
\begin{aligned}
|A| &= \begin{vmatrix} a_{11} & a_{12} & a_{13} \\ a_{21} & a_{22} & a_{23} \\ a_{31} & a_{32} & a_{33} \end{vmatrix} \\
&= a_{11}a_{22}a_{33} + a_{12}a_{23}a_{31} + a_{13}a_{21}a_{32} - a_{11}a_{23}a_{32} - a_{12}a_{21}a_{33} - a_{13}a_{22}a_{31} \\
&= a_{11}(a_{22}a_{33} - a_{23}a_{32}) - a_{21}(a_{12}a_{33} - a_{13}a_{32}) + a_{31}(a_{12}a_{23} - a_{13}a_{22}) \\
&= -a_{12}(a_{21}a_{33} - a_{23}a_{31}) + a_{22}(a_{11}a_{33} - a_{13}a_{31}) - a_{32}(a_{11}a_{23} - a_{13}a_{21}) \\
&= a_{13}(a_{21}a_{32} - a_{22}a_{31}) - a_{23}(a_{11}a_{32} - a_{12}a_{31}) + a_{33}(a_{11}a_{22} - a_{12}a_{21}) \\
&= a_{11}(a_{22}a_{33} - a_{23}a_{32}) - a_{12}(a_{21}a_{33} - a_{23}a_{31}) + a_{13}(a_{21}a_{32} - a_{22}a_{31}) \\
&= -a_{21}(a_{12}a_{33} - a_{13}a_{32}) + a_{22}(a_{11}a_{33} - a_{13}a_{31}) - a_{23}(a_{11}a_{32} - a_{12}a_{31}) \\
&= a_{31}(a_{12}a_{23} - a_{13}a_{22}) - a_{32}(a_{11}a_{23} - a_{13}a_{21}) + a_{33}(a_{11}a_{22} - a_{12}a_{21})
\end{aligned}
$$

n 次の正方行列 A に対して, i 行と j 列を取り去ってできる $(n-1)$ 次の正方行列を $|A|$ の $(n-1)$ 次の**小行列**といい, A_{ij} で表す. さらに, A の (i,j) **余因子**を $\tilde{a}_{ij}$ で表し, $\tilde{a}_{ij} = (-1)^{i+j}A_{ij}$ で定義する.

この定義と記号より, 上の $|A|$ の値は例えば

$$
\begin{aligned}
|A| &= a_{11}\begin{vmatrix} a_{22} & a_{23} \\ a_{32} & a_{33} \end{vmatrix} - a_{21}\begin{vmatrix} a_{12} & a_{13} \\ a_{32} & a_{33} \end{vmatrix} + a_{31}\begin{vmatrix} a_{12} & a_{13} \\ a_{22} & a_{23} \end{vmatrix} \\
&= a_{11}\tilde{a}_{11} + a_{21}\tilde{a}_{21} + a_{31}\tilde{a}_{31}
\end{aligned}
$$

と書くことができる. 同様に,

$$
\begin{aligned}
|A| &= a_{12}\tilde{a}_{12} + a_{22}\tilde{a}_{22} + a_{32}\tilde{a}_{32} \\
&= a_{13}\tilde{a}_{13} + a_{23}\tilde{a}_{23} + a_{33}\tilde{a}_{33} \\
&= a_{11}\tilde{a}_{11} + a_{12}\tilde{a}_{12} + a_{13}\tilde{a}_{13} \\
&= a_{21}\tilde{a}_{21} + a_{22}\tilde{a}_{22} + a_{23}\tilde{a}_{23} \\
&= a_{31}\tilde{a}_{31} + a_{32}\tilde{a}_{32} + a_{33}\tilde{a}_{33}
\end{aligned}
$$

3 次の場合と同様に, 一般の n 次の正方行列 A に対しても次の性質が成り立つ.

定理 2.4 n 次正方行列 $A = (a_{ij})$ の (i,j) 余因子を $\tilde{a}_{ij}$ で表すとき,

(1) $|A| = a_{i1}\tilde{a}_{i1} + a_{i2}\tilde{a}_{i2} + \cdots + a_{in}\tilde{a}_{in}$ (**第 i 行での余因子展開**)

(2) $|A| = a_{1j}\tilde{a}_{1j} + a_{2j}\tilde{a}_{2j} + \cdots + a_{nj}\tilde{a}_{nj}$ (**第 j 列での余因子展開**)

例 2.4

$$A = \begin{pmatrix} 3 & 1 & 0 \\ -2 & -4 & 3 \\ 5 & 4 & -2 \end{pmatrix}$$

の行列式 $|A|$ を余因子展開で求めよう．A の第 3 列で展開すると，

$$\begin{aligned} |A| &= 0\begin{vmatrix} -2 & -4 \\ 5 & 4 \end{vmatrix} - 3\begin{vmatrix} 3 & 1 \\ 5 & 4 \end{vmatrix} + (-2)\begin{vmatrix} 3 & 1 \\ -2 & -4 \end{vmatrix} \\ &= 0 - 3\cdot 7 + (-2)(-10) = -1 \end{aligned}$$

例 2.5

$$A = \begin{pmatrix} 1 & 0 & 0 & -1 \\ 3 & 1 & 2 & 2 \\ 1 & 0 & -2 & 1 \\ 2 & 0 & 0 & 1 \end{pmatrix}$$

という 4 次正方行列の行列式 $|A|$ を求めよう．第 2 列による展開が最も簡単で，ほとんどが 0 になり，

$$|A| = 1\cdot\begin{vmatrix} 1 & 0 & -1 \\ 1 & -2 & 1 \\ 2 & 0 & 1 \end{vmatrix}$$

この 3 次の行列式を計算するには，第 2 列による展開が最も簡単である．すなわち，ほとんどが 0 になり，

$$\begin{aligned} |A| &= 1\cdot(-2)\begin{vmatrix} 1 & -1 \\ 2 & 1 \end{vmatrix} \\ &= -2(1+2) = -6\,. \end{aligned}$$

もちろん別の行や列で余因子展開しても答えは同じになる（確かめてみよ！）．

上三角行列や下三角行列の行列式の計算は，さらに簡単である．

定理 2.5 A が n 次三角行列のとき，$|A|$ は行列の主対角成分の積に等しい．

証明 4 次の下三角行列

$$A = \begin{pmatrix} a_{11} & 0 & 0 & 0 \\ a_{21} & a_{22} & 0 & 0 \\ a_{31} & a_{32} & a_{33} & 0 \\ a_{41} & a_{42} & a_{43} & a_{44} \end{pmatrix}$$

について考える．一般の n 次の下三角行列や上三角行列の場合も同様である．A の行列式を第 1 行で展開すると，

$$|A| = \begin{vmatrix} a_{11} & 0 & 0 & 0 \\ a_{21} & a_{22} & 0 & 0 \\ a_{31} & a_{32} & a_{33} & 0 \\ a_{41} & a_{42} & a_{43} & a_{44} \end{vmatrix} = a_{11}\begin{vmatrix} a_{22} & 0 & 0 \\ a_{32} & a_{33} & 0 \\ a_{42} & a_{43} & a_{44} \end{vmatrix}$$

さらに, 第 1 行で展開すると

$$|A| = a_{11}a_{22}\begin{vmatrix} a_{33} & 0 \\ a_{43} & a_{44} \end{vmatrix} = a_{11}a_{22}a_{33}a_{44}\,.$$

例 2.6

$$\begin{vmatrix} 4 & 8 & 3 & 8 & -3 \\ 0 & 6 & 7 & 1 & 5 \\ 0 & 0 & -2 & 7 & -6 \\ 0 & 0 & 0 & 3 & 7 \\ 0 & 0 & 0 & 0 & 9 \end{vmatrix} = 4\cdot 6\cdot(-2)\cdot 3\cdot 9 = -1296$$

練習問題 2.3

1. 次の行列式の値を求めよ.

(1) $\begin{vmatrix} 1 & 3 & 1 & 5 \\ -2 & -7 & 0 & -4 \\ 0 & 0 & 1 & 0 \\ 0 & 0 & 2 & 1 \end{vmatrix}$ (2) $\begin{vmatrix} 2 & 1 & 3 & 1 \\ 1 & 0 & 1 & 1 \\ 0 & 2 & 1 & 0 \\ 0 & 1 & 2 & 3 \end{vmatrix}$ (3) $\begin{vmatrix} \sqrt{2} & 0 & 0 & 0 \\ -4 & \sqrt{2} & 0 & 0 \\ 9 & 0 & -1 & 0 \\ 16 & 5 & -4 & 1 \end{vmatrix}$

(4) $\begin{vmatrix} 0 & 0 & 0 & 1 \\ 0 & 0 & 1 & 0 \\ 0 & 1 & 0 & 0 \\ 1 & 0 & 0 & 0 \end{vmatrix}$ (5) $\begin{vmatrix} 1 & 2 & 0 & 0 \\ 3 & 1 & 2 & 0 \\ 0 & 3 & 1 & 2 \\ 0 & 0 & 3 & 1 \end{vmatrix}$ (6) $\begin{vmatrix} 0 & 0 & 0 & 4 \\ 0 & 0 & -3 & 0 \\ 0 & -2 & 0 & 0 \\ 1 & 0 & 0 & 0 \end{vmatrix}$

2.4 行列式の性質

4 次以上の行列の行列式も, 行や列による展開を行うことにより低次の行列式の計算に帰着させることができ, 展開を繰り返していけば結果として行列式が求められる. しかし, 例えば

$$A = \begin{pmatrix} 3 & 5 & -2 & 6 \\ 1 & 2 & -1 & 1 \\ 2 & 4 & 1 & 5 \\ 3 & 7 & 5 & 3 \end{pmatrix}$$

という行列の行列式の値を求めるのは（どの成分も 0 でないから）それなりに時間がかかりそうである. 何か他にうまい方法はないだろうか.

そこで, 行列式を計算する効率的な方法を見てみよう. ここで述べる諸性質を余因子展開やサラスの方法と組み合わせることにより, 行列式の値をより簡単に求めることができる場合が多い.

定理 2.6 正方行列 A に対して, すべての成分が 0 の行または列があれば, $|A| = 0$.

証明 すべての成分が0の行または列で余因子展開すると,

$$|A| = 0 \cdot \tilde{a}_1 + 0 \cdot \tilde{a}_2 + \cdots + 0 \cdot \tilde{a}_n = 0$$

ここで, $\tilde{a}_1, \tilde{a}_2, \ldots, \tilde{a}_n$ はその行または列の余因子である.

定理 2.7 正方行列 A に対して, $|A| = |{}^t A|$

証明 $|A|$ の第 i 行による余因子展開は $|{}^t A|$ の第 i 列による余因子展開に等しい.

定理2.7より, 以下, 行について成り立つ行列式の性質は列についても成り立つことがわかる.

次の定理は, 基本的行操作がその行列式の値にどのような影響を与えるかを示している. これは一般の n 次正方行列について成り立つが, 3次正方行列の場合を例として挙げておく.

定理 2.8 正方行列に対して,

(1) ある行（列）の成分をすべて k 倍した値は行列式を k 倍した値に等しい.

$$\begin{vmatrix} ka_{11} & ka_{12} & ka_{13} \\ a_{21} & a_{22} & a_{23} \\ a_{31} & a_{32} & a_{33} \end{vmatrix} = k \begin{vmatrix} a_{11} & a_{12} & a_{13} \\ a_{21} & a_{22} & a_{23} \\ a_{31} & a_{32} & a_{33} \end{vmatrix}$$

(2) 2つの行（列）を交換すると行列式の符号が変わる.

$$\begin{vmatrix} a_{21} & a_{22} & a_{23} \\ a_{11} & a_{12} & a_{13} \\ a_{31} & a_{32} & a_{33} \end{vmatrix} = - \begin{vmatrix} a_{11} & a_{12} & a_{13} \\ a_{21} & a_{22} & a_{23} \\ a_{31} & a_{32} & a_{33} \end{vmatrix}$$

(3) ある行（列）の成分をすべて k 倍して別の行（列）に加えても, 行列式の値は変わらない.

$$\begin{vmatrix} a_{11} + ka_{21} & a_{12} + ka_{22} & a_{13} + ka_{23} \\ a_{21} & a_{22} & a_{23} \\ a_{31} & a_{32} & a_{33} \end{vmatrix} = \begin{vmatrix} a_{11} & a_{12} & a_{13} \\ a_{21} & a_{22} & a_{23} \\ a_{31} & a_{32} & a_{33} \end{vmatrix}$$

証明 例えば最初の場合は,

$$\begin{aligned} \begin{vmatrix} ka_{11} & ka_{12} & ka_{13} \\ a_{21} & a_{22} & a_{23} \\ a_{31} & a_{32} & a_{33} \end{vmatrix} &= ka_{11}\tilde{a}_{11} + ka_{12}\tilde{a}_{12} + ka_{13}\tilde{a}_{13} \\ &= k(a_{11}\tilde{a}_{11} + a_{12}\tilde{a}_{12} + a_{13}\tilde{a}_{13}) \\ &= k \begin{vmatrix} a_{11} & a_{12} & a_{13} \\ a_{21} & a_{22} & a_{23} \\ a_{31} & a_{32} & a_{33} \end{vmatrix} \end{aligned}$$

より成り立つ.

正方行列 A において 2 つの行（列）の比が等しければがあれば, 片方の行（列）を何倍かして加えることによりすべての成分が 0 となる行（列）を作ることができる. このような行列の行列式の値は定理 2.9 より 0 となるから, 次の定理が成り立つ.

定理 2.9　2 つの行（列）の比が等しい正方行列の行列式の値は 0 である.

例 2.7　例えば, 第 1 行の (-2) 倍を第 2 行に加えることにより,

$$\begin{vmatrix} 1 & 3 & -2 & 4 \\ 2 & 6 & -4 & 8 \\ 3 & 9 & 1 & 5 \\ 1 & 1 & 6 & 7 \end{vmatrix} = \begin{vmatrix} 1 & 3 & -2 & 4 \\ 0 & 0 & 0 & 0 \\ 3 & 9 & 1 & 5 \\ 1 & 1 & 6 & 7 \end{vmatrix} = 0$$

次の行列も 2 つの行（列）の比が等しいから, 行列式の値はすべて 0 になる.

$$\begin{pmatrix} -1 & 4 \\ 2 & -8 \end{pmatrix}, \quad \begin{pmatrix} 1 & 3 & 2 \\ 4 & 5 & 8 \\ -2 & 7 & -4 \end{pmatrix}, \quad \begin{pmatrix} 3 & -1 & 4 & -5 \\ 6 & -2 & 5 & 2 \\ 5 & 7 & 2 & -3 \\ -9 & 3 & -12 & 15 \end{pmatrix}$$

例 2.8

$$A = \begin{pmatrix} 0 & 1 & 4 \\ 3 & -6 & 9 \\ 2 & 5 & 1 \end{pmatrix}$$

の行列式を求めよう.

$$|A| = \begin{vmatrix} 0 & 1 & 4 \\ 3 & -6 & 9 \\ 2 & 5 & 1 \end{vmatrix} = -\begin{vmatrix} 3 & -6 & 9 \\ 0 & 1 & 4 \\ 2 & 5 & 1 \end{vmatrix} \quad \text{（第 1 行と第 2 行を交換する）}$$

$$= -3\begin{vmatrix} 1 & -2 & 3 \\ 0 & 1 & 4 \\ 2 & 5 & 1 \end{vmatrix} \quad \text{（第 1 行から公約数 3 をくくり出す）}$$

$$= -3\begin{vmatrix} 1 & -2 & 3 \\ 0 & 1 & 4 \\ 0 & 9 & -5 \end{vmatrix} \quad \text{（第 1 行の } (-2) \text{ 倍を第 3 行に加える）}$$

$$= -3\begin{vmatrix} 1 & -2 & 3 \\ 0 & 1 & 5 \\ 0 & 0 & -41 \end{vmatrix} \quad \text{（第 2 行の } (-9) \text{ 倍を第 3 行に加える）}$$

$$= -3(-41)\begin{vmatrix} 1 & -2 & 3 \\ 0 & 1 & 5 \\ 0 & 0 & 1 \end{vmatrix} \quad \text{（第 3 行の } (-41) \text{ をくくり出す）}$$

$$= -3(-41) \cdot 1 = 123$$

最後は, 上三角行列の行列式の値が対角成分の積となることから得られた.

例 2.9

$$A = \begin{pmatrix} 1 & 0 & 0 & 3 \\ -2 & 5 & 0 & -6 \\ 0 & 3 & 6 & 0 \\ 4 & 1 & 3 & -2 \end{pmatrix}$$

の行列式の値を計算してみよう.

第1列の (-3) 倍を第4列に加えると, 下三角行列の行列式になるから

$$|A| = \begin{vmatrix} 1 & 0 & 0 & 0 \\ -2 & 5 & 0 & 0 \\ 0 & 3 & 6 & 0 \\ 4 & 1 & 3 & -14 \end{vmatrix} = 1 \cdot 5 \cdot 6 \cdot (-14) = -420$$

例 2.10 この節の最初に登場した行列

$$A = \begin{pmatrix} 3 & 5 & -2 & 6 \\ 1 & 2 & -1 & 1 \\ 2 & 4 & 1 & 5 \\ 3 & 7 & 5 & 3 \end{pmatrix}$$

の行列式の値を求めてみよう.

第2行の何倍かを他の行にそれぞれ加え, 第1列の他の成分を0にすると,

$$|A| = \begin{vmatrix} 0 & -1 & 1 & 3 \\ 1 & 2 & -1 & 1 \\ 0 & 0 & 3 & 3 \\ 0 & 1 & 8 & 0 \end{vmatrix} = -\begin{vmatrix} -1 & 1 & 3 \\ 0 & 3 & 3 \\ 1 & 8 & 0 \end{vmatrix} \quad \text{(第1列での余因子展開)}$$

$$= -\begin{vmatrix} -1 & 1 & 3 \\ 0 & 3 & 3 \\ 0 & 9 & 3 \end{vmatrix} \quad \text{(第1行を第3行に加える)}$$

$$= -(-1)\begin{vmatrix} 3 & 3 \\ 9 & 3 \end{vmatrix} = -18 \quad \text{(第1列での余因子展開)}$$

練習問題 2.4

1. 次の行列式の値を求めよ.

(1) $\begin{vmatrix} -2 & 2 & 1 & -5 \\ 3 & -3 & -1 & 5 \\ -4 & 2 & 2 & -3 \\ 4 & -2 & -3 & 2 \end{vmatrix}$　(2) $\begin{vmatrix} 1 & 2 & 3 & 4 \\ 5 & 6 & 7 & 8 \\ 9 & 10 & 11 & 12 \\ 13 & 14 & 15 & 16 \end{vmatrix}$

(3) $\begin{vmatrix} 1 & 2 & 9 & 10 \\ 4 & 3 & 8 & 11 \\ 5 & 6 & 7 & 12 \\ 16 & 15 & 14 & 13 \end{vmatrix}$　(4) $\begin{vmatrix} 1 & 2 & 1 & 1 \\ 2 & 0 & 1 & 0 \\ 1 & 1 & 3 & 2 \\ 4 & 3 & 5 & 3 \end{vmatrix}$

(5) $\begin{vmatrix} 5 & 2 & 2 & 2 \\ 2 & 5 & 2 & 2 \\ 2 & 2 & 5 & 2 \\ 2 & 2 & 2 & 5 \end{vmatrix}$　(6) $\begin{vmatrix} 1 & 2 & 3 & 4 \\ 2 & 3 & 4 & 1 \\ 3 & 4 & 1 & 2 \\ 4 & 1 & 2 & 3 \end{vmatrix}$

2. 次の行列式の値を求めよ.

(1) $\begin{vmatrix} 1 & 2 & 3 & 4 \\ 8 & 7 & 6 & 5 \\ 9 & 10 & 11 & 12 \\ 16 & 15 & 14 & 13 \end{vmatrix}$　(2) $\begin{vmatrix} a & b & b & b \\ b & a & b & b \\ b & b & a & b \\ b & b & b & a \end{vmatrix}$

(3) $\begin{vmatrix} 1 & 1 & 1 & 1 \\ 1 & 2 & 3 & 4 \\ 1 & 3 & 6 & 10 \\ 1 & 4 & 10 & 20 \end{vmatrix}$　(4) $\begin{vmatrix} a & a & a & a \\ a & b & a & a \\ a & a & b & a \\ a & a & a & b \end{vmatrix}$

(5) $\begin{vmatrix} 11 & 2 & 3 & 4 \\ 1 & 12 & 3 & 4 \\ 1 & 2 & 13 & 4 \\ 1 & 2 & 3 & 14 \end{vmatrix}$　(6) $\begin{vmatrix} 1 & a & a^2 & a^3+bcd \\ 1 & b & b^2 & b^3+acd \\ 1 & c & c^2 & c^3+abd \\ 1 & d & d^2 & d^3+abc \end{vmatrix}$

2.5　余因子による逆行列計算

異なる行（や列）による成分と余因子を考えてみよう.

$$A = \begin{pmatrix} a_{11} & a_{12} & a_{13} \\ a_{21} & a_{22} & a_{23} \\ a_{31} & a_{32} & a_{33} \end{pmatrix}$$

について

$$a_{11}\tilde{a}_{31} + a_{12}\tilde{a}_{32} + a_{13}\tilde{a}_{33}$$

という値の意味を考えてみよう. このために, A の第 3 行を第 1 行と等しくした行列

$$A' = \begin{pmatrix} a_{11} & a_{12} & a_{13} \\ a_{21} & a_{22} & a_{23} \\ a_{11} & a_{12} & a_{13} \end{pmatrix}$$

について, $|A'|$ を第3行で展開した

$$a_{11}\tilde{a}'_{31} + a_{12}\tilde{a}'_{32} + a_{13}\tilde{a}'_{33}$$

という値を考える. すると,

$$\tilde{a}_{31} = \begin{vmatrix} a_{12} & a_{13} \\ a_{22} & a_{23} \end{vmatrix} = \tilde{a}'_{31}, \quad \tilde{a}_{32} = -\begin{vmatrix} a_{11} & a_{13} \\ a_{21} & a_{23} \end{vmatrix} = \tilde{a}'_{32},$$
$$\tilde{a}_{33} = \begin{vmatrix} a_{11} & a_{12} \\ a_{21} & a_{22} \end{vmatrix} = \tilde{a}'_{33}$$

となるから両者の行列式の値は一致する. 一方サラスの方法で展開すると

$$\begin{aligned} |A'| &= a_{11}a_{22}a_{13} + a_{12}a_{23}a_{11} + a_{13}a_{21}a_{12} \\ &\quad - a_{11}a_{23}a_{12} - a_{12}a_{21}a_{13} - a_{13}a_{22}a_{11} = 0 \end{aligned}$$

であるから, 以上より

$$a_{11}\tilde{a}_{31} + a_{12}\tilde{a}_{32} + a_{13}\tilde{a}_{33} = 0$$

を得る.

3次の場合と同様に, 一般の n 次の行列に対しても次が成り立つ.

定理 2.10 n 次正方行列 $A = (a_{ij})$ に対して, $i \neq j$ ならば

$$a_{i1}\tilde{a}_{j1} + a_{i2}\tilde{a}_{j2} + \cdots + a_{in}\tilde{a}_{jn} = 0$$
$$a_{1i}\tilde{a}_{1j} + a_{2i}\tilde{a}_{2j} + \cdots + a_{ni}\tilde{a}_{nj} = 0$$

定義　正方行列 $A = (a_{ij})$ の余因子 $\tilde{a}_{ij}$ を 行と列の番号を入れ替えて並べた 正方行列

$$\begin{pmatrix} \tilde{a}_{11} & \tilde{a}_{21} & \ldots & \tilde{a}_{n1} \\ \tilde{a}_{12} & \tilde{a}_{22} & \ldots & \tilde{a}_{n2} \\ \vdots & \vdots & & \vdots \\ \tilde{a}_{1n} & \tilde{a}_{2n} & \ldots & \tilde{a}_{nn} \end{pmatrix}$$

を A の**余因子行列**といい, $\mathrm{adj}(A)$ などと表す.

定理 2.11 A が正則行列のとき,

$$A^{-1} = \frac{1}{|A|}\mathrm{adj}(A)$$

証明

$$A\,\mathrm{adj}(A) = \begin{pmatrix} a_{11} & a_{12} & \ldots & \tilde{a}_{1n} \\ a_{21} & a_{22} & \ldots & \tilde{a}_{2n} \\ \vdots & \vdots & & \vdots \\ a_{i1} & a_{i2} & \ldots & a_{in} \\ \vdots & \vdots & & \vdots \\ a_{n1} & a_{n2} & \ldots & a_{nn} \end{pmatrix} \begin{pmatrix} \tilde{a}_{11} & \tilde{a}_{21} & \ldots & \tilde{a}_{j1} & \ldots & \tilde{a}_{n1} \\ \tilde{a}_{12} & \tilde{a}_{22} & \ldots & \tilde{a}_{j2} & \ldots & \tilde{a}_{n2} \\ \vdots & \vdots & & \vdots & & \vdots \\ \tilde{a}_{1n} & \tilde{a}_{2n} & \ldots & \tilde{a}_{jn} & \ldots & \tilde{a}_{nn} \end{pmatrix}$$

という積を考える．この積における (i,j) 成分は

$$a_{i1}\tilde{a}_{j1}+a_{i2}\tilde{a}_{j2}+\cdots+a_{in}\tilde{a}_{jn}$$

となる．$i=j$ のとき，この値は第 i 行での余因子展開になるから，定理 2.4 より $|A|$ に等しくなる．$i\neq j$ のときは定理 2.10 より 0 に等しくなる．したがって，

$$A\,\mathrm{adj}(A)=\begin{pmatrix}|A|&0&\dots&0\\0&|A|&\dots&0\\\vdots&\vdots&&\vdots\\0&0&\dots&|A|\end{pmatrix}=|A|E$$

A は正則であるから，両辺を $|A|\neq 0$ で割って

$$\frac{1}{|A|}A\,\mathrm{adj}(A)=A\left(\frac{1}{|A|}\mathrm{adj}(A)\right)=E$$

左から A^{-1} を掛けて

$$A^{-1}=\frac{1}{|A|}\mathrm{adj}(A)$$

例 2.11

$$A=\begin{pmatrix}1&-1&4\\2&-3&1\\3&-5&-1\end{pmatrix}$$

のとき，A の余因子は

$$\tilde{a}_{11}=\begin{vmatrix}-3&1\\-5&-1\end{vmatrix}=8,\quad \tilde{a}_{12}=-\begin{vmatrix}2&1\\3&-1\end{vmatrix}=5,\quad \tilde{a}_{13}=\begin{vmatrix}2&-3\\3&-5\end{vmatrix}=-1,$$

$$\tilde{a}_{21}=-\begin{vmatrix}-1&4\\-5&-1\end{vmatrix}=-21,\quad \tilde{a}_{22}=\begin{vmatrix}1&4\\3&-1\end{vmatrix}=-13,\quad \tilde{a}_{23}=-\begin{vmatrix}1&-1\\3&-5\end{vmatrix}=2,$$

$$\tilde{a}_{31}=\begin{vmatrix}-1&4\\-3&1\end{vmatrix}=11,\quad \tilde{a}_{32}=-\begin{vmatrix}1&4\\2&1\end{vmatrix}=7,\quad \tilde{a}_{33}=\begin{vmatrix}1&-1\\2&-3\end{vmatrix}=-1$$

また，$|A|=-1$ となるので，

$$A^{-1}=\frac{1}{|A|}\mathrm{adj}(A)=\frac{1}{-1}\begin{pmatrix}8&-21&11\\5&-13&7\\-1&2&-1\end{pmatrix}=\begin{pmatrix}-8&21&-11\\-5&13&-7\\1&-2&1\end{pmatrix}$$

練習問題 2.5

1. 次の行列に逆行列が存在すれば, 余因子行列を使って求めよ.

(1) $\begin{pmatrix} 0 & 4 & -1 \\ 1 & -2 & -1 \\ 2 & -3 & 2 \end{pmatrix}$　(2) $\begin{pmatrix} 1 & 2 & -1 \\ -1 & -1 & 2 \\ 2 & 1 & 1 \end{pmatrix}$　(3) $\begin{pmatrix} 1 & 2 & -1 \\ -2 & -3 & 2 \\ 3 & 5 & -3 \end{pmatrix}$

(4) $\begin{pmatrix} 3 & -1 & 2 \\ 1 & 1 & 1 \\ 4 & -1 & 3 \end{pmatrix}$　(5) $\begin{pmatrix} 1 & 1 & 0 \\ 1 & 0 & 1 \\ 0 & 1 & 1 \end{pmatrix}$　(6) $\begin{pmatrix} 0 & 1 & 1 \\ 1 & 2 & 3 \\ 3 & 5 & 7 \end{pmatrix}$

2. 次の行列の逆行列を余因子計算により求めよ.

(1) $\begin{pmatrix} 2 & 2 & -4 \\ 1 & 1 & -3 \\ 1 & 4 & 5 \end{pmatrix}$　(2) $\begin{pmatrix} 2 & 1 & 3 \\ 1 & 2 & 4 \\ 8 & 7 & 6 \end{pmatrix}$　(3) $\begin{pmatrix} a & a & a \\ a & b & b \\ a & b & c \end{pmatrix}$

2.6　クラメルの公式

この節では, n 個の未知数をもつ n 個の連立方程式

$$\begin{cases} a_{11}x_1 + a_{12}x_2 + \cdots + a_{1n}x_n = b_1 \\ a_{21}x_1 + a_{22}x_2 + \cdots + a_{2n}x_n = b_2 \\ \quad \vdots \qquad\quad \vdots \qquad\qquad\quad \vdots \qquad\ \vdots \\ a_{n1}x_1 + a_{n2}x_2 + \cdots + a_{nn}x_n = b_n \end{cases}$$

の解を与える定理を学ぶ. この公式は**クラメルの公式**として知られているが, 解を効率よく計算できるというわけではない. ところが, 連立方程式を直接解く必要もないし, 解の数学的性質を学ぶのに役立つという面もある.

1.6 節で見てきたように, 行列の積を使うとこの連立方程式は

$$A\mathbf{x} = \mathbf{b}$$

という等式と同値である. ここで

$$A = \begin{pmatrix} a_{11} & a_{12} & \cdots & a_{1n} \\ a_{21} & a_{22} & \cdots & a_{2n} \\ \vdots & \vdots & & \vdots \\ a_{n1} & a_{n2} & \cdots & a_{nn} \end{pmatrix}, \quad \mathbf{x} = \begin{pmatrix} x_1 \\ x_2 \\ \cdots \\ x_n \end{pmatrix}, \quad \mathbf{b} = \begin{pmatrix} b_1 \\ b_2 \\ \cdots \\ b_n \end{pmatrix}$$

定理 2.12 $A\mathbf{x} = \mathbf{b}$ が $|A| \neq 0$ となる n 個の n 元連立方程式であるとき, 連立方程式はただ 1 つの解をもち, この解は

$$x_1 = \frac{|A_1|}{|A|}, \quad x_2 = \frac{|A_2|}{|A|}, \quad \ldots, \quad x_n = \frac{|A_n|}{|A|}$$

で与えられる．ここで, A_j は A の第 j 列を行列

$$\mathbf{b} = \begin{pmatrix} b_1 \\ b_2 \\ \vdots \\ b_n \end{pmatrix}$$

の成分で置き換えて得られる行列である．

証明 $|A| \neq 0$ ならば A は正則行列であり, $\mathbf{x} = A^{-1}\mathbf{b}$ が $A\mathbf{x} = \mathbf{b}$ のただ 1 つの解である．したがって,

$$\begin{aligned} \mathbf{x} = A^{-1}\mathbf{b} &= \frac{1}{|A|}\mathrm{adj}(A)\mathbf{b} \\ &= \frac{1}{|A|}\begin{pmatrix} \tilde{a}_{11} & \tilde{a}_{21} & \dots & \tilde{a}_{n1} \\ \tilde{a}_{12} & \tilde{a}_{22} & \dots & \tilde{a}_{n2} \\ \vdots & \vdots & & \vdots \\ \tilde{a}_{1n} & \tilde{a}_{2n} & \dots & \tilde{a}_{nn} \end{pmatrix}\begin{pmatrix} b_1 \\ b_2 \\ \vdots \\ b_n \end{pmatrix} \\ &= \frac{1}{|A|}\begin{pmatrix} b_1\tilde{a}_{11} + b_1\tilde{a}_{21} + \cdots + b_n\tilde{a}_{n1} \\ b_1\tilde{a}_{12} + b_1\tilde{a}_{22} + \cdots + b_n\tilde{a}_{n2} \\ \cdots\cdots\cdots \\ b_1\tilde{a}_{1n} + b_1\tilde{a}_{2n} + \cdots + b_n\tilde{a}_{nn} \end{pmatrix} \end{aligned}$$

よって, $\mathbf{x}$ の第 j 行の成分は

$$x_j = \frac{b_1\tilde{a}_{1j} + b_1\tilde{a}_{2j} + \cdots + b_n\tilde{a}_{nj}}{|A|}$$

となる．ところで,

$$A_j = \begin{pmatrix} a_{11} & a_{12} & \dots & a_{1,j-1} & b_1 & a_{1,j+1} & \dots & a_{1n} \\ a_{21} & a_{22} & \dots & a_{2,j-1} & b_2 & a_{2,j+1} & \dots & a_{2n} \\ \vdots & \vdots & & \vdots & \vdots & \vdots & & \vdots \\ a_{n1} & a_{n2} & \dots & a_{n,j-1} & b_n & a_{n,j+1} & \dots & a_{nn} \end{pmatrix}$$

とおくと A_j は A と第 j 列だけが異なるから, 第 j 列で $|A_j|$ を余因子展開すると

$$|A_j| = b_1\tilde{a}_{1j} + b_1\tilde{a}_{2j} + \cdots + b_n\tilde{a}_{nj}$$

以上より,

$$x_j = \frac{|A_j|}{|A|}$$

を得る．

例 2.12 クラメルの公式を使って，

$$\begin{cases} x_1 \qquad\quad + 2x_3 = 6 \\ -3x_1 + 4x_2 + 6x_3 = 30 \\ -x_1 - 2x_2 + 3x_3 = 8 \end{cases}$$

を解こう．

$$A = \begin{pmatrix} 1 & 0 & 2 \\ -3 & 4 & 6 \\ -1 & -2 & 3 \end{pmatrix}, \qquad A_1 = \begin{pmatrix} 6 & 0 & 2 \\ 30 & 4 & 6 \\ 8 & -2 & 3 \end{pmatrix},$$

$$A_2 = \begin{pmatrix} 1 & 6 & 2 \\ -3 & 30 & 6 \\ -1 & 8 & 3 \end{pmatrix}, \qquad A_3 = \begin{pmatrix} 1 & 0 & 6 \\ -3 & 4 & 30 \\ -1 & -2 & 8 \end{pmatrix}$$

$|A| = 44 \neq 0$ だから，この連立方程式にはただ 1 つの解が存在し，

$$x_1 = \frac{|A_1|}{|A|} = \frac{-40}{44} = -\frac{10}{11}, \quad x_2 = \frac{|A_2|}{|A|} = \frac{72}{44} = \frac{18}{11},$$
$$x_3 = \frac{|A_3|}{|A|} = \frac{152}{44} = \frac{38}{11}$$

練習問題 2.6

1. クラメルの公式を用いて次の連立方程式を解け．

(1) $\begin{cases} x + 2y - z + u = -2 \\ 2x + 2y - 5z = -1 \\ x + 7y + 5z + 6u = -11 \\ 3x + 6y - 4z - u = 9 \end{cases}$　(2) $\begin{cases} x - 3y - z = 0 \\ 3x - y + 2z = 3 \\ 2x + y + z = 4 \end{cases}$

(3) $\begin{cases} 3x + 5y - 7z + 4w = -3 \\ 4x - 2y + 5z + 3w = -9 \\ 6x + y - 4z + 2w = -5 \\ 4x - 3y - z + 6w = 9 \end{cases}$　(4) $\begin{cases} x + y + z = 1 \\ 2x + 3y + 4z = 5 \\ 4x + 9y + 16z = 25 \end{cases}$

(5) $\begin{cases} 2x_1 + 6x_2 + x_3 - 4x_4 = -19 \\ 4x_1 + 3x_2 + 5x_3 - 7x_4 = -15 \\ 3x_1 + 4x_2 - 2x_3 + 5x_4 = 21 \\ 6x_1 + 4x_2 - 3x_3 - x_4 = -6 \end{cases}$　(6) $\begin{cases} x + 2y + 4z = 8 \\ x + 3y + 9z = 27 \\ x + 4y + 16z = 64 \end{cases}$

2.7 章末問題

1. 次の行列の逆行列を基本変形により求めよ．

(1) $\begin{pmatrix} 1 & 2 & 3 \\ 2 & 3 & 1 \\ 1 & 2 & 4 \end{pmatrix}$　(2) $\begin{pmatrix} 3 & 2 & -3 \\ 2 & 2 & -3 \\ 5 & 2 & -4 \end{pmatrix}$　(3) $\begin{pmatrix} 1 & 3 & -5 \\ -2 & -5 & 7 \\ 2 & 4 & -3 \end{pmatrix}$

2. 次の行列に逆行列が存在すれば, 余因子計算により求めよ.

(1) $\begin{pmatrix} 2 & -1 & 3 \\ 1 & 2 & -1 \\ 5 & 1 & 8 \end{pmatrix}$ (2) $\begin{pmatrix} 1 & 2 & 3 \\ 4 & 6 & 5 \\ 3 & 2 & 1 \end{pmatrix}$ (3) $\begin{pmatrix} 1 & 0 & -1 \\ -1 & 2 & 5 \\ 3 & 4 & 3 \end{pmatrix}$

(4) $\begin{pmatrix} 1 & 4 & 1 \\ 1 & 9 & 2 \\ 5 & 10 & 3 \end{pmatrix}$ (5) $\begin{pmatrix} 1 & -2 & 1 \\ -6 & 0 & 2 \\ 5 & 6 & -7 \end{pmatrix}$

3. 次の行列の逆行列を求めよ.

(1) $\begin{pmatrix} -1 & 1 & 1 \\ 1 & 2 & 1 \\ 0 & 1 & 3 \end{pmatrix}$ (2) $\begin{pmatrix} 1 & 1 & -2 \\ 3 & 2 & -7 \\ 2 & 5 & 1 \end{pmatrix}$ (3) $\begin{pmatrix} 1 & \sqrt{2} & 2 \\ \sqrt{2} & 1 & \sqrt{2} \\ 1 & \sqrt{2} & 1 \end{pmatrix}$

4. 次の行列式の値を計算せよ.

(1) $\begin{vmatrix} 2 & -1 & 5 \\ 1 & 4 & -2 \\ 3 & 6 & 1 \end{vmatrix}$ (2) $\begin{vmatrix} a & a & b+c \\ b & c+a & b \\ a+b & c & c \end{vmatrix}$ (3) $\begin{vmatrix} 5 & 2 & 8 & 7 \\ 8 & 3 & 9 & 8 \\ 2 & 0 & 6 & 5 \\ 2 & 1 & 3 & 2 \end{vmatrix}$

(4) $\begin{vmatrix} a & b & b & b \\ a & b & a & a \\ a & a & b & a \\ b & b & b & a \end{vmatrix}$ (5) $\begin{vmatrix} 1 & 2 & 3 & 4 \\ 1 & 5 & 4 & 8 \\ 2 & 9 & 6 & 7 \\ 2 & 5 & 8 & 9 \end{vmatrix}$ (6) $\begin{vmatrix} 199 & 200 & 201 \\ 201 & 202 & 203 \\ 202 & 203 & 201 \end{vmatrix}$

5. 次の行列式を計算せよ.

(1) $\begin{vmatrix} 1 & 2 & 3 \\ 4 & 5 & 6 \\ 7 & 8 & -9 \end{vmatrix}$ (2) $\begin{vmatrix} 0 & 2 & 0 & 4 \\ 2 & 1 & -2 & 1 \\ 1 & 3 & 3 & 6 \\ -2 & -1 & 1 & -3 \end{vmatrix}$ (3) $\begin{vmatrix} 3 & -1 & 1 & 0 \\ 1 & -2 & -1 & 0 \\ 8 & -7 & 6 & 2 \\ 2 & 1 & 3 & 0 \end{vmatrix}$

(4) $\begin{vmatrix} 3 & -2 & -2 \\ -2 & -5 & 2 \\ 2 & -3 & 4 \end{vmatrix}$ (5) $\begin{vmatrix} 1 & 0 & 0 & 0 \\ 2 & 2 & -3 & 8 \\ -1 & 3 & -1 & 10 \\ 3 & 1 & 2 & -6 \end{vmatrix}$ (6) $\begin{vmatrix} 1 & 0 & -1 & -1 \\ 2 & 1 & -2 & -3 \\ 3 & -4 & -4 & 2 \\ 4 & -2 & 3 & -2 \end{vmatrix}$

6. 次の行列式の値を因数分解した形で求めよ.

(1) $\begin{vmatrix} 1 & a^2 & (b+c)^2 \\ 1 & b^2 & (c+a)^2 \\ 1 & c^2 & (a+b)^2 \end{vmatrix}$ (2) $\begin{vmatrix} 1 & a & a^2 & a^3 \\ 1 & b & b^2 & b^3 \\ 1 & c & c^2 & c^3 \\ 1 & d & d^2 & d^3 \end{vmatrix}$ (3) $\begin{vmatrix} 1 & a & a^3 \\ 1 & b & b^3 \\ 1 & c & c^3 \end{vmatrix}$

(4) $\begin{vmatrix} 0 & a & b & c \\ a & 0 & c & b \\ b & c & 0 & a \\ c & b & a & 0 \end{vmatrix}$ (5) $\begin{vmatrix} a & -b & -c & -d \\ b & a & d & -c \\ c & -d & a & b \\ d & c & -b & a \end{vmatrix}$ (6) $\begin{vmatrix} a & b & c & d \\ -b & a & -d & c \\ -a & -b & c & d \\ b & -a & -d & c \end{vmatrix}$

7. クラメルの公式を用いて, 次の連立方程式を解け.

(1) $\begin{cases} 4x+5y-3z=2 \\ 3x+8y-2z=3 \\ 9x+5y-7z=4 \end{cases}$

(2) $\begin{cases} 3x_1+x_2-2x_3=1 \\ 2x_1+x_2-3x_3=2 \\ 4x_1-3x_2-x_3=-3 \end{cases}$

(3) $\begin{cases} 2x_1+5x_2-x_3=-4 \\ x_1+3x_2-2x_3=1 \\ x_1+2x_2+2x_3=2 \end{cases}$

(4) $\begin{cases} x-2y-z+w=-1 \\ x-y+z+w=2 \\ 2x-3y+z+4w=2 \\ x-2y+3w=0 \end{cases}$

第3章　ベクトルとベクトル空間

3.1　ベクトルの性質

ベクトルの一般の定義は以下の１０個の公理からなっている．公理とは「ゲームのルール」のようなもので，いちいち証明するようなものではない．

定義　V を空でない集合とし，加法とスカラー（実数や複素数）による乗法という２つの演算が定義されているものとする．**加法**とは，V の元 $\boldsymbol{u}$ と $\boldsymbol{v}$ に対して元 $\boldsymbol{u}+\boldsymbol{v}$ を生ずる規則のことであり，$\boldsymbol{u}$ と $\boldsymbol{v}$ の**和**と呼ぶ．**スカラー積**とは，スカラー k と V の元 $\boldsymbol{u}$ に対して元 $k\boldsymbol{u}$ を生ずる規則のことであり，$\boldsymbol{u}$ の k による**スカラー倍**と呼ぶ．次の公理が V の任意の元 $\boldsymbol{u}$, $\boldsymbol{v}$, $\boldsymbol{w}$ とスカラー k, m について成り立つとき，V を**ベクトル空間**と呼び，V の元を**ベクトル**と呼ぶ．

(1) $\boldsymbol{u}$ と $\boldsymbol{v}$ が V の元ならば，$\boldsymbol{u}+\boldsymbol{v}$ は V の元である．

(2) $\boldsymbol{u}+\boldsymbol{v}=\boldsymbol{v}+\boldsymbol{u}$

(3) $\boldsymbol{u}+(\boldsymbol{v}+\boldsymbol{w})=(\boldsymbol{u}+\boldsymbol{v})+\boldsymbol{w}$

(4) V には**零ベクトル**と呼ばれる V の元 $\mathbf{0}$ が存在して，V のすべての元 $\boldsymbol{u}$ に対して，$\mathbf{0}+\boldsymbol{u}=\boldsymbol{u}+\mathbf{0}=\boldsymbol{u}$

(5) V の各元 $\boldsymbol{u}$ に対して，V の**逆ベクトル**と呼ばれる V の元 $-\boldsymbol{u}$ が存在して，$\boldsymbol{u}+(-\boldsymbol{u})=(-\boldsymbol{u})+\boldsymbol{u}=\mathbf{0}$

(6) k が任意のスカラーで $\boldsymbol{u}$ が V の任意の元ならば，$k\boldsymbol{u}$ は V の元である．

(7) $k(\boldsymbol{u}+\boldsymbol{v})=k\boldsymbol{u}+k\boldsymbol{v}$

(8) $(k+m)\boldsymbol{u}=k\boldsymbol{u}+m\boldsymbol{u}$

(9) $k(m\boldsymbol{u})=(km)\boldsymbol{u}$

(10) $1\boldsymbol{u}=\boldsymbol{u}$

例 3.1 任意の正整数 n に対して，実数 a_1, a_2, ..., a_n の順序対 $(a_1, a_2, \ldots, a_n)$ 全体の集合を n 次元**ユークリッド空間**と呼び，$\mathbb{R}^n$ で表す．集合 $V=\mathbb{R}^n$ は通常の加法と乗法の下でベクトル空間となる．$n=1,2,3$ のとき，実数 $\mathbb{R}$，２次元ベクトル平面 $\mathbb{R}^2$，３次元ベクトル空間 $\mathbb{R}^3$ をそれぞれ表す．

例 3.2 V がただ1個の元からなっているとし，それを $\mathbf{0}$ で表し，任意のスカラー k に対して

$$\mathbf{0}+\mathbf{0}=\mathbf{0}, \qquad k\mathbf{0}=\mathbf{0}$$

と定義する．ベクトル空間の公理がすべて満たされることが簡単にわかるが，これを**零ベクトル空間**と呼ぶ．

さらに次の定理が成り立つ（公理から簡単に導かれるので証明は省略する）．

定理 3.1 V がベクトル空間で，$\boldsymbol{u}$ が V のベクトル，k がスカラーであるとき，

(1) $0\boldsymbol{u}=\mathbf{0}$

(2) $k\mathbf{0}=\mathbf{0}$

(3) $(-1)\boldsymbol{u}=-\boldsymbol{u}$

(4) $k\boldsymbol{u}=\mathbf{0}$ ならば，$k=0$ または $\boldsymbol{u}=\mathbf{0}$ である．

1つのベクトル空間が別のベクトル空間の中に含まれることがあり得る．ベクトル空間 V の部分集合で，V 上で定義されるベクトルの加法とスカラー積という演算に対してそれ自体がベクトル空間であるものは，特別な名前がつけられている．

定義　ベクトル空間 V の部分集合 W は，V 上で定義される加法とスカラー積の下でそれ自体がベクトル空間であるとき，V の**部分ベクトル空間**または単に**部分空間**と呼ばれる．

定理 3.2 W がベクトル空間 V の1個以上のベクトルからなる集合であるとき，W が V の部分空間であるための必要十分条件は次の条件が満たされることである．

(1) $\boldsymbol{u},\boldsymbol{v}\in W$ ならば，$\boldsymbol{u}+\boldsymbol{v}\in W$ である．

(2) k が任意のスカラーで $\boldsymbol{u}\in W$ ならば，$k\boldsymbol{u}\in W$ である．

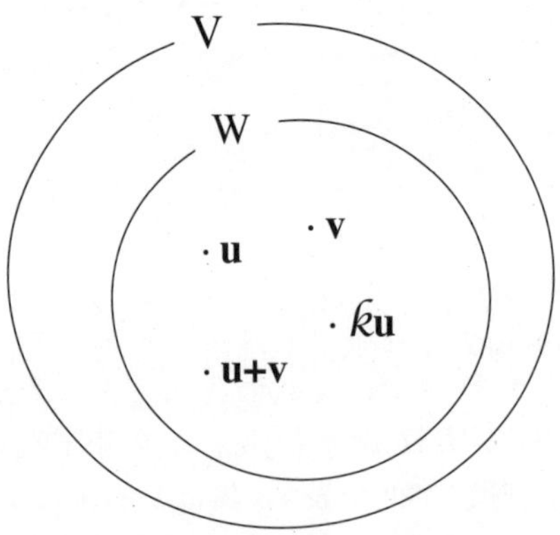

証明 W が V の部分空間ならば, ベクトル空間の公理はすべて満たされている. 特に, 公理の 1 番目と 6 番目は成り立つ. これらはまさに条件の 1 番目と 2 番目である.
逆に, 条件の 1 番目と 2 番目が成り立つと仮定する. これらの条件はベクトル空間の公理の 1 番目と 6 番目であるから, W が残りの 8 つの公理を満たすことを示せばよい. 公理の 2, 3, 7, 8, 9, 10 番目は V のすべてのベクトルについて成り立つから, W のベクトルでも自動的に成り立つ. したがって, 公理の 4 番目と 5 番目が W のベクトルで成り立つことを確かめればよい.

$\boldsymbol{u}$ を W の任意のベクトルとする. 条件の 2 番目より, 任意のスカラー k に対して $k\boldsymbol{u}$ は W の元である. $k=0$ とおくと $0\mathbf{0}=\mathbf{0}$ は W の元となり, $k=-1$ とおくと $(-1)\boldsymbol{u}=-\boldsymbol{u}$ は W の元となる.

$A\boldsymbol{x}=\mathbf{0}$ が連立 1 次方程式を表すとき, この方程式を満たすベクトル $\boldsymbol{x}$ は連立方程式の**解ベクトル**と呼ばれる. 次の定理は, 斉次連立 1 次方程式のベクトルが, **解空間**と呼ばれるベクトル空間を構成することを示している.

定理 3.3 $A\boldsymbol{x}=\mathbf{0}$ が m 個の方程式からなる n 元連立 1 次方程式ならば, 解ベクトルの集合は $\mathbb{R}^n$ の部分空間である.

証明 W を解ベクトルの集合とする. W には少なくとも 1 個のベクトル, すなわち $\mathbf{0}$ が存在する. W が加法とスカラー積の下で閉じていることを示すには, $\boldsymbol{x}$ と $\boldsymbol{x}'$ が任意の解ベクトルならば $\boldsymbol{x}+\boldsymbol{x}'$ と $k\boldsymbol{x}$ も解ベクトルであることを示せばよい. $\boldsymbol{x}$ と $\boldsymbol{x}'$ が解ベクトルならば

$$A\boldsymbol{x}=\mathbf{0}, \qquad A\boldsymbol{x}'=\mathbf{0}$$

となることから,

$$A(\boldsymbol{x}+\boldsymbol{x}')=A\boldsymbol{x}+A\boldsymbol{x}'=\mathbf{0}+\mathbf{0}=\mathbf{0}$$

かつ

$$A(k\boldsymbol{x})=kA\boldsymbol{x}=k\mathbf{0}=\mathbf{0}$$

よって, $\boldsymbol{x}+\boldsymbol{x}'$ と $k\boldsymbol{x}$ は解ベクトルである.

例 3.3 $A=\begin{pmatrix} 3 & -3 & 2 \\ 1 & 4 & 4 \\ 0 & 3 & 2 \end{pmatrix}$ のとき連立 1 次方程式 $A\boldsymbol{x}=\mathbf{0}$ の解空間を求めよ.
行基本変形すると

$$\begin{pmatrix} 3 & -3 & 2 \\ 1 & 4 & 4 \\ 0 & 3 & 2 \end{pmatrix} \longrightarrow \begin{pmatrix} 1 & 0 & \frac{4}{3} \\ 0 & 1 & \frac{2}{3} \\ 0 & 0 & 0 \end{pmatrix}$$

対応する連立方程式は

$$\begin{cases} x_1 \quad + \frac{4}{3}x_3 = 0 \\ \quad x_2 + \frac{2}{3}x_3 = 0 \end{cases}$$

なので, $x_3 = 3t$ とおくと $x_1 = -4t$, $x_2 = -2t$. よって求める解が

$$\begin{pmatrix} x_1 \\ x_2 \\ x_3 \end{pmatrix} = t \begin{pmatrix} -4 \\ -2 \\ 3 \end{pmatrix}$$

となることから, 解空間は

$$\left\{ t \begin{pmatrix} -4 \\ -2 \\ 3 \end{pmatrix} \middle| t \in \mathbb{R} \right\}$$

あるいは

$$\{t(-4, -2, 3) | t \in \mathbb{R}\}$$

という集合で与えられる[1].

定義　ベクトル $\boldsymbol{w}$ がスカラー $k_1, k_2, \ldots, k_r$ に対して

$$\boldsymbol{w} = k_1\boldsymbol{v_1} + k_2\boldsymbol{v_2} + \cdots + k_r\boldsymbol{v_r}$$

という形に表されるとき, ベクトル $\boldsymbol{w}$ はベクトル $\boldsymbol{v_1}, \boldsymbol{v_2}, \ldots, \boldsymbol{v_r}$ の**線形結合**または**1次結合**であると呼ぶ.

例 3.4 $\mathbb{R}^3$ の任意のベクトル $\boldsymbol{v} = (a, b, c)$ は標準基底ベクトル

$$\boldsymbol{e_1} = (1, 0, 0), \quad \boldsymbol{e_2} = (0, 1, 0), \quad \boldsymbol{e_3} = (0, 0, 1)$$

の線形結合として表される. すなわち

$$\boldsymbol{v} = (a, b, c) = a(1, 0, 0) + b(0, 1, 0) + c(0, 0, 1) = a\boldsymbol{e_1} + b\boldsymbol{e_2} + c\boldsymbol{e_3}$$

となる.

例 3.5 $\mathbb{R}^3$ のベクトル $\boldsymbol{u} = (1, 2, -1)$ と $\boldsymbol{v} = (6, 4, 2)$ に対して, $\boldsymbol{w} = (9, 2, 7)$ が $\boldsymbol{u}$ と $\boldsymbol{v}$ の線形結合であり, $\boldsymbol{w'} = (4, -1, 8)$ が $\boldsymbol{u}$ と $\boldsymbol{v}$ の線形結合でないことを示そう.

$\boldsymbol{w}$ が $\boldsymbol{u}$ と $\boldsymbol{v}$ の線形結合であるためには, $\boldsymbol{w} = k_1\boldsymbol{u_1} + k_2\boldsymbol{u_2}$ となるようなスカラー k_1 と k_2 が存在しなければならない. すなわち,

$$\begin{aligned}(9, 2, 7) &= k_1(1, 2, -1) + k_2(6, 4, 2) \\ &= (k_1 + 6k_2, 2k_1 + 4k_2, -k_1 + 2k_2)\end{aligned}$$

---

[1]以下ベクトルを表すのに, 例えば $\mathbb{R}^3$ においては $(-4, -2, 3)$ と行ベクトルの形で書いたり $\begin{pmatrix} -4 \\ -2 \\ 3 \end{pmatrix}$ と列ベクトルの形で書いたりする. スペースの関係上, 列ベクトルを転置して ${}^t(-4, -2, 3)$ と書くこともある.

対応する成分が等しいことから

$$\begin{cases} k_1+6k_2=9 \\ 2k_1+4k_2=2 \\ -k_1+2k_2=7 \end{cases}$$

行基本変形により解くと,

$$\left(\begin{array}{rr|r} 1 & 6 & 9 \\ 2 & 4 & 2 \\ -1 & 2 & 7 \end{array}\right) \longrightarrow \left(\begin{array}{rr|r} 1 & 0 & -3 \\ 0 & 1 & 2 \\ 0 & 0 & 0 \end{array}\right)$$

より, $k_1=-3$, $k_2=2$ を得るから

$$\boldsymbol{w}=-3\boldsymbol{u}+2\boldsymbol{v}$$

同様に, $\boldsymbol{w'}$ が $\boldsymbol{u}$ と $\boldsymbol{v}$ の線形結合であるためには, $\boldsymbol{w'}=k_1\boldsymbol{u_1}+k_2\boldsymbol{u_2}$ となるようなスカラー k_1 と k_2 が存在しなければならない. すなわち,

$$\begin{aligned}(4,-1,8) &= k_1(1,2,-1)+k_2(6,4,2) \\ &= (k_1+6k_2, 2k_1+4k_2, -k_1+2k_2)\end{aligned}$$

対応する成分が等しいことから

$$\begin{cases} k_1+6k_2=\ \ 4 \\ 2k_1+4k_2=-1 \\ -k_1+2k_2=\ \ 8 \end{cases}$$

行基本変形をすると,

$$\left(\begin{array}{rr|r} 1 & 6 & 4 \\ 2 & 4 & -1 \\ -1 & 2 & 8 \end{array}\right) \longrightarrow \left(\begin{array}{rr|r} 1 & 0 & -\frac{11}{4} \\ 0 & 1 & \frac{9}{8} \\ 0 & 0 & 3 \end{array}\right)$$

となり係数行列と拡大係数行列の階数が異なるから, この連立方程式は解をもたない. すなわち k_1, k_2 は存在しない. したがって, $\boldsymbol{w'}$ は $\boldsymbol{u}$ と $\boldsymbol{v}$ の線形結合では表せない.

$\boldsymbol{v_1}$, $\boldsymbol{v_2}$, $\ldots$, $\boldsymbol{v_r}$ がベクトル空間 V のベクトルならば, V のあるベクトルは $\boldsymbol{v_1}$, $\boldsymbol{v_2}$, $\ldots$, $\boldsymbol{v_r}$ の線形結合かもしれないし, 他のベクトルはそうでないかもしれない. 次の定理は, 集合 W を $\boldsymbol{v_1}$, $\boldsymbol{v_2}$, $\ldots$, $\boldsymbol{v_r}$ の線形結合として表されるすべてのベクトルからなるように構成すれば, W は V の部分空間となることを示している.

定理 3.4 $\boldsymbol{v_1}$, $\boldsymbol{v_2}$, $\ldots$, $\boldsymbol{v_r}$ がベクトル空間 V のベクトルならば,

(1) $\boldsymbol{v_1}$, $\boldsymbol{v_2}$, $\ldots$, $\boldsymbol{v_r}$ のすべての線形結合の集合 W は V の部分空間である.

(2) $\boldsymbol{v_1}$, $\boldsymbol{v_2}$, $\ldots$, $\boldsymbol{v_r}$ を含む他のすべての V の部分空間が W を必ず含むという意味で, W は $\boldsymbol{v_1}$, $\boldsymbol{v_2}$, $\ldots$, $\boldsymbol{v_r}$ を含む最小の V の部分空間である.

証明 W が V の部分空間であることを示すために, W が加法とスカラー積の下で閉じていることを示そう. 自明解である $\mathbf{0}$ は, $\mathbf{0} = 0\boldsymbol{v_1} + 0\boldsymbol{v_2} + \cdots + 0\boldsymbol{v_r}$ をみたすから, W には少なくとも1つのベクトルが存在する. $\boldsymbol{u}$ と $\boldsymbol{v}$ が W のベクトルであるならば,

$$\boldsymbol{u} = c_1\boldsymbol{v_1} + c_2\boldsymbol{v_2} + \cdots + c_r\boldsymbol{v_r}$$

かつ

$$\boldsymbol{v} = k_1\boldsymbol{v_1} + k_2\boldsymbol{v_2} + \cdots + k_r\boldsymbol{v_r}$$

となる. ここで, $c_1, c_2, \ldots, c_r$, $k_1, k_2, \ldots, k_r$ はスカラーである. したがって,

$$\boldsymbol{u} + \boldsymbol{v} = (c_1 + k_1)\boldsymbol{v_1} + (c_2 + k_2)\boldsymbol{v_2} + \cdots + (c_r + k_r)\boldsymbol{v_r}$$

かつ, 任意のスカラー k に対して

$$k\boldsymbol{u} = (kc_1)\boldsymbol{v_1} + (kc_2)\boldsymbol{v_2} + \cdots + (kc_r)\boldsymbol{v_r}$$

よって, $\boldsymbol{u} + \boldsymbol{v}$ と $k\boldsymbol{u}$ は $\boldsymbol{v_1}$, $\boldsymbol{v_2}$, ..., $\boldsymbol{v_r}$ の線形結合であり, よって W の元である. したがって, W は加法とスカラー積の下で閉じている.
各ベクトル $\boldsymbol{v_i}$ は

$$\boldsymbol{v_i} = 0\boldsymbol{v_1} + 0\boldsymbol{v_2} + \cdots + 1\boldsymbol{v_i} + \cdots + 0\boldsymbol{v_r}$$

となるから, $\boldsymbol{v_1}$, $\boldsymbol{v_2}$, ..., $\boldsymbol{v_r}$ の線形結合である. したがって, 部分空間 W はベクトル $\boldsymbol{v_1}$, $\boldsymbol{v_2}$, ..., $\boldsymbol{v_r}$ のそれぞれを含む. W' を $\boldsymbol{v_1}$, $\boldsymbol{v_2}$, ..., $\boldsymbol{v_r}$ を含む他の部分空間であるとすると, W' は加法とスカラー積の下閉じているから, W' は $\boldsymbol{v_1}$, $\boldsymbol{v_2}$, ..., $\boldsymbol{v_r}$ の線形結合をすべて含まなければならない. よって, W' は W の各ベクトルを含む.

定義 $S = \{\boldsymbol{v_1}, \boldsymbol{v_2}, \ldots, \boldsymbol{v_r}\}$ がベクトル空間 V のベクトル集合であるとき, S のベクトルの線形結合全体からなる V の部分空間 W は, $\boldsymbol{v_1}$, $\boldsymbol{v_2}$, ..., $\boldsymbol{v_r}$ によって**張られる**（生成される）空間と呼ばれ, ベクトル $\boldsymbol{v_1}$, $\boldsymbol{v_2}$, ..., $\boldsymbol{v_r}$ は W を**張る**（生成する）という. W が集合 $S = \{\boldsymbol{v_1}, \boldsymbol{v_2}, \ldots, \boldsymbol{v_r}\}$ のベクトルによって張られる空間であるとき

$$W = \mathrm{span}(S) \quad \text{または} \quad W = \mathrm{span}\{\boldsymbol{v_1}, \boldsymbol{v_2}, \ldots, \boldsymbol{v_r}\}$$

などと書く.

例 3.6 $\boldsymbol{v_1}$ と $\boldsymbol{v_2}$ を, $\mathbb{R}^3$ の原点を始点とする平行でないベクトルとすると, すべての線形結合 $k_1\boldsymbol{v_1} + k_2\boldsymbol{v_2}$ からなる $\mathrm{span}\{\boldsymbol{v_1}, \boldsymbol{v_2}\}$ は, $\boldsymbol{v_1}$ と $\boldsymbol{v_2}$ によって定められる平面となる. 同様に, $\boldsymbol{v}$ が $\mathbb{R}^2$ や $\mathbb{R}^3$ の零でないベクトルならば, すべてのスカラー倍 $k\boldsymbol{v}$ の集合である $\mathrm{span}\{\boldsymbol{v}\}$ は, $\boldsymbol{v}$ によって定められる直線となる.

例 3.7 $\boldsymbol{v_1} = (1, 1, 2)$, $\boldsymbol{v_2} = (1, 0, 1)$, $\boldsymbol{v_3} = (2, 1, 3)$ がベクトル空間 $\mathbb{R}^3$ を張るかどうか調べよう.

$\mathbb{R}^3$ の任意のベクトル $\boldsymbol{b} = (b_1, b_2, b_3)$ がベクトル $\boldsymbol{v_1}$, $\boldsymbol{v_2}$, $\boldsymbol{v_3}$ の線形結合

$$\boldsymbol{b} = k_1\boldsymbol{v_1} + k_2\boldsymbol{v_2} + k_3\boldsymbol{v_3}$$

として表されるかどうかを確かめればよい．この式を成分で表すと，

$$\begin{aligned}(b_1, b_2, b_3) &= k_1(1,1,2) + k_2(1,0,1) + k_3(2,1,3)\\ &= (k_1 + k_2 + 2k_3, k_1 + k_3, 2k_1 + k_2 + 3k_3)\end{aligned}$$

すなわち

$$\begin{cases} k_1 + k_2 + 2k_3 = b_1 \\ k_1 \qquad + \ k_3 = b_2 \\ 2k_1 + k_2 + 3k_3 = b_3 \end{cases}$$

よって，この連立方程式が b_1, b_2, b_3 のすべての値について矛盾がないかどうかを定めることに帰着される．矛盾がないことは，係数行列

$$A = \begin{pmatrix} 1 & 1 & 2 \\ 1 & 0 & 1 \\ 2 & 1 & 3 \end{pmatrix}$$

の行列式が零でないことと同値である[2]．ところがこの場合，$|A| = 0$ となることから，$\boldsymbol{v_1}$, $\boldsymbol{v_2}$, $\boldsymbol{v_3}$ は $\mathbb{R}^3$ を張らない．

張る集合は一意ではない．例えば，平面上にある平行でない任意の2つのベクトルは同じ空間を張るし，直線上の零でない任意のベクトルは同じ直線を張る．

定理 3.5 $S = \{\boldsymbol{v_1}, \boldsymbol{v_2}, \ldots, \boldsymbol{v_r}\}$ と $S' = \{\boldsymbol{w_1}, \boldsymbol{w_2}, \ldots, \boldsymbol{w_r}\}$ がベクトル空間 V の2つのベクトル集合であるとき，

$$\mathrm{span}\{\boldsymbol{v_1}, \boldsymbol{v_2}, \ldots, \boldsymbol{v_r}\} = \mathrm{span}\{\boldsymbol{w_1}, \boldsymbol{w_2}, \ldots, \boldsymbol{w_r}\}$$

となるための必要十分条件は，S の各ベクトルが S' のベクトルの線形結合となり，S' の各ベクトルが S のベクトルの線形結合となることである．

練習問題 3.1

1. 次の $\mathbb{R}^3$ の部分集合 $\mathbf{V}$ は $\mathbb{R}^3$ の部分空間をなすか．

   (1) $\mathbf{V} = \{(a_1, a_2, a_3) | \, a_1 + 2a_2 + 3a_3 = 4, \, a_1, a_2, a_3 \in \mathbb{R}\}$

   (2) $\mathbf{V} = \{(a_1, a_2, a_3) | \, a_1 + 2a_2 + 3a_3 = 0, \, a_1, a_2, a_3 \in \mathbb{R}\}$

2. $\mathbb{R}^2$ において次の部分集合は部分空間をなすか．

   (1) $\mathbf{W} = \{(x, y) | y = 3x\}$ (2) $\mathbf{W} = \{(x, y) | y = 3x - 1\}$

3. $\mathbb{R}^3$ において次の部分集合は部分空間をなすか．

   (1) $\mathbf{W} = \{(x, y, z)) | x + y + z = 0\}$ (2) $\mathbf{W} = \{(x, y, z)) | xy + z = 0\}$

[2] $|A| \neq 0$ ならば，例えばクラメルの公式（定理 2.8）より k_1, k_2, k_3 について解くことができる．

3.2　1次独立

r 個のベクトル $\boldsymbol{v_1}, \boldsymbol{v_2}, \dots, \boldsymbol{v_r}$ に対して, ベクトル方程式

$$c_1\boldsymbol{v_1} + c_2\boldsymbol{v_2} + \cdots + c_r\boldsymbol{v_r} = \boldsymbol{0}$$

は少なくとも1つの解 $c_1 = c_2 = \cdots = c_r = 0$ をもつ．これを**自明な解**という．ベクトル方程式が自明な解しかもたないとき, ベクトル $\boldsymbol{v_1}, \boldsymbol{v_2}, \dots, \boldsymbol{v_r}$ は**線形独立**, または**1次独立**であるという．このベクトル方程式が他の解をもつとき, **線形従属**, または**1次従属**であるという．

例 3.8 ベクトル $\boldsymbol{v_1} = (2,-1,0,3)$, $\boldsymbol{v_2} = (1,2,5,-1)$, $\boldsymbol{v_3} = (7,-1,5,8)$ は線形従属である．というのは, $3\boldsymbol{v_1} + \boldsymbol{v_2} - \boldsymbol{v_3} = \boldsymbol{0}$ となるからである．

例 3.9 $\mathbb{R}^3$ のベクトル $\boldsymbol{e_1} = (1,0,0)$, $\boldsymbol{e_2} = (0,1,0)$, $\boldsymbol{e_3} = (0,0,1)$ を考える．ベクトル方程式

$$k_1\boldsymbol{e_1} + k_2\boldsymbol{e_2} + k_3\boldsymbol{e_3} = \boldsymbol{0}$$

は

$$k_1(1,0,0) + k_2(0,1,0) + k_3(0,0,1) = (0,0,0)$$

となるから, $(k_1,k_2,k_3) = (0,0,0)$, すなわち $k_1 = k_2 = k_3 = 0$ である．よって, 集合 $S = \{\boldsymbol{e_1}, \boldsymbol{e_2}, \boldsymbol{e_3}\}$ は線形独立である．同様に, ベクトル

$$\boldsymbol{e_1} = (1,0,0,\dots,0), \quad \boldsymbol{e_2} = (0,1,0,\dots,0), \quad \dots, \quad \boldsymbol{e_n} = (0,0,0,\dots,1)$$

は $\mathbb{R}^n$ で線形独立な集合を成す．

例 3.10 ベクトル $\boldsymbol{v_1} = (1,-2,3)$, $\boldsymbol{v_2} = (5,6,-1)$, $\boldsymbol{v_3} = (3,2,1)$ は線形従属であろうか線形独立であろうか．

$$c_1\boldsymbol{v_1} + c_2\boldsymbol{v_2} + c_3\boldsymbol{v_3} = \boldsymbol{0}$$

とおくと,

$$c_1(1,-2,3) + c_2(5,6,-1) + c_3(3,2,1) = (0,0,0)$$

すなわち,

$$(c_1 + 5c_2 + 3c_3, -2c_1 + 6c_2 + 2c_3, 3c_1 - c_2 + c_3) = (0,0,0)$$

となるから, 同次連立方程式

$$\begin{cases} c_1 + 5c_2 + 3c_3 = 0 \\ -2c_1 + 6c_2 + 2c_3 = 0 \\ 3c_1 - c_2 + c_3 = 0 \end{cases}$$

と同値である．行基本変形より

$$\begin{pmatrix} 1 & 5 & 3 \\ -2 & 6 & 2 \\ 3 & -1 & 1 \end{pmatrix} \longrightarrow \begin{pmatrix} 1 & 0 & 1/2 \\ 0 & 1 & 1/2 \\ 0 & 0 & 0 \end{pmatrix}$$

となるから，

$$\begin{cases} c_1 \quad\;\; + \frac{1}{2}c_3 = 0 \\ \quad\; c_2 + \frac{1}{2}c_3 = 0 \end{cases}$$

を得る．ここで，例えば $c_3 = -2t$ とおくことにより，

$$\begin{pmatrix} c_1 \\ c_2 \\ c_3 \end{pmatrix} = t \begin{pmatrix} 1 \\ 1 \\ -2 \end{pmatrix}$$

以上より，

$$\boldsymbol{v_1} + \boldsymbol{v_2} - 2\boldsymbol{v_3} = \boldsymbol{0}$$

となるからベクトル $\boldsymbol{v_1}$, $\boldsymbol{v_2}$, $\boldsymbol{v_3}$ は線形従属である．

線形従属という用語は，複数のベクトルが，ある方法で互いに従属していることを暗示している．次の定理は，これが実際その通りであることを示している．

定理 3.6

(1) 2 個以上のベクトルが線形従属であるための必要十分条件は，少なくとも 1 個のベクトルが他のベクトルの線形結合で表されることである．

(2) 2 個以上のベクトルが線形独立であるための必要十分条件は，どのベクトルも他のベクトルの線形結合で表されないことである．

証明 最初の部分だけ証明しよう．
2 個以上のベクトルの集合を $S = \{\boldsymbol{v_1}, \boldsymbol{v_2}, \ldots, \boldsymbol{v_r}\}$ とする．S が線形従属だとすると，すべては 0 でないスカラー k_1, k_2, …, k_r が存在して

$$k_1\boldsymbol{v_1} + k_2\boldsymbol{v_2} + \cdots + k_r\boldsymbol{v_r} = \boldsymbol{0}$$

ここで，$k_1 \neq 0$ と仮定すると，

$$\boldsymbol{v_1} = \left(-\frac{k_2}{k_1}\right)\boldsymbol{v_2} + \cdots + \left(-\frac{k_r}{k_1}\right)\boldsymbol{v_r}$$

となり，$\boldsymbol{v_1}$ は S の他のベクトルの線形結合として表された．同様に，ある $j = 2, 3, \ldots, r$ に対して $k_j \neq 0$ ならば，$\boldsymbol{v_j}$ は S の他のベクトルの線形結合として表される．

逆に，S のベクトルのうち少なくとも 1 つが他のベクトルの線形結合として表されたものとしよう．例えば，

$$\boldsymbol{v_1} = c_2\boldsymbol{v_2} + c_3\boldsymbol{v_3} + \cdots + c_r\boldsymbol{v_r}$$

と仮定する．すると，

$$\boldsymbol{v_1} - c_2\boldsymbol{v_2} - c_3\boldsymbol{v_3} - \cdots - c_r\boldsymbol{v_r} = \boldsymbol{0}$$

となる．方程式

$$k_1\boldsymbol{v_1} + k_2\boldsymbol{v_2} + \cdots + k_r\boldsymbol{v_r} = \boldsymbol{0}$$

で $k_1 = 1$, $k_2 = -c_2$, ..., $k_r = -c_r$ の場合で, 係数はすべては 0 にならないから, S は線形従属である. $\boldsymbol{v_1}$ 以外のベクトルが S の他のベクトルの線形結合として表される場合も同様である.

例 3.11 例 3.8 で見たように, ベクトル $\boldsymbol{v_1} = (2, -1, 0, 3)$, $\boldsymbol{v_2} = (1, 2, 5, -1)$, $\boldsymbol{v_3} = (7, -1, 5, 8)$ は線形従属であった. この定理より, 少なくとも 1 つのベクトルは他の 2 つのベクトルの線形結合として表される. $3\boldsymbol{v_1} + \boldsymbol{v_2} - \boldsymbol{v_3} = \boldsymbol{0}$ であるから, どのベクトルも残り 2 つのベクトルの線形結合として表され,

$$\boldsymbol{v_1} = -\frac{1}{3}\boldsymbol{v_2} + \frac{1}{3}\boldsymbol{v_3}, \quad \boldsymbol{v_2} = -3\boldsymbol{v_1} + \boldsymbol{v_3}, \quad \boldsymbol{v_3} = 3\boldsymbol{v_1} + \boldsymbol{v_2}$$

となる.

例 3.12 例 3.9 で見たように, ベクトル $\boldsymbol{e_1} = (1, 0, 0)$, $\boldsymbol{e_2} = (0, 1, 0)$, $\boldsymbol{e_3} = (0, 0, 1)$ は線形独立な集合をなした. 従って, これらの集合のいずれのベクトルも他の 2 つのベクトルの線形結合として表されない. 実際, 例えば $\boldsymbol{e_3}$ が

$$\boldsymbol{e_3} = k_1\boldsymbol{e_1} + k_2\boldsymbol{e_2}$$

と表されたものとすると,

$$(0, 0, 1) = k_1(1, 0, 0) + k_2(0, 1, 0) \quad \text{すなわち} \quad (0, 0, 1) = (k_1, k_2, 0)$$

となり矛盾を生じる. よって, $\boldsymbol{e_3}$ は $\boldsymbol{e_1}$ と $\boldsymbol{e_2}$ の線形結合として表されない. 同様に, $\boldsymbol{e_2}$ は $\boldsymbol{e_1}$ と $\boldsymbol{e_3}$ の線形結合として表されないし, $\boldsymbol{e_1}$ は $\boldsymbol{e_2}$ と $\boldsymbol{e_3}$ の線形結合として表されない.

次の定理は, 線形独立が重要であることを知るための 2 つの簡単な事実を示している.

定理 3.7

(1) 零ベクトルを含むベクトルの有限集合は線形従属である.

(2) ちょうど 2 つのベクトルの集合が線形独立であるための必要十分条件は, どのベクトルも他のベクトルのスカラー倍になっていないことである.

証明 最初の部分のみ証明する. 任意のベクトル $\boldsymbol{v_1}$, $\boldsymbol{v_2}$, ..., $\boldsymbol{v_r}$ に対して,

$$0\boldsymbol{v_1} + 0\boldsymbol{v_2} + \cdots + 0\boldsymbol{v_r} + 1 \cdot \boldsymbol{0} = \boldsymbol{0}$$

となって, $\boldsymbol{0}$ が, すべては零ではない係数で, 集合 $S = \{\boldsymbol{v_1}, \boldsymbol{v_2}, \ldots, \boldsymbol{v_r}, \boldsymbol{0}\}$ のベクトルの線形結合として表されるから, 集合 S は線形従属である.

次の定理は, $\mathbb{R}^n$ の線形独立な集合は高々 n 個のベクトルを含むことを示している.

定理 3.8 $S = \{\boldsymbol{v_1}, \boldsymbol{v_2}, \ldots, \boldsymbol{v_r}\}$ を $\mathbb{R}^n$ のベクトルの集合とする. $r > n$ ならば S は線形従属である.

証明

$$\begin{cases} \boldsymbol{v_1} = (v_{11}, v_{12}, \ldots, v_{1n}) \\ \boldsymbol{v_2} = (v_{21}, v_{22}, \ldots, v_{2n}) \\ \quad \vdots \qquad\qquad \vdots \\ \boldsymbol{v_r} = (v_{r1}, v_{r2}, \ldots, v_{rn}) \end{cases}$$

とする．方程式

$$k_1\boldsymbol{v_1} + k_2\boldsymbol{v_2} + \cdots + k_r\boldsymbol{v_r} = \mathbf{0}$$

を考えよう．両辺を成分表示して対応する成分を比較すると，次の連立方程式を得る．

$$\begin{cases} v_{11}k_1 + v_{21}k_2 + \ldots + v_{r1}k_r = 0 \\ v_{12}k_1 + v_{22}k_2 + \ldots + v_{r2}k_r = 0 \\ \quad \vdots \qquad\quad \vdots \qquad\qquad\quad \vdots \qquad \vdots \\ v_{1n}k_1 + v_{2n}k_2 + \ldots + v_{rn}k_r = 0 \end{cases}$$

これは，r 個の未知数 $k_1, \ldots, k_r$ をもつ n 個の斉次連立方程式である．$r > n$ であるから，定理 1.8 よりこの連立方程式は非自明な解をもつ．よって，$S = \{\boldsymbol{v_1}, \boldsymbol{v_2}, \ldots, \boldsymbol{v_r}\}$ は線形従属である．

注意． この定理より，3 個以上のベクトルをもつ $\mathbb{R}^2$ の集合は線形従属であり，4 個以上のベクトルをもつ $\mathbb{R}^3$ の集合は線形従属である．

練習問題 3.2

1. $\boldsymbol{a} = (1, 0, 0)$, $\boldsymbol{b} = (1, 1, 0)$, $\boldsymbol{c} = (1, 1, 1)$, $\boldsymbol{d} = (2, 2, 3)$ のとき，次の各組は 1 次独立であるかどうか調べよ．

   (1)　$\boldsymbol{a}, \boldsymbol{b}, \boldsymbol{c}$　　(2)　$\boldsymbol{a}, \boldsymbol{b}, \boldsymbol{d}$　　(3)　$\boldsymbol{a}, \boldsymbol{c}, \boldsymbol{d}$　　(4)　$\boldsymbol{b}, \boldsymbol{c}, \boldsymbol{d}$

2. 次のベクトルの組は 1 次独立か 1 次従属か．

   (1)　$\begin{pmatrix} 1 \\ 3 \\ 2 \end{pmatrix}, \begin{pmatrix} 0 \\ 1 \\ -1 \end{pmatrix}, \begin{pmatrix} 2 \\ 0 \\ 1 \end{pmatrix}$　　(2)　$\begin{pmatrix} 1 \\ 3 \\ -2 \end{pmatrix}, \begin{pmatrix} 3 \\ -2 \\ 0 \end{pmatrix}, \begin{pmatrix} -2 \\ 5 \\ -2 \end{pmatrix}$

3. $\boldsymbol{a}$, $\boldsymbol{b}$, $\boldsymbol{c}$ が 1 次独立であるとき，$\boldsymbol{a} - \boldsymbol{b} + \boldsymbol{c}$, $\boldsymbol{a} + \boldsymbol{b} - \boldsymbol{c}$, $\boldsymbol{a} + \boldsymbol{b} + \boldsymbol{c}$ は 1 次独立であることを示せ．

4. 次のベクトルの中から選ぶことができる 1 次独立なベクトルの最大個数が 3 となるように a の値を定めよ．

$$\begin{pmatrix} 1 \\ 1 \\ 1 \\ 2 \end{pmatrix}, \begin{pmatrix} 2 \\ 4 \\ -2 \\ a \end{pmatrix}, \begin{pmatrix} 1 \\ 0 \\ 0 \\ 0 \end{pmatrix}, \begin{pmatrix} 0 \\ 1 \\ 3 \\ 2a-7 \end{pmatrix}, \begin{pmatrix} -2 \\ 0 \\ -2a \\ a-10 \end{pmatrix}$$

3.3　部分空間の基底と次元

2次元座標平面において, 平面上の点 P の座標は, P を x 軸, y 軸にそれぞれ垂線を下ろした目盛り a, b の組として (a, b) と表される. $\boldsymbol{v}_1$, $\boldsymbol{v}_2$ をそれぞれ x 軸, y 軸の正方向の長さ1のベクトルとすると, ベクトル $\overrightarrow{OP}$ は,

$$\overrightarrow{OP} = a\boldsymbol{v}_1 + b\boldsymbol{v}_2$$

として表される.

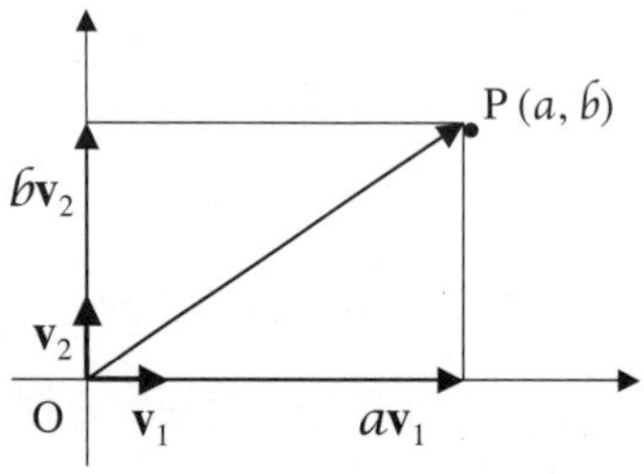

同様に3次元空間においては, 点 P の座標 (a, b, c) は, $\overrightarrow{OP}$ をベクトルの線形結合として

$$\overrightarrow{OP} = a\boldsymbol{v}_1 + b\boldsymbol{v}_2 + c\boldsymbol{v}_3$$

と表すことによって得られる. ここで $\boldsymbol{v}_3$ は z 軸正方向の長さ1のベクトルである. このように, 座標平面や空間を特徴づけるベクトルは, **基底ベクトル**と呼ばれる. 長さ1のベクトルを使うことが多いが, これは本質的ではなく, 零でないベクトルであればどんな長さでも十分である. また, 必ずしも互いに直交する座標軸である必要はなく, 平行四辺形や平行六面体を構成するようなベクトルでもよい.

この節では, このような座標系の概念を一般ベクトル空間に拡張させる. この鍵になるのが次の定義である.

定義　V が任意のベクトル空間で $S = \{\boldsymbol{v_1}, \boldsymbol{v_2}, \ldots, \boldsymbol{v_n}\}$ が V のベクトルの集合であるとする. 次の2つの条件が成り立つとき, S を V の**基底**と呼ぶ.

(1) S は線形独立である.

(2) S は V を張る.

基底とは2次元や3次元座標系を一般化したベクトル空間である. 次の定理はこの意味を理解する助けになる.

定理 3.9 (基底表現の一意性) $S = \{\boldsymbol{v_1}, \boldsymbol{v_2}, \ldots, \boldsymbol{v_n}\}$ がベクトル空間 V の基底であるならば, V のどんなベクトル $\boldsymbol{v}$ も $\boldsymbol{v} = c_1\boldsymbol{v_1} + c_2\boldsymbol{v_2} + \cdots + c_n\boldsymbol{v_n}$ という形にただ1通りに表される.

証明 S が V を張るから, 張る集合の定義から, V のどんなベクトルでも S のベクトルの線形結合として表される. V のベクトルが S のベクトルの線形結合としてただ 1 通りに表されることを証明するために, あるベクトル $\boldsymbol{v}$ が

$$\boldsymbol{v} = c_1\boldsymbol{v_1} + c_2\boldsymbol{v_2} + \cdots + c_n\boldsymbol{v_n}$$

としても

$$\boldsymbol{v} = k_1\boldsymbol{v_1} + k_2\boldsymbol{v_2} + \cdots + k_n\boldsymbol{v_n}$$

としても書くことができると仮定しよう. 最初の式から 2 番目の式を引くと,

$$\boldsymbol{0} = (c_1 - k_1)\boldsymbol{v_1} + (c_2 - k_2)\boldsymbol{v_2} + \cdots + (c_n - k_n)\boldsymbol{v_n}$$

この式の右辺は S のベクトルの線形結合であるから, S の線形独立性より

$$c_1 - k_1 = 0, \quad c_2 - k_2 = 0, \quad \ldots, \quad c_n - k_n = 0$$

すなわち,

$$c_1 = k_1, \quad c_2 = k_2, \quad \ldots, \quad c_n = k_n$$

となって, $\boldsymbol{v}$ の 2 つの表現は同じである.

例 3.13

$$\boldsymbol{e_1} = (1, 0, 0), \quad \boldsymbol{e_2} = (0, 1, 0), \quad \boldsymbol{e_3} = (0, 0, 1)$$

のとき, $S = \{\boldsymbol{e_1}, \boldsymbol{e_2}, \boldsymbol{e_3}\}$ は $\mathbb{R}^3$ の線形独立な集合であった（例 3.9）. $\mathbb{R}^3$ の任意のベクトル $\boldsymbol{v} = (a, b, c)$ は

$$\boldsymbol{v} = (a, b, c) = a(1, 0, 0) + b(0, 1, 0) + c(0, 0, 1) = a\boldsymbol{e_1} + b\boldsymbol{e_2} + c\boldsymbol{e_3}$$

として書き表されるから, 集合 S は $\mathbb{R}^3$ を張る. よって, S は $\mathbb{R}^3$ の基底である. これを $\mathbb{R}^3$ の**標準基底**という.

同様に一般に,

$$\boldsymbol{e_1} = (1, 0, 0, \ldots, 0), \quad \boldsymbol{e_2} = (0, 1, 0, \ldots, 0), \quad \ldots, \boldsymbol{e_n} = (0, 0, 0, \ldots, 1)$$

のとき, $S = \{\boldsymbol{e_1}, \boldsymbol{e_2}, \ldots, \boldsymbol{e_n}\}$ は $\mathbb{R}^n$ の線形独立な集合であった. $\mathbb{R}^n$ の任意のベクトル $\boldsymbol{v} = (v_1, v_2, \ldots, v_n)$ は

$$\boldsymbol{v} = v_1\boldsymbol{e_1} + v_2\boldsymbol{e_2} + \cdots + v_n\boldsymbol{e_n}$$

として書き表されるから, 集合 S は $\mathbb{R}^n$ を張る. よって, S は $\mathbb{R}^n$ の基底である. これを $\mathbb{R}^n$ の**標準基底**という.

例 3.14 $\boldsymbol{v_1} = (1, 2, 1)$, $\boldsymbol{v_2} = (2, 9, 0)$, $\boldsymbol{v_3} = (3, 3, 4)$ とするとき, 集合 $S = \{\boldsymbol{v_1}, \boldsymbol{v_2}, \boldsymbol{v_3}\}$ が $\mathbb{R}^3$ の基底であることを示せ.

集合 S が $\mathbb{R}^3$ を張ることを示すために, 任意のベクトル $\boldsymbol{b} = (b_1, b_2, b_3)$ が S のベクトルの線形結合

$$\boldsymbol{b} = c_1\boldsymbol{v_1} + c_2\boldsymbol{v_2} + c_3\boldsymbol{v_3}$$

として書き表されることを示そう．この方程式を成分表示で表すと，

$$(b_1, b_2, b_3) = c_1(1,2,1) + c_2(2,9,0) + c_3(3,3,4)$$

すなわち

$$(b_1, b_2, b_3) = (c_1 + 2c_2 + 3c_3, 2c_1 + 9c_2 + 3c_3, c_1 + 4c_3)$$

対応する成分が等しいことから

$$\begin{cases} c_1 + 2c_2 + 3c_3 = b_1 \\ 2c_1 + 9c_2 + 3c_3 = b_2 \\ c_1 \qquad\quad + 4c_3 = b_3 \end{cases}$$

よって，S が $\mathbb{R}^3$ を張ることを示すためには，この連立方程式がどんな $\boldsymbol{b} = (b_1, b_2, b_3)$ の選び方によっても解をもつことを示す必要がある．

S が線形独立であることを証明するためには，

$$c_1\boldsymbol{v_1} + c_2\boldsymbol{v_2} + c_3\boldsymbol{v_3} = \boldsymbol{0}$$

の唯一の解が $c_1 = c_2 = c_3 = 0$ であることを示さなければならない．すなわち，成分表示より対応する成分が等しいことから，斉次連立方程式

$$\begin{cases} c_1 + 2c_2 + 3c_3 = 0 \\ 2c_1 + 9c_2 + 3c_3 = 0 \\ c_1 \qquad\quad + 4c_3 = 0 \end{cases}$$

が自明な解しかもたないことを示すことに帰着される．2つの連立方程式の左辺の係数は等しいから，行列

$$A = \begin{pmatrix} 1 & 2 & 3 \\ 2 & 9 & 3 \\ 1 & 0 & 4 \end{pmatrix}$$

の行列式が零でないことがわかれば，S が線形独立でかつ $\mathbb{R}^3$ を張ることが同時に証明される．実際，$|A| = -1$ となるから S は $\mathbb{R}^3$ の基底である．

[別解]

より直接的には，行基本変形により

$$\left(\begin{array}{ccc|c} 1 & 2 & 3 & b_1 \\ 2 & 9 & 3 & b_2 \\ 1 & 0 & 4 & b_3 \end{array}\right) \longrightarrow \left(\begin{array}{ccc|c} 1 & 0 & 4 & b_3 \\ 0 & 9 & -5 & b_2 - 2b_3 \\ 0 & 2 & -1 & b_1 - b_3 \end{array}\right)$$

$$\left(\begin{array}{ccc|c} 1 & 0 & 4 & b_3 \\ 0 & 1 & -\frac{1}{2} & \frac{1}{2}b_1 - \frac{1}{2}b_3 \\ 0 & 0 & -\frac{1}{2} & -\frac{9}{2}b_1 + b_2 + \frac{5}{2}b_3 \end{array}\right) \longrightarrow \left(\begin{array}{ccc|c} 1 & 0 & 0 & -36b_1 + 8b_2 + 21b_3 \\ 0 & 1 & 0 & 5b_1 - b_2 - 3b_3 \\ 0 & 0 & 1 & 9b_1 - 2b_2 - 5b_3 \end{array}\right)$$

よって,

$$\begin{cases} c_1 = -36b_1 + 8b_2 + 21b_3 \\ c_2 = \quad 5b_1 - \ b_2 - \ 3b_3 \\ c_3 = \quad 9b_1 - 2b_2 - \ 5b_3 \end{cases}$$

を得るから, どんな $\boldsymbol{b} = (b_1, b_2, b_3)$ に対しても c_1, c_2, c_3 を決定することができる.

斉次連立 1 次方程式の方は, 上で $b_1 = b_2 = b_3 = 0$ とおくと

$$\left(\begin{array}{ccc|c} 1 & 2 & 3 & 0 \\ 2 & 9 & 3 & 0 \\ 1 & 0 & 4 & 0 \end{array}\right) \longrightarrow \left(\begin{array}{ccc|c} 1 & 0 & 0 & 0 \\ 0 & 1 & 0 & 0 \\ 0 & 0 & 1 & 0 \end{array}\right)$$

と行基本変形でき, $c_1 = c_2 = c_3 = 0$ を得る.

定義 零でないベクトル空間 V は, 基底を構成するベクトルの有限集合 $\{\boldsymbol{v_1}, \boldsymbol{v_2}, \ldots, \boldsymbol{v_n}\}$ を含むとき, **有限次元**であると呼ばれる. もしそのような集合が存在しないならば, V は**無限次元**であると呼ばれる. また, 零ベクトル空間を有限次元とみなすことにする.

次は, 次元の概念への鍵となる定理である.

定理 3.10 V を有限次元ベクトル空間とし, $\{\boldsymbol{v_1}, \boldsymbol{v_2}, \ldots, \boldsymbol{v_n}\}$ を任意の基底とする.

(1) n 個より多いベクトルの集合は線形従属である.

(2) n 個より少ないベクトルの集合は V を張らない.

注. すなわち, ベクトルの数が少なすぎると, $S = \{\boldsymbol{v_1}, \boldsymbol{v_2}, \ldots, \boldsymbol{v_n}\}$ は線形独立であっても V を張らなくなる. 逆に, ベクトルの数が多すぎると, S は V を張っても線形独立でなくなる. 基底というのはベクトルの数がちょうど過不足がない状態を示している. 基底の選び方は一意とは限らないが, 基底をなすベクトルの個数は常に等しくなる. この個数が**次元**である.

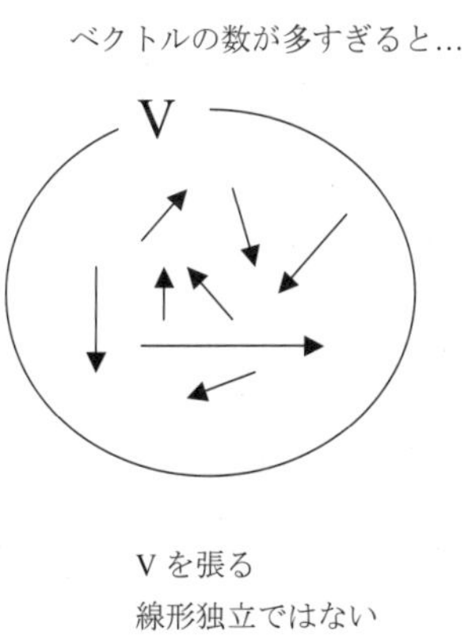

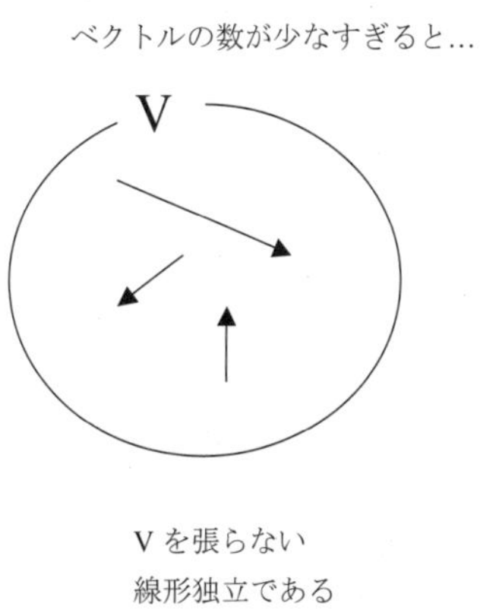

証明 $S' = \{\boldsymbol{w_1}, \boldsymbol{w_2}, \ldots, \boldsymbol{w_m}\}$ を V の m 個（$m > n$）のベクトルの集合とする．このとき, S' が線形従属であることを示したい．$S = \{\boldsymbol{v_1}, \boldsymbol{v_2}, \ldots, \boldsymbol{v_n}\}$ が基底であるから, 各 $\boldsymbol{w_i}$ は S のベクトルの線形結合として例えば次のように表される．

$$\begin{cases} \boldsymbol{w_1} = a_{11}\boldsymbol{v_1} + a_{21}\boldsymbol{v_2} + \cdots + a_{n1}\boldsymbol{v_n} \\ \boldsymbol{w_2} = a_{12}\boldsymbol{v_1} + a_{22}\boldsymbol{v_2} + \cdots + a_{n2}\boldsymbol{v_n} \\ \quad\vdots \qquad\quad \vdots \qquad\qquad \vdots \qquad\qquad\quad \vdots \\ \boldsymbol{w_m} = a_{1m}\boldsymbol{v_1} + a_{2m}\boldsymbol{v_2} + \cdots + a_{nm}\boldsymbol{v_n} \end{cases}$$

S' が線形従属であるためには

$$k_1\boldsymbol{w_1} + k_2\boldsymbol{w_2} + \cdots + k_m\boldsymbol{w_m} = \boldsymbol{0}$$

であるようなすべては零にならないスカラー $k_1, k_2, \ldots, k_m$ が存在すればよい．連立方程式の各式を代入して

$$\begin{aligned} &(k_1a_{11} + k_2a_{12} + \cdots + k_ma_{1m})\boldsymbol{v_1} \\ &\qquad + (k_1a_{21} + k_2a_{22} + \cdots + k_ma_{2m})\boldsymbol{v_2} \\ &\qquad\qquad \ddots \\ &\qquad\qquad + (k_1a_{n1} + k_2a_{n2} + \cdots + k_ma_{nm})\boldsymbol{v_n} = \boldsymbol{0} \end{aligned}$$

S のベクトルは線形独立であるから

$$\begin{cases} a_{11}k_1 + a_{12}k_2 + \cdots + a_{1m}k_m = 0 \\ a_{21}k_1 + a_{22}k_2 + \cdots + a_{2m}k_m = 0 \\ \quad\vdots \qquad\quad \vdots \qquad\qquad\quad \vdots \qquad \vdots \\ a_{n1}k_1 + a_{n2}k_2 + \cdots + a_{nm}k_m = 0 \end{cases}$$

を得る．この連立方程式は式の個数より未知数の個数が多いから, 非自明な解 $k_1, k_2, \ldots, k_m$ が存在する．よって, すべては零でないスカラー $k_1, k_2, \ldots, k_m$ が存在するから, S' は線形従属となる．

次に, $S' = \{\boldsymbol{w_1}, \boldsymbol{w_2}, \ldots, \boldsymbol{w_m}\}$ を V の m 個（$m < n$）のベクトルの集合とする．このとき, S' が V を張らないことを示したい．もし S' が V を張ると仮定すると, V のどんなベクトルも S' のベクトルの線形結合となるから, S のどの基底ベクトル $\boldsymbol{v_i}$ も S' のベクトルの線形結合として例えば次のように表される．

$$\begin{cases} \boldsymbol{v_1} = a_{11}\boldsymbol{w_1} + a_{21}\boldsymbol{w_2} + \cdots + a_{m1}\boldsymbol{w_m} \\ \boldsymbol{v_2} = a_{12}\boldsymbol{w_1} + a_{22}\boldsymbol{w_2} + \cdots + a_{m2}\boldsymbol{w_m} \\ \quad\vdots \qquad\quad \vdots \qquad\qquad \vdots \qquad\qquad\quad \vdots \\ \boldsymbol{v_n} = a_{1n}\boldsymbol{w_1} + a_{2n}\boldsymbol{w_2} + \cdots + a_{mn}\boldsymbol{w_m} \end{cases}$$

ここで

$$\begin{cases} a_{11}k_1 + a_{12}k_2 + \cdots + a_{1n}k_n = 0 \\ a_{21}k_1 + a_{22}k_2 + \cdots + a_{2n}k_n = 0 \\ \quad\vdots \qquad\quad \vdots \qquad\qquad\quad \vdots \qquad \vdots \\ a_{m1}k_1 + a_{m2}k_2 + \cdots + a_{mn}k_n = 0 \end{cases}$$

という連立方程式を考えると, 式の個数より未知数の個数が多いから, 非自明な解 k_1, k_2, $\ldots$, k_m をもつ. 前の連立方程式や等式と, m と n が交換され, $\boldsymbol{w}$ と $\boldsymbol{v}$ が交換されている以外は同じ形であるが, このことは

$$k_1\boldsymbol{v_1} + k_2\boldsymbol{v_2} + \cdots + k_m\boldsymbol{v_n} = \boldsymbol{0}$$

であるようなすべては零にならないスカラー k_1, k_2, $\ldots$, k_n が存在することを意味する. ところが $\boldsymbol{v_1}$, $\boldsymbol{v_2}$, $\ldots$, $\boldsymbol{v_n}$ は線形独立より, 矛盾に至る. よって S' は V を張ることより, 定理が証明された.

この定理より, $S = \{\boldsymbol{v_1}, \boldsymbol{v_2}, \ldots, \boldsymbol{v_n}\}$ があるベクトル空間 V の基底であるとき, 同時に V を張りかつ線形独立な V のすべての集合はちょうど n 個のベクトルをもつ. よって, V に関する基底はすべて, 任意の基底 S と同じ個数のベクトルをもたなければならない. このことより, 線形代数において最も重要な結果の 1 つである次の結果が生じる.

定理 3.11 有限次元ベクトル空間の基底はすべて, 同じ個数のベクトルをもつ.

この定理が**次元**という概念とどのように関連しているかを見るために, $\mathbb{R}^n$ の標準基底が n 個のベクトルをもつことを思いだそう. よってこの定理より, $\mathbb{R}^n$ のすべての基底は n 個のベクトルをもつ. 特に, $\mathbb{R}^3$ のすべての基底は 3 個のベクトルをもち, $\mathbb{R}^2$ のすべての基底は 2 個のベクトルをもち, $\mathbb{R}^1(=\mathbb{R})$ のすべての基底は 1 個のベクトルをもつ. 直観的に, $\mathbb{R}^3$ は 3 次元, $\mathbb{R}^2$ （平面）は 2 次元, $\mathbb{R}$ （直線）は 1 次元である. よって, おなじみのベクトル空間に対して, ある基底におけるベクトルの個数は次元と同じである. このことより, 次の定義が示される.

定義 有限次元ベクトル空間 V の**次元**は $\dim(V)$ で表され, V の基底のベクトルの個数として定義される. 特に, 零ベクトル空間の次元は 0 であると定義する.

例 3.15 次の斉次連立方程式の解空間の基底と次元を求めよう.

$$\begin{cases} 2x_1 + 2x_2 - x_3 + x_5 = 0 \\ -x_1 - x_2 + 2x_3 - 3x_4 + x_5 = 0 \\ x_1 + x_2 - 2x_3 - x_5 = 0 \\ x_3 + x_4 + x_5 = 0 \end{cases}$$

この連立方程式を行列で表し行基本変形すると

$$\left(\begin{array}{ccccc|c} 2 & 2 & -1 & 0 & 1 & 0 \\ -1 & -1 & 2 & -3 & 1 & 0 \\ 1 & 1 & -2 & 0 & -1 & 0 \\ 0 & 0 & 1 & 1 & 1 & 0 \end{array}\right) \longrightarrow \left(\begin{array}{ccccc|c} 1 & 1 & 0 & 0 & 1 & 0 \\ 0 & 0 & 1 & 0 & 1 & 0 \\ 0 & 0 & 0 & 1 & 0 & 0 \\ 0 & 0 & 0 & 0 & 0 & 0 \end{array}\right)$$

となるから, 対応する連立方程式は

$$\begin{cases} x_1 + x_2 \qquad\quad + x_5 = 0 \\ \qquad\quad x_3 \quad + x_5 = 0 \\ \qquad\qquad x_4 \qquad = 0 \end{cases}$$

であり, 一般解は

$$x_1 = -s - t, \quad x_2 = s, \quad x_3 = -t, \quad x_4 = 0, \quad x_5 = t$$

で与えられる. したがって, 解ベクトルは

$$\begin{pmatrix} x_1 \\ x_2 \\ x_3 \\ x_4 \\ x_5 \end{pmatrix} = \begin{pmatrix} -s-t \\ s \\ -t \\ 0 \\ t \end{pmatrix} = s \begin{pmatrix} -1 \\ 1 \\ 0 \\ 0 \\ 0 \end{pmatrix} + t \begin{pmatrix} -1 \\ 0 \\ -1 \\ 0 \\ 1 \end{pmatrix}$$

と書くことができ, これよりベクトル

$$\boldsymbol{v_1} = \begin{pmatrix} -1 \\ 1 \\ 0 \\ 0 \\ 0 \end{pmatrix} \qquad \text{と} \qquad \boldsymbol{v_2} = \begin{pmatrix} -1 \\ 0 \\ -1 \\ 0 \\ 1 \end{pmatrix}$$

は解空間を張る. これらのベクトルは線形独立であるから, $\{\boldsymbol{v_1}, \boldsymbol{v_2}\}$ は基底となり, 解空間は2次元である.

張ること, 線形独立, 基底, 次元の微妙な相互関係を明らかにする一連の定理を与えよう.

定理 3.12 S をベクトル空間 V の空でないベクトルの集合とする.

(1) S が線形独立な集合で, $\boldsymbol{v}$ が $\mathrm{span}(S)$ に属さないベクトルであるとき, $\boldsymbol{v}$ を S にはめ込むことによって得られる集合 $S \cup \{\boldsymbol{v}\}$ は依然として線形独立である

(2) S のベクトル $\boldsymbol{v}$ が S の他のベクトルの線形結合として表されるとき, S から $\boldsymbol{v}$ を取り除いて得られる集合 $S - \{\boldsymbol{v}\}$ と S は同じ空間を張る. すなわち,

$$\mathrm{span}(S) = \mathrm{span}(S - \{\boldsymbol{v}\})$$

定理 3.13 V が n 次元ベクトル空間で, S がちょうど n 個のベクトルをもつ V の集合であるとき, S が V を張るか S が線形独立であるならば, S は V の基底である.

定理 3.14 S を有限次元ベクトル空間 V の有限ベクトル集合とする.

(1) S が V を張るが V の基底でないとき, S から適当なベクトルをいくつか取り除くことによって, S は V の基底に縮小される

(2) S がまだ V の基底となっていない線形独立な集合であるとき, S に適当なベクトルをいくつか挿入することによって, S は V の基底に拡大される

定理 3.15 W が有限次元ベクトル空間 V の部分空間であるならば, $\dim(W) \leq \dim(V)$ が成り立つ. さらに $\dim(W) = \dim(V)$ ならば $W = V$ である.

練習問題 3.3

1. 次のベクトルは $\mathbb{R}^3$ の基底になるか. なる場合, $\boldsymbol{d} = (5,3,4)$ を $\boldsymbol{a}$, $\boldsymbol{b}$, $\boldsymbol{c}$ の 1 次結合で表せ.

   (1) $\boldsymbol{a} = (1,0,0)$, $\boldsymbol{b} = (1,1,0)$, $\boldsymbol{c} = (1,1,1)$

   (2) $\boldsymbol{a} = (1,5,-3)$, $\boldsymbol{b} = (-2,0,1)$, $\boldsymbol{c} = (4,-1,0)$

   (3) $\boldsymbol{a} = (1,2,0)$, $\boldsymbol{b} = (1,6,-4)$, $\boldsymbol{c} = (1,0,2)$

2. $\mathbb{R}^3$ において次のベクトルで生成される部分空間の次元と 1 組の基底を求めよ.

   (1) $(1,1,1)$, $(4,3,2)$, $(2,1,0)$, $(4,2,0)$

   (2) $(2,-1,0)$, $(3,0,1)$, $(-2,1,1)$, $(3,2,2)$

3. 次のベクトル空間の基底と次元を求めよ.

   (1) $$\boldsymbol{W_1} = \left\{ \begin{pmatrix} x \\ y \\ z \end{pmatrix} \middle| \begin{array}{l} x + y - 2z = 0 \\ 2x - y + 3z = 0 \end{array} \right\}$$

   (2) $$\boldsymbol{W_2} = \left\{ \begin{pmatrix} x \\ y \\ z \end{pmatrix} \middle| \begin{array}{l} x + y - 2z = 0 \\ 2x + 2y - 4z = 0 \end{array} \right\}$$

4. 次の斉次連立 1 次方程式の解空間の基底と次元を求めよ.

   (1) $$\left\{ \begin{array}{l} x_1 + x_2 - 2x_3 - 2x_4 - 2x_5 = 0 \\ x_1 + 2x_2 - 3x_3 - x_4 - 2x_5 = 0 \\ 2x_1 - x_2 - x_3 - 7x_4 - 4x_5 = 0 \end{array} \right.$$

   (2) $$\left\{ \begin{array}{l} 3x_1 - 3x_2 - x_3 = 0 \\ -2x_1 + x_2 + x_3 = 0 \\ 2x_1 + 5x_2 - 3x_3 = 0 \end{array} \right.$$

5. $\mathbb{R}^4$ において次のベクトルで張られる空間の次元が 1, 2, 3, 4 となるような a の値をそれぞれ求めよ.

$$\begin{pmatrix} a \\ 1 \\ 1 \\ 1 \end{pmatrix}, \quad \begin{pmatrix} 1 \\ a \\ 1 \\ 1 \end{pmatrix}, \quad \begin{pmatrix} 1 \\ 1 \\ a \\ 1 \end{pmatrix}, \quad \begin{pmatrix} 1 \\ 1 \\ 1 \\ a \end{pmatrix}$$

3.4 線形変換

この節では, $\boldsymbol{w} = F(\boldsymbol{x})$ という形の関数を勉強しよう. ここで, 独立変数 $\boldsymbol{x}$ が $\mathbb{R}^n$ のベクトルであり, 従属変数 $\boldsymbol{w}$ が $\mathbb{R}^m$ のベクトルである場合をまず考える. ここでは, このような関数のうち**線形変換**と呼ばれるものに注目する. 線形変換は線形代数の学習の基本であり, 物理, 工学, 社会科学など様々な分野において多くの重要な応用がある.

関数とは, 集合 A のそれぞれの要素に対して集合の要素 B の1つの要素を結びつける規則 f である. f が要素 a を要素 b と結びつけるとき, $b = f(a)$ と書き, b を f の下での a の**像**, $f(a)$ を a における f の**値**と呼ぶ. 集合 A を f の**定義域**, 集合 B を f の**余域**（または**終域**）と呼ぶ. a を A の取り得るすべての値に動かすとき, f に関するすべての取り得る値から成る B の部分集合を, f の**値域**と呼ぶ. よくある関数では A や B は実数の集合であり, より一般には A が $\mathbb{R}^n$ のベクトル集合で B が $\mathbb{R}^m$ のベクトル集合である. 例えば, $f(x, y) = x^2 + y^2$ は2実変数の実数値関数であり, $\mathbb{R}^2$ から $\mathbb{R}$ への関数である.

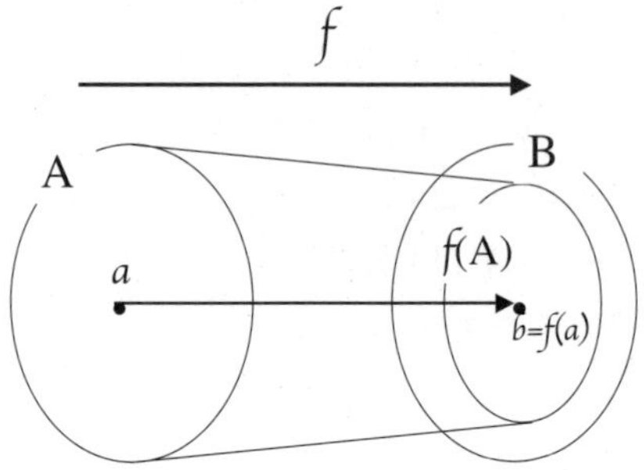

2つの関数 f_1 と f_2 が**等しい**とは, それらが同じ定義域をもち, 定義域のすべての a に対して $f_1(a) = f_2(a)$ となるときであり, $f_1 = f_2$ と書かれる.

ある関数 f の定義域が $\mathbb{R}^n$ でその余域が $\mathbb{R}^m$（$m = n$ のときも含む）であるとき, f は $\mathbb{R}^n$ から $\mathbb{R}^m$ への**写像**または**変換**と呼ばれ, 関数 f は $\mathbb{R}^n$ を $\mathbb{R}^m$ の中に**写す**という. このことを, $f : \mathbb{R}^n \longrightarrow \mathbb{R}^m$ と書くことにする. 特に $m = n$ のとき, 変換 $f : \mathbb{R}^n \longrightarrow \mathbb{R}^n$ は $\mathbb{R}^n$ 上の**作用素**と呼ばれる[3].

さて, $f_1, f_2, \ldots, f_m$ が n 個の実変数から成る実数値関数であると仮定し, 例えば次のようにする.

$$(*) \qquad \begin{cases} w_1 = f_1(x_1, x_2, \ldots, x_n) \\ w_2 = f_2(x_1, x_2, \ldots, x_n) \\ \vdots \qquad\qquad \vdots \\ w_n = f_m(x_1, x_2, \ldots, x_n) \end{cases}$$

これらの m 個の方程式は, $\mathbb{R}^m$ の1つの点 $(w_1, w_2, \ldots, w_m)$ に $\mathbb{R}^n$ の各点 $(x_1, x_2, \ldots, x_n)$ を割り当ることによって $\mathbb{R}^n$ から $\mathbb{R}^m$ への変換を定義する. この変換を T で表すと, T :

[3] $m \neq n$ のときを写像, $m = n$ のときを変換と呼ぶこともある

$\mathbb{R}^n \longrightarrow \mathbb{R}^m$ であり,

$$T(x_1, x_2, \ldots, x_n) = (w_1, w_2, \ldots, w_m)$$

例 3.16 方程式

$$\begin{cases} w_1 = x_1 + x_2 \\ w_2 = 3x_1 x_2 \\ w_3 = x_1^2 - x_2^2 \end{cases}$$

は変換 $T : \mathbb{R}^2 \longrightarrow \mathbb{R}^3$ を定義する．この変換による点 (x_1, x_2) の像は

$$T(x_1, x_2) = (x_1 + x_2, 3x_1x_2, x_1^2 - x_2^2)$$

である．例えば, $T(1, -2) = (-1, -6, -3)$

方程式 $(*)$ が線形であるという特別の場合, これらの方程式で定義される変換 $T : \mathbb{R}^n \longrightarrow \mathbb{R}^m$ は**線形変換**（$m = n$ のときは**線形作用素**）と呼ばれる[4]．すなわち, 線形変換 $T : \mathbb{R}^n \longrightarrow \mathbb{R}^m$ は

$$\begin{cases} w_1 = a_{11}x_1 + a_{12}x_2 + \cdots + a_{1n}x_n \\ w_2 = a_{21}x_1 + a_{22}x_2 + \cdots + a_{2n}x_n \\ \vdots \qquad \vdots \qquad \vdots \qquad \qquad \vdots \\ w_m = a_{m1}x_1 + a_{m2}x_2 + \cdots + a_{mn}x_n \end{cases}$$

という形の方程式, あるいは行列を使って

$$\begin{pmatrix} w_1 \\ w_2 \\ \vdots \\ w_m \end{pmatrix} = \begin{pmatrix} a_{11} & a_{12} & \cdots & a_{1n} \\ a_{21} & a_{22} & \cdots & a_{2n} \\ \vdots & \vdots & & \vdots \\ a_{m1} & a_{m2} & \cdots & a_{mn} \end{pmatrix} \begin{pmatrix} x_1 \\ x_2 \\ \vdots \\ x_n \end{pmatrix}$$

あるいは単に

$$\boldsymbol{w} = A\boldsymbol{x}$$

と定義される．

行列 $A = (a_{ij})$ は線形変換 T に**対応する行列**と呼ばれ, T は行列 A に**対応する線形変換**と呼ばれる．

例 3.17 方程式

$$\begin{cases} w_1 = 2x_1 - 3x_2 + x_3 - 5x_4 \\ w_2 = 4x_1 + x_2 - 2x_3 + x_4 \\ w_3 = 5x_1 - x_2 + 4x_3 \end{cases} \tag{3.1}$$

[4]線形変換, 線形作用素をそれぞれ, 線形写像, 線形変換と呼ぶこともある．

によって定義される線形変換 $T:\mathbb{R}^4 \longrightarrow \mathbb{R}^3$ は, 行列の形で

$$\begin{pmatrix} w_1 \\ w_2 \\ w_3 \end{pmatrix} = \begin{pmatrix} 2 & -3 & 1 & -5 \\ 4 & 1 & -2 & 1 \\ 5 & -1 & 4 & 0 \end{pmatrix} \begin{pmatrix} x_1 \\ x_2 \\ x_3 \\ x_4 \end{pmatrix} \tag{3.2}$$

と表される. T に対応する行列は

$$A = \begin{pmatrix} 2 & -3 & 1 & -5 \\ 4 & 1 & -2 & 1 \\ 5 & -1 & 4 & 0 \end{pmatrix}$$

である.

点 (x_1, x_2, x_3, x_4) の像は連立方程式 (3.1) または行列の積 (3.2) から直接計算できる. 例えば, $(x_1, x_2, x_3, x_4) = (1, -3, 0, 2)$ のとき, (3.2) に代入すると

$$\begin{pmatrix} w_1 \\ w_2 \\ w_3 \end{pmatrix} = \begin{pmatrix} 2 & -3 & 1 & -5 \\ 4 & 1 & -2 & 1 \\ 5 & -1 & 4 & 0 \end{pmatrix} \begin{pmatrix} 1 \\ -3 \\ 0 \\ 2 \end{pmatrix} = \begin{pmatrix} 1 \\ 3 \\ 8 \end{pmatrix}$$

となる.

例 3.18 O が $m \times n$ 行列であり $\mathbf{0}$ が $\mathbb{R}^n$ の零ベクトルであるとき, $\mathbb{R}^n$ の任意のベクトル $\boldsymbol{x}$ に対して,

$$T_O(\boldsymbol{x}) = O\boldsymbol{x} = \mathbf{0}$$

が成り立つ. T_O を $\mathbb{R}^n$ から $\mathbb{R}^m$ への**零変換**と呼ぶ. 零変換を単に O で表すこともある.

例 3.19 E が $n \times n$ 単位行列であるとき, $\mathbb{R}^n$ の任意のベクトル $\boldsymbol{x}$ に対して,

$$T_E(\boldsymbol{x}) = E\boldsymbol{x} = \boldsymbol{x}$$

が成り立つ. T_E を $\mathbb{R}^n$ 上の**恒等作用素**と呼ぶ. 恒等作用素を単に E で表すこともある.

$\mathbb{R}^2$ 上や $\mathbb{R}^3$ 上の最も重要な線形作用素は, 反射, 射影, 回転を表すものである. そのような作用素について論じよう.

例 3.20 各ベクトルを y 軸に対して対称の像に写す作用素 $T:\mathbb{R}^2 \rightarrow \mathbb{R}^2$ を考えよう. $\boldsymbol{w} = T(\boldsymbol{x})$ とすると, $\boldsymbol{x}$ と $\boldsymbol{w}$ の要素に関する方程式は

$$\begin{cases} w_1 = -x \\ w_2 = y \end{cases} \tag{3.3}$$

または行列の形で

$$
\begin{pmatrix} w_1 \\ w_2 \end{pmatrix} = \begin{pmatrix} -1 & 0 \\ 0 & 1 \end{pmatrix} \begin{pmatrix} x \\ y \end{pmatrix} \tag{3.4}
$$

である．(3.3) の方程式は線形であるから，T は線形作用素であり，(3.4) から T に対応する行列は

$$
\begin{pmatrix} -1 & 0 \\ 0 & 1 \end{pmatrix}
$$

で与えられる．一般に，各ベクトルをある線や平面について対称な像に写す $\mathbb{R}^2$ や $\mathbb{R}^3$ 上の作用素は**反射作用素**と呼ばれる．

例 3.21 各ベクトルを x 軸上の正射影に写す作用素 $T : \mathbb{R}^2 \to \mathbb{R}^2$ を考えよう．$\boldsymbol{x}$ と $\boldsymbol{w} = T(\boldsymbol{x})$ の要素に関する方程式は

$$
\begin{cases} w_1 = x \\ w_2 = 0 \end{cases} \tag{3.5}
$$

または行列の形で

$$
\begin{pmatrix} w_1 \\ w_2 \end{pmatrix} = \begin{pmatrix} 1 & 0 \\ 0 & 0 \end{pmatrix} \begin{pmatrix} x \\ y \end{pmatrix} \tag{3.6}
$$

である．(3.5) の方程式は線形であるから，T は線形作用素であり，(3.6) から T に対応する行列は

$$
\begin{pmatrix} 1 & 0 \\ 0 & 0 \end{pmatrix}
$$

である．一般に，$\mathbb{R}^2$ や $\mathbb{R}^3$ 上の**射影作用素**（より正確には**正射影作用素**）とは，各ベクトルを原点を通る直線や平面上に正射影する作用素である．このような作用素は線形であることが示される．

例 3.22 $\mathbb{R}^2$ の各ベクトルをある固定した角度 θ で反時計回りに回転させる作用素は，$\mathbb{R}^2$ 上の**回転作用素**と呼ばれる．$\boldsymbol{x}$ と $\boldsymbol{w} = T(\boldsymbol{x})$ に関する方程式を求めるために，ϕ を x 軸の正方向から $\boldsymbol{x}$ までの角度とし，r を $\boldsymbol{x}$ と $\boldsymbol{w}$ の共通の長さとする．三角関数を使って表すと，

$$
x = r\cos\phi, \qquad y = r\sin\phi \tag{3.7}
$$

かつ

$$
w_1 = r\cos(\theta+\phi), \qquad w_2 = r\sin(\theta+\phi) \tag{3.8}
$$

である．加法定理を使うと (3.8) より

$$
\begin{aligned} w_1 &= r\cos\theta\cos\phi - r\sin\theta\sin\phi \\ w_2 &= r\sin\theta\cos\phi + r\cos\theta\sin\phi \end{aligned}
$$

であるから, (3.7) を代入して

$$
\begin{cases} w_1 = x\cos\theta - y\sin\theta \\ w_2 = x\sin\theta + y\cos\theta \end{cases} \tag{3.9}
$$

を得る. (3.9) の方程式は線形であるから T は線形作用素である. T に対応する行列は

$$
\begin{pmatrix} \cos\theta & -\sin\theta \\ \sin\theta & \cos\theta \end{pmatrix}
$$

で与えられる.

$\mathbb{R}^2$ の各ベクトルを $\pi/6(=30^\circ)$ の角度で回転させると, ベクトル

$$
\boldsymbol{x} = \begin{pmatrix} x \\ y \end{pmatrix}
$$

の像 $\boldsymbol{w}$ は

$$
\begin{aligned}
\boldsymbol{w} &= \begin{pmatrix} \cos\pi/6 & -\sin\pi/6 \\ \sin\pi/6 & \cos\pi/6 \end{pmatrix}\begin{pmatrix} x \\ y \end{pmatrix} \\
&= \begin{pmatrix} \sqrt{3}/2 & -1/2 \\ 1/2 & \sqrt{3}/2 \end{pmatrix}\begin{pmatrix} x \\ y \end{pmatrix} = \begin{pmatrix} \frac{\sqrt{3}}{2}x - \frac{1}{2}y \\ \frac{1}{2}x + \frac{\sqrt{3}}{2}y \end{pmatrix}
\end{aligned}
$$

例えば

$$
\text{ベクトル } \boldsymbol{x} = \begin{pmatrix} 1 \\ 1 \end{pmatrix} \quad \text{の像は} \quad \boldsymbol{w} = \begin{pmatrix} \frac{1-\sqrt{3}}{2} \\ \frac{1+\sqrt{3}}{2} \end{pmatrix}
$$

である.

異なるベクトル (や点) を異なるベクトル (や点) に移す線形変換は特に重要である. このような変換の一例は, 各ベクトルを角 θ で回転させる線形変換 $T:\mathbb{R}^2 \to \mathbb{R}^2$ である. 幾何学的に明らかなように, $\boldsymbol{u}$ と $\boldsymbol{v}$ が $\mathbb{R}^2$ の異なるベクトルであるとき, 回転ベクトル $T(\boldsymbol{u})$ と $T(\boldsymbol{v})$ も異なるベクトルである.

これとは対称的に, $T:\mathbb{R}^3 \to \mathbb{R}^3$ が xy 平面上の $\mathbb{R}^3$ の正射影であるとき, 同じ垂線上の点はすべて xy 平面の 1 つの点に移される.

定義　線形変換 $T:\mathbb{R}^n \to \mathbb{R}^m$ は, T が $\mathbb{R}^n$ の異なるベクトル (や点) を $\mathbb{R}^m$ の異なるベクトル (や点) に移すとき**一対一**であるといわれる.

注. この定義から, 一対一線形変換 T の値域の各ベクトル $\boldsymbol{w}$ に対して $T(\boldsymbol{x}) = \boldsymbol{w}$ となるようなベクトル $\boldsymbol{x}$ がちょうど 1 つ存在する.

A を $n\times n$ 行列とし, $T_A:\mathbb{R}^n \to \mathbb{R}^n$ を A に対応する線形作用素とする. さて, A の正則性と T_A の性質との関連を調べよう.

連立方程式での性質から, 次が同値であった.

(1) A は正則である.

(2) $A\boldsymbol{x}=\boldsymbol{w}$ はどんな $n\times 1$ 行列 $\boldsymbol{w}$ に対しても解をもつ.

(3) $A\boldsymbol{x}=\boldsymbol{w}$ は連立方程式が解をもつときちょうどただ1つの解をもつ.

これらを線形作用素 T_A に関する対応する主張に言い換えると, 次が同値であることにまとめることができる.

(1) A は正則である.

(2) $\mathbb{R}^n$ の各ベクトル $\boldsymbol{w}$ に対して $T_A(\boldsymbol{x})=\boldsymbol{w}$ であるような $\mathbb{R}^n$ のあるベクトル $\boldsymbol{x}$ が存在する. すなわち, T_A の値域は $\mathbb{R}^n$ 全体である.

(3) T_A の値域の各ベクトル $\boldsymbol{w}$ に対して, $T_A(\boldsymbol{x})=\boldsymbol{w}$ であるような $\mathbb{R}^n$ のベクトル $\boldsymbol{x}$ がちょうど1つ存在する. すなわち, T_A は一対一である.

簡潔に言うと, $\mathbb{R}^n$ の線形作用素に関する次の定理が成り立つ.

定理 3.16 A が $n\times n$ 行列で $T_A:\mathbb{R}^n\to\mathbb{R}^n$ が A に対応する線形作用素であるとき, 次の主張は同値である.

(1) A は正則である

(2) T_A の値域は $\mathbb{R}^n$ である

(3) T_A は一対一である

$T_A:\mathbb{R}^n\to\mathbb{R}^n$ が一対一線形作用素であるとき, この定理から行列 A は正則である. よって, $T_{A^{-1}};\mathbb{R}^n\to\mathbb{R}^n$ も線形作用素であり, T_A の**逆**と呼ばれる. 線形作用素 T_A と $T_{A^{-1}}$ は, $\mathbb{R}^n$ のすべての $\boldsymbol{x}$ に対して

$$T_A(T_{A^{-1}})=AA^{-1}\boldsymbol{x}=E\boldsymbol{x}=\boldsymbol{x}$$
$$T_{A^{-1}}(T_A)=A^{-1}A\boldsymbol{x}=E\boldsymbol{x}=\boldsymbol{x}$$

が成り立つという意味で互いに効果を打ち消し合う. すなわち, $\boldsymbol{w}$ が T_A による $\boldsymbol{x}$ の像ならば,

$$T_{A^{-1}}(\boldsymbol{x})=T_{A^{-1}}(T_A(\boldsymbol{x}))=\boldsymbol{x}$$

であるから, $T_{A^{-1}}$ は $\boldsymbol{w}$ を $\boldsymbol{x}$ に写し戻す.

例 3.23 方程式

$$\begin{cases} w_1=2x_1+\ \ x_2 \\ w_2=3x_1+4x_2 \end{cases}$$

で定義される線形作用素 $T:\mathbb{R}^2\to\mathbb{R}^2$ が一対一であることを示し, $T^{-1}(w_1,w_2)$ を求めよ.

これらの方程式の行列形は

$$\begin{pmatrix} w_1 \\ w_2 \end{pmatrix}=\begin{pmatrix} 2 & 1 \\ 3 & 4 \end{pmatrix}\begin{pmatrix} x_1 \\ x_2 \end{pmatrix}$$

であり，よって T に対応する行列

$$\begin{pmatrix} 2 & 1 \\ 3 & 4 \end{pmatrix}$$

は正則であり，それ故 T は一対一である．T^{-1} に対応する行列は

$$\begin{pmatrix} 2 & 1 \\ 3 & 4 \end{pmatrix}^{-1} = \begin{pmatrix} 4/5 & -1/5 \\ -3/5 & 2/5 \end{pmatrix}$$

よって，

$$\begin{pmatrix} x_1 \\ x_2 \end{pmatrix} = \begin{pmatrix} 4/5 & -1/5 \\ -3/5 & 2/5 \end{pmatrix} \begin{pmatrix} w_1 \\ w_2 \end{pmatrix} = \begin{pmatrix} \frac{4}{5}w_1 - \frac{1}{5}w_2 \\ -\frac{3}{5}w_1 + \frac{2}{5}w_2 \end{pmatrix}$$

すなわち，

$$(x_1, x_2) = T^{-1}(w_1, w_2) = \left(\frac{4}{5}w_1 - \frac{1}{5}w_2, -\frac{3}{5}w_1 + \frac{2}{5}w_2\right).$$

定理 3.17 変換 $T : \mathbb{R}^n \to \mathbb{R}^m$ が線形であることは，次の関係がすべての $\mathbb{R}^n$ のベクトル $\boldsymbol{u}$ と $\boldsymbol{v}$ と任意のスカラー c について成り立つことである．

(1) $T(\boldsymbol{u} + \boldsymbol{v}) = T(\boldsymbol{u}) + T(\boldsymbol{v})$

(2) $T(c\boldsymbol{u}) = cT(\boldsymbol{u})$

証明 T が線形変換であると仮定し，A を T に対応する行列とする．行列の基本的算術性質より，

$$T(\boldsymbol{u} + \boldsymbol{v}) = A(\boldsymbol{u} + \boldsymbol{v}) = A\boldsymbol{u} + A\boldsymbol{v} = T(\boldsymbol{u}) + T(\boldsymbol{v})$$

かつ

$$T(c\boldsymbol{u}) = A(c\boldsymbol{u}) = cA\boldsymbol{u} = cT(\boldsymbol{u}).$$

逆に，上の 2 つの性質 (1) と (2) が変換 T に対して成り立つと仮定する．T が $\mathbb{R}^n$ のすべてのベクトル $\boldsymbol{x}$ に対して

$$T(\boldsymbol{x}) = A\boldsymbol{x}$$

という性質をもつ行列 A を求めることにより，T が線形であることを証明することができる．このことより，T は A に対応する線形作用素であり，よって線形である．

ところでこの行列を作る前に，性質 (1) が 3 項以上の場合に拡張できることを示そう．例えば，$\boldsymbol{u}$, $\boldsymbol{v}$, $\boldsymbol{w}$ が $\mathbb{R}^n$ の任意のベクトルであるとき，$\boldsymbol{v}$ と $\boldsymbol{w}$ に最初に演算を施し性質 (1) を適用すると，

$$T(\boldsymbol{u} + \boldsymbol{v} + \boldsymbol{w}) = T(\boldsymbol{u} + (\boldsymbol{v} + \boldsymbol{w})) = T(\boldsymbol{u}) + T(\boldsymbol{v} + \boldsymbol{w}) = T(\boldsymbol{u}) + T(\boldsymbol{v}) + T(\boldsymbol{w}).$$

を得る．一般には，$\mathbb{R}^n$ の任意のベクトル $\boldsymbol{v}_1, \boldsymbol{v}_2, \ldots, \boldsymbol{v}_k$ に対して，

$$T(\boldsymbol{v}_1 + \boldsymbol{v}_2 + \cdots + \boldsymbol{v}_k) = T(\boldsymbol{v}_1) + T(\boldsymbol{v}_2) + \cdots + T(\boldsymbol{v}_k)$$

が成り立つ. 今行列 A を求めるため, $\boldsymbol{e}_1, \boldsymbol{e}_2, \ldots, \boldsymbol{e}_n$ をベクトル

$$\boldsymbol{e}_1 = \begin{pmatrix} 1 \\ 0 \\ 0 \\ \vdots \\ 0 \end{pmatrix}, \quad \boldsymbol{e}_2 = \begin{pmatrix} 0 \\ 1 \\ 0 \\ \vdots \\ 0 \end{pmatrix}, \quad \ldots, \quad \boldsymbol{e}_n = \begin{pmatrix} 0 \\ 0 \\ 0 \\ \vdots \\ 1 \end{pmatrix}$$

とし, A を $T(\boldsymbol{e}_1), T(\boldsymbol{e}_2), \ldots, T(\boldsymbol{e}_n)$ を列ベクトルとして並べた行列を A, すなわち

$$A = \Big(T(\boldsymbol{e}_1)|T(\boldsymbol{e}_2)|\ldots|T(\boldsymbol{e}_n)\Big) \tag{3.10}$$

とする. $\mathbb{R}^n$ の任意のベクトルを

$$\boldsymbol{x} = \begin{pmatrix} x_1 \\ x_2 \\ \vdots \\ x_n \end{pmatrix}$$

とすると, 積 $A\boldsymbol{x}$ は $\boldsymbol{x}$ の要素を係数とする A の列ベクトルの線形結合で表され,

$$\begin{aligned} A\boldsymbol{x} &= x_1 T(\boldsymbol{e}_1) + x_2 T(\boldsymbol{e}_2) + \cdots + x_n T(\boldsymbol{e}_n) \\ &= T(x_1\boldsymbol{e}_1) + T(x_2\boldsymbol{e}_2) + \cdots + T(x_n\boldsymbol{e}_n) \\ &= T(x_1\boldsymbol{e}_1 + x_2\boldsymbol{e}_2 + \cdots + x_n\boldsymbol{e}_n) \\ &= T(\boldsymbol{x}) \end{aligned}$$

となり, 証明された.

(3.10) という表現を用いることにより, T の下でのベクトル $\boldsymbol{e}_1, \boldsymbol{e}_2, \ldots, \boldsymbol{e}_n$ の像に関して線形作用素 $T : \mathbb{R}^n \to \mathbb{R}^m$ に対応する行列を求めることができる. ベクトル $\boldsymbol{e}_1, \boldsymbol{e}_2, \ldots, \boldsymbol{e}_n$ は $\mathbb{R}^n$ の**標準基底**と呼ばれる. $\mathbb{R}^2$ や $\mathbb{R}^3$ では, これらは座標軸に沿った長さ 1 のベクトルとなる.

例 3.24 $T : \mathbb{R}^3 \to \mathbb{R}^3$ を xy 平面上の正射影とする.

$$T(\boldsymbol{e}_1) = \boldsymbol{e}_1 = \begin{pmatrix} 1 \\ 0 \\ 0 \end{pmatrix}, \quad T(\boldsymbol{e}_2) = \boldsymbol{e}_2 = \begin{pmatrix} 0 \\ 1 \\ 0 \end{pmatrix}, \quad T(\boldsymbol{e}_1) = \mathbf{0} = \begin{pmatrix} 0 \\ 0 \\ 0 \end{pmatrix}$$

であるから, (3.10) より

$$A = \begin{pmatrix} 1 & 0 & 0 \\ 0 & 1 & 0 \\ 0 & 0 & 0 \end{pmatrix}$$

$T_A : \mathbb{R}^3 \to \mathbb{R}^2$ を

$$A = \begin{pmatrix} -1 & 2 & 1 \\ 3 & 0 & 6 \end{pmatrix}$$

に対応する線形変換とする．標準基底ベクトルの像は行列 A の列から直接得られて，

$$T_A\begin{pmatrix}1\\0\\0\end{pmatrix}=\begin{pmatrix}-1\\3\end{pmatrix},\quad T_A\begin{pmatrix}0\\1\\0\end{pmatrix}=\begin{pmatrix}2\\0\end{pmatrix},\quad T_A\begin{pmatrix}0\\0\\1\end{pmatrix}=\begin{pmatrix}1\\6\end{pmatrix}.$$

標準基底以外の基底の場合，すなわち $V\subset\mathbb{R}^n$ の基底が $\boldsymbol{a}_1,\ \boldsymbol{a}_2,\ \ldots,\ \boldsymbol{a}_n$, $W\subset\mathbb{R}^m$ の基底が $\boldsymbol{b}_1,\ \boldsymbol{b}_2,\ \ldots,\ \boldsymbol{b}_m$ であるとき，線形写像 $T:\mathbb{R}^n\to\mathbb{R}^m$ に対応する行列は

$$(\boldsymbol{b}_1|\boldsymbol{b}_2|\ldots|\boldsymbol{b}_m)^{-1}A(\boldsymbol{a}_1|\boldsymbol{a}_2|\ldots|\boldsymbol{a}_n)$$

で与えられることが知られている (詳細は略).

$\mathbb{R}^n$ から $\mathbb{R}^m$ への線形変換を定義したが，この考えを拡張し，1つのベクトル空間から別のベクトル空間への線形変換というより一般的な概念を定義しよう．$\mathbb{R}^n$ から $\mathbb{R}^m$ への線形変換は，最初，関数

$$T(x_1,x_2,\ldots,x_n)=(w_1,w_2,\ldots,w_m)$$

として定義され，$w_1,w_2,\ldots,w_m$ と $x_1,x_2,\ldots,x_n$ との関係を与える方程式は線形である．

まとめると，変換 $T:\mathbb{R}^n\longrightarrow\mathbb{R}^m$ が線形であるための必要十分条件は，2つの関係

$$T(\boldsymbol{u}+\boldsymbol{v})=T(\boldsymbol{u})+T(\boldsymbol{v})\quad かつ\quad T(c\boldsymbol{u})=cT(\boldsymbol{u})$$

が $\mathbb{R}^n$ の任意のベクトル $\boldsymbol{u},\ \boldsymbol{v}$ と任意のスカラー c について成り立つことであった．これらの性質は一般線形変換にも拡張して定義できる．

定義 $T:V\longrightarrow W$ が1つのベクトル空間 V から1つのベクトル空間 W への関数であるとき，V の任意のベクトル $\boldsymbol{u},\ \boldsymbol{v}$ とすべてのスカラー c について次が成り立つならば，T は V から W への**線形変換**であるという．

$$(1)\quad T(\boldsymbol{u}+\boldsymbol{v})=T(\boldsymbol{u})+T(\boldsymbol{v})\qquad (2)\quad T(c\boldsymbol{u})=cT(\boldsymbol{u})$$

$V=W$ という特別な場合，線形変換 $T:V\longrightarrow V$ は V 上の**線形作用素**と呼ばれる．

例 3.25 [5] W を内積ベクトル空間 V の有限次元部分空間であるとするとき，W の上への V の正射影は

$$T(\boldsymbol{v})=\mathrm{proj}_W\boldsymbol{v}$$

で定義される変換である．従って，$S=\{\boldsymbol{w_1},\boldsymbol{w_2},\ldots,\boldsymbol{w_r}\}$ が W の任意の正規直交基底であるとき，$T(\boldsymbol{v})$ は公式

$$T(\boldsymbol{v})=\mathrm{proj}_W\boldsymbol{v}=\langle\boldsymbol{v},\boldsymbol{w_1}\rangle\,\boldsymbol{w_1}+\langle\boldsymbol{v},\boldsymbol{w_2}\rangle\,\boldsymbol{w_2}+\cdots+\langle\boldsymbol{v},\boldsymbol{w_r}\rangle\,\boldsymbol{w_r}$$

[5] この例は 4.3 節を学んだ後.

で与えられる[6]. T が線形変換であることの証明は, 内積空間の性質から導かれる. すなわち,

$$\begin{aligned}T(\boldsymbol{u}+\boldsymbol{v}) &= \langle \boldsymbol{u}+\boldsymbol{v}, \boldsymbol{w_1}\rangle \boldsymbol{w_1} + \langle \boldsymbol{u}+\boldsymbol{v}, \boldsymbol{w_2}\rangle \boldsymbol{w_2} + \cdots + \langle \boldsymbol{u}+\boldsymbol{v}, \boldsymbol{w_r}\rangle \boldsymbol{w_r} \\ &= \langle \boldsymbol{u}, \boldsymbol{w_1}\rangle \boldsymbol{w_1} + \langle \boldsymbol{u}, \boldsymbol{w_2}\rangle \boldsymbol{w_2} + \cdots + \langle \boldsymbol{u}, \boldsymbol{w_r}\rangle \boldsymbol{w_r} \\ &\qquad + \langle \boldsymbol{v}, \boldsymbol{w_1}\rangle \boldsymbol{w_1} + \langle \boldsymbol{v}, \boldsymbol{w_2}\rangle \boldsymbol{w_2} + \cdots + \langle \boldsymbol{v}, \boldsymbol{w_r}\rangle \boldsymbol{w_r} \\ &= T(\boldsymbol{u}) + T(\boldsymbol{v}), \\ T(k\boldsymbol{u}) &= \langle k\boldsymbol{u}, \boldsymbol{w_1}\rangle \boldsymbol{w_1} + \langle k\boldsymbol{u}, \boldsymbol{w_2}\rangle \boldsymbol{w_2} + \cdots + \langle k\boldsymbol{u}, \boldsymbol{w_r}\rangle \boldsymbol{w_r} \\ &= k(\langle \boldsymbol{u}, \boldsymbol{w_1}\rangle \boldsymbol{w_1} + \langle \boldsymbol{u}, \boldsymbol{w_2}\rangle \boldsymbol{w_2} + \cdots + \langle \boldsymbol{u}, \boldsymbol{w_r}\rangle \boldsymbol{w_r}) \\ &= kT(\boldsymbol{u})\,.\end{aligned}$$

定理 3.18 $T : V \to W$ が線形変換ならば, 次が成り立つ.

(1) $T(\mathbf{0}) = \mathbf{0}$

(2) $T(-\boldsymbol{v}) = -T(\boldsymbol{v}) \quad \forall \boldsymbol{v} \in V$

(3) $T(\boldsymbol{v} - \boldsymbol{w}) = T(\boldsymbol{v}) - T(\boldsymbol{w}) \quad \forall \boldsymbol{v}, \forall \boldsymbol{w} \in V$

証明

(1) $\boldsymbol{v}$ を V の任意のベクトルとする. $0\boldsymbol{v} = \mathbf{0}$ であるから,

$$T(\mathbf{0}) = T(0\boldsymbol{v}) = 0T(\boldsymbol{v}) = \mathbf{0}\,.$$

(2)

$$T(-\boldsymbol{v}) = T((-1)\boldsymbol{v}) = (-1)T(\boldsymbol{v}) = -T(\boldsymbol{v})\,.$$

(3) $\boldsymbol{v} - \boldsymbol{w} = \boldsymbol{v} + (-1)\boldsymbol{w}$ だから,

$$\begin{aligned}T(\boldsymbol{v} - \boldsymbol{w}) &= T(\boldsymbol{v} + (-1)\boldsymbol{w}) \\ &= T(\boldsymbol{v}) + (-1)T(\boldsymbol{w}) \\ &= T(\boldsymbol{v}) - T(\boldsymbol{w})\,.\end{aligned}$$

言いかえると, 定理 3.18(1) は線形変換が $\mathbf{0}$ を $\mathbf{0}$ に移すことをいっている. この性質は, 変換が線形でないことを確かめるのに役立つ. 例えば, $\boldsymbol{x}_0$ が $\mathbb{R}^2$ の固定した零でないベクトルとするとき,

$$T(\boldsymbol{x}) = \boldsymbol{x} + \boldsymbol{x}_0$$

という変換は, 各ベクトル $\boldsymbol{x}$ を距離 $\|\boldsymbol{x}_0\|$ だけ $\boldsymbol{x}_0$ に平行な方向に写すという幾何学的性質をもっている. これは線形変換ではない. というのは, $T(\mathbf{0}) = \boldsymbol{x}_0$ だから T は $\mathbf{0}$ を $\mathbf{0}$ に写さないからである.

[6] 定理 4.8

T が行列変換ならば, T に対応する行列は標準基底ベクトルの像から得られる. すなわち, 行列変換は標準基底ベクトルの像によって完全に決定される. このことは一般の結果の特別の場合である. $T : V \to W$ が線形変換であり, $\{\boldsymbol{v}_1, \boldsymbol{v}_2, \ldots, \boldsymbol{v}_n\}$ が V の任意のベクトルであるとき, V の任意のベクトル $\boldsymbol{v}$ の像 $T(\boldsymbol{v})$ は, 基底ベクトルの像

$$T(\boldsymbol{v}_1), T(\boldsymbol{v}_2), \ldots, T(\boldsymbol{v}_n)$$

から計算できる. このことは, $\boldsymbol{v}$ を基底ベクトルの線形結合として, 例えば

$$\boldsymbol{v} = c_1\boldsymbol{v}_1 + c_2\boldsymbol{v}_2 + \cdots + c_n\boldsymbol{v}_n$$

と表し,

$$\begin{aligned} T(\boldsymbol{v}) &= T(c_1\boldsymbol{v}_1 + c_2\boldsymbol{v}_2 + \cdots + c_n\boldsymbol{v}_n) \\ &= c_1T(\boldsymbol{v}_1) + c_2T(\boldsymbol{v}_2) + \cdots + c_nT(\boldsymbol{v}_n) \end{aligned}$$

と書くことによってなされる. よって, 線形変換は基底ベクトルの任意の集合の像によって完全に決定される.

練習問題 3.4

1. 次の線形写像 f に対応する行列 A_f を求めよ. （基底は標準基底とする）
   (1) $f : \mathbb{R}^2 \to \mathbb{R}^2$, $f(-2, -1) = (-4, -5)$, $f(1, 3) = (7, 0)$
   (2) $f : \mathbb{R}^3 \to \mathbb{R}^3$, $f(a_1, a_2, a_3) = (a_1 - 4a_2 + a_3, 2a_1 + a_2 - 3a_2, 7a_2 + 5a_3)$
2. 次の写像 f が線形写像であるならば, 対応する行列を求めよ.
   (1) $f : \mathbb{R}^3 \to \mathbb{R}^2$, $f(a_1, a_2, a_3) = (2a_2 - a_3, 3a_1 + 2a_2)$
   (2) $f : \mathbb{R}^2 \to \mathbb{R}^3$, $f(a_1, a_2) = (a_1 + a_2, a_1 - a_2, a_1a_2)$
3. 次の写像（変換）は線形写像（変換）であるか. 線形写像（変換）であればそれに対応する行列を求めよ.
   (1) $f : \mathbb{R}^2 \to \mathbb{R}^2$, $f(x_1, x_2) = (3x_1 - x_2, 2x_2)$
   (2) $f : \mathbb{R}^3 \to \mathbb{R}^2$, $f(x_1, x_2, x_3) = (x_1 + x_2 + 1, x_1 + x_3 + 1)$
   (3) $f : \mathbb{R}^3 \to \mathbb{R}^2$, $f(x_1, x_2, x_3) = (x_1x_2 - x_3, x_3 - x_2)$
   (4) $f : \mathbb{R}^3 \to \mathbb{R}^3$, $f(x_1, x_2, x_3) = (x_1, x_2, 0)$
   (5) $f : \mathbb{R}^3 \to \mathbb{R}^3$, $f(x_1, x_2, x_3) = (x_2x_3 + x_1, x_2 + x_1x_3, x_3 - 1)$
4. 次の写像 f が線形写像であるかどうか調べよ.
   (1) $f : \mathbb{R}^3 \to \mathbb{R}^3$, $f(a_1, a_2, a_3) = (a_1, a_2 + 1, a_1 - a_3)$
   (2) $f : \mathbb{R}^2 \to \mathbb{R}^3$, $f(a_1, a_2) = (a_1 - a_2, a_1 + 2a_2, 3a_1 + 4a_2)$
5. 次の線形変換に対応する行列を求めよ.
   (1) $\mathbb{R}^3$ の元 $\boldsymbol{x} = (x_1, x_2, x_3)$ に $\mathbb{R}^2$ の元 $\boldsymbol{y} = (x_1, x_3)$ を対応させる変換
   (2) 2 次の整式 $P(x)$ に $P(x+1)$ を対応させる変換
   (3) 平面上のベクトル $\boldsymbol{x} = (x_1, x_2)$ を原点のまわりに角 θ だけ回転し, それを x 軸対称したベクトル $\boldsymbol{y} = (y_1, y_2)$ を対応させる変換

3.5 核と像

定義 $T : V \longrightarrow W$ が線形変換のとき, T が $\mathbf{0}$ に写す V のベクトル集合を T の**核**と呼び $\mathrm{Ker}(T)$ で表す. V の各ベクトルの T による像全体は W のベクトルの部分集合になるが, これを T の**像**と呼び $\mathrm{Im}(T)$ で表す.

例 3.26 $T_A : \mathbb{R}^n \longrightarrow \mathbb{R}^m$ が $m \times n$ 行列 A に対応する線形変換であるとき, T_A の核は A の零ベクトル空間であり, T_A の像は A の列空間である.

例 3.27 $T : \mathbb{R}^3 \longrightarrow \mathbb{R}^3$ を xy 平面上への正射影であるとする. T の核は T が $\mathbf{0} = (0, 0, 0)$ の中へ写す点の集合である. これらは z 軸上の点である. T は $\mathbb{R}^3$ のすべての点を xy 平面の中に写すから, T の像はこの平面のある部分集合でなければならない. ところが xy 平面上のすべての点 $(x_0, y_0, 0)$ はある点の T による像であるから, 実は $(x_0, y_0, 0)$ を通る垂線上のすべての点の像になる. よって, $\mathrm{Im}(T)$ は xy 平面全体である.

定理 3.19 $T : V \to W$ が線形変換であるとき,

(1) T の核は V の部分空間である.

(2) T の像は W の部分空間である.

証明 (1) $\mathrm{Ker}(T)$ が部分空間となるには, $\mathrm{Ker}(T)$ が少なくとも 1 個のベクトルを含み, 加法とスカラー積の下で閉じている必要がある. 定理 3.18(1) より, ベクトル $\mathbf{0}$ は $\mathrm{Ker}(T)$ の要素であるから, この集合には少なくとも 1 個のベクトルがある. $\boldsymbol{v}_1$ と $\boldsymbol{v}_2$ が $\mathrm{Ker}(T)$ のベクトルであり k を任意のスカラーであるとすると,

$$T(\boldsymbol{v}_1 + \boldsymbol{v}_2) = T(\boldsymbol{v}_1) + T(\boldsymbol{v}_2) = \mathbf{0} + \mathbf{0} = \mathbf{0}$$

であるから, $\boldsymbol{v}_1 + \boldsymbol{v}_2$ は $\mathrm{Ker}(T)$ の要素である. また,

$$T(k\boldsymbol{v}_1) = kT(\boldsymbol{v}_1) = k\mathbf{0} = \mathbf{0}$$

であるから, $k\boldsymbol{v}_1$ は $\mathrm{Ker}(T)$ の要素である.
(2) $T(\mathbf{0}) = \mathbf{0}$ であるから, $\mathrm{Im}(T)$ には少なくとも 1 個のベクトルがある. $\boldsymbol{w}_1$ と $\boldsymbol{w}_2$ を T の像のベクトル, k を任意のスカラーとする. $\boldsymbol{w}_1 + \boldsymbol{w}_2$ と $k\boldsymbol{w}_1$ が $\mathrm{Im}(T)$ の要素であることを示す. すなわち, $T(\boldsymbol{a}) = \boldsymbol{w}_1 + \boldsymbol{w}_2$, $T(\boldsymbol{b}) = k\boldsymbol{w}_1$ となるベクトル $\boldsymbol{a}$ と $\boldsymbol{b}$ を見つける必要がある. $\boldsymbol{w}_1$ と $\boldsymbol{w}_2$ は T の像であるから, $T(\boldsymbol{a}_1) = \boldsymbol{w}_1$, $T(\boldsymbol{a}_2) = \boldsymbol{w}_2$ となる V のベクトル $\boldsymbol{a}_1$ と $\boldsymbol{a}_2$ がある. $\boldsymbol{a} = \boldsymbol{a}_1 + \boldsymbol{a}_2$, $\boldsymbol{b} = k\boldsymbol{a}_1$ とすると,

$$T(\boldsymbol{a}) = T(\boldsymbol{a}_1 + \boldsymbol{a}_2) = T(\boldsymbol{a}_1) + T(\boldsymbol{a}_2) = \boldsymbol{w}_1 + \boldsymbol{w}_2$$
$$T(\boldsymbol{b}) = T(k\boldsymbol{a}_1) = kT(\boldsymbol{a}_1) = k\boldsymbol{w}_1$$

となり, 定理が証明された.

例 3.28 $T_A:\mathbb{R}^6\to\mathbb{R}^4$ が

$$A=\begin{pmatrix}-1 & 2 & 0 & 4 & 5 & -3\\ 3 & -7 & 2 & 0 & 1 & 4\\ 2 & -5 & 2 & 4 & 6 & 1\\ 4 & -9 & 2 & -4 & -4 & 7\end{pmatrix}$$

に対応する線形変換であるとき, T_A の像と核の次元を求めよ.

A を簡易階段行列にすると

$$A\longrightarrow\begin{pmatrix}1 & 0 & -4 & -28 & -37 & 13\\ 0 & 1 & -2 & -12 & -16 & 5\\ 0 & 0 & 0 & 0 & 0 & 0\\ 0 & 0 & 0 & 0 & 0 & 0\end{pmatrix}$$

となる. すべてが 0 とならない行が 2 つあるから, 行空間と列空間は両方とも 2 次元である. よって, $\dim\bigl(\mathrm{Im}(A)\bigr)=\mathrm{rank}A=2$

A の核の次元を求めるために, 連立方程式 $A\boldsymbol{x}=\boldsymbol{0}$ の解空間の次元を求めなければならない. 上の行列より, 連立方程式

$$\begin{cases}x_1-4x_3-28x_4-37x_5+13x_6=0\\ x_2-2x_3-12x_4-16x_5+\ \ 5x_6=0\end{cases}$$

を得る. 例えば, $x_3=r$, $x_4=s$, $x_5=t$, $x_6=u$ とおくことにより, 連立方程式の一般解は

$$\begin{cases}x_1=4r+28s+37t-13u\\ x_2=2r+12s+16t-5u\\ x_3=r\\ x_4=s\\ x_5=t\\ x_6=u\end{cases}$$

すなわち,

$$\begin{pmatrix}x_1\\x_2\\x_3\\x_4\\x_5\\x_6\end{pmatrix}=r\begin{pmatrix}4\\2\\1\\0\\0\\0\end{pmatrix}+s\begin{pmatrix}28\\12\\0\\1\\0\\0\end{pmatrix}+t\begin{pmatrix}37\\16\\0\\0\\1\\0\end{pmatrix}+u\begin{pmatrix}-13\\-5\\0\\0\\0\\1\end{pmatrix}$$

この右辺の 4 つのベクトルは解空間の基底を成しているから, $\dim\bigl(\mathrm{Ker}(A)\bigr)=4$

定理 3.20 (線形変換の次元定理) $T:V\to W$ が n 次元ベクトル空間 V からベクトル空間 W への線形変換であるとき,

$$\dim\bigl(\mathrm{Ker}(T)\bigr)+\dim\bigl(\mathrm{Im}(T)\bigr)=n$$

証明 $1 \leq \dim\bigl(\mathrm{Ker}(T)\bigr) < n$である場合を証明しよう. $\dim\bigl(\mathrm{Ker}(T)\bigr) = 0$と$\dim\bigl(\mathrm{Ker}(T)\bigr) = n$の場合は省略する. $\dim\bigl(\mathrm{Ker}(T)\bigr) = r$であると仮定し, $\boldsymbol{v}_1$, ..., $\boldsymbol{v}_r$を核の基底とする. $\{\boldsymbol{v}_1, \ldots, \boldsymbol{v}_r\}$は線形独立であるから, $\{\boldsymbol{v}_1, \ldots, \boldsymbol{v}_r, \boldsymbol{v}_{r+1}, \ldots, \boldsymbol{v}_n\}$が$V$の基底となるような$n-r$個のベクトル$\boldsymbol{v}_{r+1}$, ..., $\boldsymbol{v}_n$がある. 集合$S = \{T(\boldsymbol{v}_{r+1}), \ldots, T(\boldsymbol{v}_n)\}$の中の$n-r$個のベクトルが$T$の像の基底をなすことを示そう. そうすれば,

$$\dim(\mathrm{Im}(T)) + \dim\bigl(\mathrm{Ker}(T)\bigr) = (n-r) + r = n$$

となって, 定理が証明される.

まず, SはTの像空間を張る. $\boldsymbol{b}$がTの像空間の任意のベクトルであるとき, Vのあるベクトル$\boldsymbol{v}$に対して$\boldsymbol{b} = T(\boldsymbol{v})$がいえる. $\{\boldsymbol{v}_1, \ldots, \boldsymbol{v}_r, \boldsymbol{v}_{r+1}, \ldots, \boldsymbol{v}_n\}$が$V$の基底であるから, ベクトル$\boldsymbol{v}$は

$$\boldsymbol{v} = c_1\boldsymbol{v}_1 + \cdots + c_r\boldsymbol{v}_r + c_{r+1}\boldsymbol{v}_{r+1} + \cdots + c_n\boldsymbol{v}_n$$

という形に書くことができる. $\boldsymbol{v}_1$, ..., $\boldsymbol{v}_r$はTの核空間にあるから,

$$T(\boldsymbol{v}_1) = \cdots = T(\boldsymbol{v}_r) = \boldsymbol{0}.$$

よって,

$$\boldsymbol{b} = T(\boldsymbol{v}) = c_{r+1}\boldsymbol{v}_{r+1} + \cdots + c_n\boldsymbol{v}_n$$

故に, SはVを張る.

次に, Sは線形独立である. スカラーk_{r+1}, ..., k_nに対して,

$$k_{r+1}T(\boldsymbol{v}_{r+1}) + \cdots + k_nT(\boldsymbol{v}_n) = \boldsymbol{0}. \tag{3.11}$$

が成り立つと仮定する. Tは線形であるから, (3.11) は

$$T(k_{r+1}\boldsymbol{v}_{r+1} + \cdots + k_n\boldsymbol{v}_n) = \boldsymbol{0}$$

と書くことができる. これより, $k_{r+1}\boldsymbol{v}_{r+1} + \cdots + k_n\boldsymbol{v}_n$は$T$の核空間である. したがって, このベクトルは基底ベクトル$\{\boldsymbol{v}_1, \ldots, \boldsymbol{v}_r\}$の線形結合として, 例えば

$$k_{r+1}\boldsymbol{v}_{r+1} + \cdots + k_n\boldsymbol{v}_n = k_1\boldsymbol{v}_1 + \cdots + k_r\boldsymbol{v}_r$$

という形で書くことができる. よって,

$$k_1\boldsymbol{v}_1 + \cdots + k_r\boldsymbol{v}_r - k_{r+1}\boldsymbol{v}_{r+1} - \cdots - k_n\boldsymbol{v}_n = \boldsymbol{0}$$

$\{\boldsymbol{v}_1, \ldots, \boldsymbol{v}_n\}$は線形独立であるから, $k_1 = \cdots = k_r = k_{r+1} = \cdots = k_n = 0$で, 特に$k_{r+1} = \cdots = k_n = 0$を得る. よって定理は証明された.

練習問題 3.5

1. 次の写像に対して, Ker(f), Im(f) をそれぞれ求めよ.

   (1) $f(a_1, a_2, a_3) = (a_1, 0, 0)$

   (2) $f(a_1, a_2, a_3) = (a_1 + a_2 + a_3, 0, 0)$

   (3) $f(a_1, a_2, a_3) = (0, 0, 0)$

   (4) $f(a_1, a_2, a_3) = (a_1, a_2, a_3)$

2. 次の写像 f について $\dim\bigl(\mathrm{Im}(f)\bigr)$ を求めよ.

   (1) $f : \mathbb{R}^2 \to \mathbb{R}^2$, $f(1, 0) = (1, -1)$, $f(0, 1) = (0, 7)$

   (2) $f : \mathbb{R}^3 \to \mathbb{R}^2$, $f(a_1, a_2, a_3) = (a_1 - 2a_2 + 3a_3, -4a_1 + 5a_2 - 6a_3)$

3. $\mathbb{R}^3$ の標準基底 $\boldsymbol{e_1}$, $\boldsymbol{e_2}$, $\boldsymbol{e_3}$ に対して

$$T(\boldsymbol{e_1}) = \boldsymbol{e_1} - \boldsymbol{e_3}, \qquad T(\boldsymbol{e_2}) = \boldsymbol{e_1} + \boldsymbol{e_2}, \qquad T(\boldsymbol{e_3}) = \boldsymbol{e_2} + \boldsymbol{e_3}$$

   と線形変換を定めるとき,

   (1) T の行列 A を求めよ.
   (2) Im(T) とその次元を求めよ.
   (3) Ker(T) とその次元を求めよ.

4. 次の行列 A で表される線形変換の像と核の基底と次元をそれぞれ求めよ.

$$(1)\ A = \begin{pmatrix} 2 & 1 & 0 & 0 \\ 0 & 2 & 1 & 0 \\ 0 & 0 & 2 & 1 \\ 0 & 0 & 0 & 0 \end{pmatrix} \qquad (2)\ A = \begin{pmatrix} 2 & -6 & 7 & 1 & 6 \\ 1 & -4 & 4 & -1 & 3 \\ 2 & -2 & 5 & 7 & 6 \\ 3 & -4 & 8 & 9 & 9 \end{pmatrix}$$

3.6 章末問題

1. 次の列ベクトルが1次独立か1次従属かどうか判定せよ.

$$(1)\quad \boldsymbol{a}_1 = \begin{pmatrix} -8 \\ 5 \\ 5 \end{pmatrix},\ \boldsymbol{a}_2 = \begin{pmatrix} 1 \\ 2 \\ -1 \end{pmatrix},\ \boldsymbol{a}_3 = \begin{pmatrix} -2 \\ 3 \\ 1 \end{pmatrix}$$

$$(2)\quad \boldsymbol{a}_1 = \begin{pmatrix} 1 \\ -1 \\ 3 \\ 2 \end{pmatrix},\ \boldsymbol{a}_2 = \begin{pmatrix} 0 \\ 2 \\ 1 \\ 1 \end{pmatrix},\ \boldsymbol{a}_3 = \begin{pmatrix} 3 \\ 1 \\ 1 \\ -1 \end{pmatrix}$$

$$(3)\quad \boldsymbol{a}_1 = \begin{pmatrix} 1 \\ 2 \\ -2 \end{pmatrix},\ \boldsymbol{a}_2 = \begin{pmatrix} 2 \\ -1 \\ -1 \end{pmatrix},\ \boldsymbol{a}_3 = \begin{pmatrix} 1 \\ 2 \\ 2 \end{pmatrix}$$

$$(4)\quad \boldsymbol{a}_1 = \begin{pmatrix} 1 \\ 2 \\ -1 \\ 2 \end{pmatrix},\ \boldsymbol{a}_2 = \begin{pmatrix} 1 \\ 1 \\ 3 \\ -1 \end{pmatrix},\ \boldsymbol{a}_3 = \begin{pmatrix} 1 \\ 4 \\ -9 \\ 8 \end{pmatrix}$$

2. 次の4つのベクトルが1次従属となる条件は何か.

$$\begin{pmatrix} 1 \\ 1 \\ 1 \\ 1 \end{pmatrix}, \quad \begin{pmatrix} a \\ 2 \\ 1 \\ 2 \end{pmatrix}, \quad \begin{pmatrix} -a \\ 0 \\ 1 \\ 1 \end{pmatrix}, \quad \begin{pmatrix} b \\ 1 \\ 1 \\ b \end{pmatrix}$$

3. 次のベクトルの組は 1 次独立になるか 1 次従属になるか.

(1) $\begin{pmatrix} 1 \\ 2 \\ 3 \end{pmatrix}, \begin{pmatrix} 3 \\ 1 \\ 2 \end{pmatrix}, \begin{pmatrix} -1 \\ 3 \\ 4 \end{pmatrix}$ (2) $\begin{pmatrix} 1 \\ 8 \\ 9 \\ 16 \end{pmatrix}, \begin{pmatrix} 2 \\ 7 \\ 10 \\ 15 \end{pmatrix}, \begin{pmatrix} 3 \\ 6 \\ 11 \\ 14 \end{pmatrix}, \begin{pmatrix} 4 \\ 5 \\ 12 \\ 13 \end{pmatrix}$

4. 次のベクトルは $\mathbb{R}^3$ の基底となるか.

(1) $\begin{pmatrix} 1 \\ 3 \\ 5 \end{pmatrix}, \begin{pmatrix} 3 \\ 5 \\ 1 \end{pmatrix}, \begin{pmatrix} 5 \\ 1 \\ 3 \end{pmatrix}$ (2) $\begin{pmatrix} 0 \\ 1 \\ -1 \end{pmatrix}, \begin{pmatrix} 2 \\ 0 \\ 2 \end{pmatrix}, \begin{pmatrix} 1 \\ 1 \\ 1 \end{pmatrix}$

(3) $\begin{pmatrix} -1 \\ -2 \\ 1 \end{pmatrix}, \begin{pmatrix} -3 \\ 5 \\ 1 \end{pmatrix}, \begin{pmatrix} -4 \\ 3 \\ 2 \end{pmatrix}$

5. 次の部分空間の 1 つの基底と次元を求めよ.

(1) $V = V(\begin{pmatrix} -1 \\ 4 \\ 3 \end{pmatrix}, \begin{pmatrix} 1 \\ -2 \\ -1 \end{pmatrix}, \begin{pmatrix} 3 \\ -2 \\ 1 \end{pmatrix})$ (2) $V = V(\begin{pmatrix} 1 \\ 0 \\ -2 \end{pmatrix}, \begin{pmatrix} 0 \\ -1 \\ 4 \end{pmatrix}, \begin{pmatrix} 3 \\ 8 \\ 3 \end{pmatrix})$

6. 次の部分空間の次元と基底を求めよ.

$$\left\{ \begin{pmatrix} x_1 \\ x_2 \\ x_3 \\ x_4 \end{pmatrix} \middle| \begin{pmatrix} 1 & 1 & 1 & 1 \\ 2 & 3 & 4 & 5 \\ 3 & 4 & 5 & 6 \end{pmatrix} \begin{pmatrix} x_1 \\ x_2 \\ x_3 \\ x_4 \end{pmatrix} = \begin{pmatrix} 0 \\ 0 \\ 0 \\ 0 \end{pmatrix} \right\}$$

7. 次の 4 つのベクトルで生成される $\mathbb{R}^4$ の部分空間の次元と基底を求めよ.

$$\boldsymbol{a_1} = \begin{pmatrix} 1 \\ 0 \\ 2 \\ -1 \end{pmatrix}, \quad \boldsymbol{a_2} = \begin{pmatrix} 3 \\ 1 \\ 2 \\ -2 \end{pmatrix}, \quad \boldsymbol{a_3} = \begin{pmatrix} -4 \\ 1 \\ 1 \\ 5 \end{pmatrix}, \quad \boldsymbol{a_4} = \begin{pmatrix} 3 \\ 3 \\ 7 \\ 0 \end{pmatrix}$$

8. 次の 5 つのベクトルで生成される $\mathbb{R}^4$ の部分空間の次元と基底を求めよ.

$$\boldsymbol{a_1} = \begin{pmatrix} 1 \\ 1 \\ -1 \\ -1 \end{pmatrix}, \quad \boldsymbol{a_2} = \begin{pmatrix} 3 \\ 2 \\ 1 \\ -2 \end{pmatrix}, \quad \boldsymbol{a_3} = \begin{pmatrix} 0 \\ 1 \\ -4 \\ -1 \end{pmatrix}, \quad \boldsymbol{a_4} = \begin{pmatrix} 1 \\ 2 \\ 3 \\ -2 \end{pmatrix}, \quad \boldsymbol{a_5} = \begin{pmatrix} 3 \\ 0 \\ 1 \\ 0 \end{pmatrix}$$

9. 次の部分集合 V は $\mathbb{R}^3$ の部分空間をなすか.

(1) $V = \{(a_1, a_2, a_3);\ a_1 + 2a_2 = 3,\ a_1, a_2, a_3 \in \mathbb{R}\}$
(2) $V = \{(a_1, a_2, a_3);\ a_1 + 2a_2 = 3a_3,\ a_1, a_2, a_3 \in \mathbb{R}\}$
(3) $V = \{(a_1, a_2, a_3);\ a_1, a_2, a_3$ は等差数列をなす, $a_1, a_2, a_3 \in \mathbb{R}\}$

第4章　内積空間

4.1　内積

$\boldsymbol{u} = (u_1, u_2, \ldots, u_n)$, $\boldsymbol{v} = (v_1, v_2, \ldots, v_n)$ が n 次元ユークリッド空間 $\mathbb{R}^n$ のベクトルであるとき, **ユークリッド内積**$\boldsymbol{u} \cdot \boldsymbol{v}$ は

$$\boldsymbol{u} \cdot \boldsymbol{v} = u_1 v_1 + u_2 v_2 + \cdots + u_n v_n$$

で定義される.

例 4.1 $\mathbb{R}^4$ におけるベクトル $\boldsymbol{u} = (3, 9, -2, -3)$ と $\boldsymbol{v} = (6, -1, 1, 0)$ のユークリッド内積は

$$\boldsymbol{u} \cdot \boldsymbol{v} = 3 \cdot 6 + 9 \cdot (-1) + (-2) \cdot 1 + (-3) \cdot 0 = 7$$

ユークリッド空間の内積に対して, 一般のベクトル空間の内積を表すのに $\langle \boldsymbol{u}, \boldsymbol{v} \rangle$ という記号を使おう.

定義　実ベクトル空間 V の**内積**は, V のベクトル $\boldsymbol{u}$, $\boldsymbol{v}$ の組に対して, $\langle \boldsymbol{u}, \boldsymbol{v} \rangle$ という実数を対応させる関数であり, V の任意のベクトル $\boldsymbol{u}$, $\boldsymbol{v}$, $\boldsymbol{w}$ と任意のスカラー k について次の公理を満たしている.

(1) $\langle \boldsymbol{u}, \boldsymbol{v} \rangle = \langle \boldsymbol{v}, \boldsymbol{u} \rangle$　(対称律)

(2) $\langle \boldsymbol{u} + \boldsymbol{v}, \boldsymbol{w} \rangle = \langle \boldsymbol{u}, \boldsymbol{w} \rangle + \langle \boldsymbol{v}, \boldsymbol{w} \rangle$　(分配律)

(3) $\langle k\boldsymbol{u}, \boldsymbol{v} \rangle = k \langle \boldsymbol{u}, \boldsymbol{v} \rangle$

(4) $\langle \boldsymbol{v}, \boldsymbol{v} \rangle \geq 0$. また $\langle \boldsymbol{v}, \boldsymbol{v} \rangle = 0$ となるための必要十分条件は $\boldsymbol{v} = \boldsymbol{0}$ となることである.

内積が定義されている実ベクトル空間を**実内積空間**と呼ぶ.

定義　V が内積空間のとき, V のベクトル $\boldsymbol{u}$ の**ノルム**または**長さ**を $\|\boldsymbol{u}\|$ で表し,

$$\|\boldsymbol{u}\| = \langle \boldsymbol{u}, \boldsymbol{u} \rangle^{1/2}$$

で定義する. 2つの点（ベクトル） $\boldsymbol{u}$ と $\boldsymbol{v}$ の間の**距離**を $d(\boldsymbol{u}, \boldsymbol{v})$ で表し,

$$d(\boldsymbol{u}, \boldsymbol{v}) = \|\boldsymbol{u} - \boldsymbol{v}\|$$

で定義する.

例 4.2 $\boldsymbol{u} = (u_1, u_2, \ldots, u_n)$ と $\boldsymbol{v} = (v_1, v_2, \ldots, v_n)$ がユークリッド内積空間 $\mathbb{R}^n$ のベクトルであるとき, $\boldsymbol{u}$ のノルムは

$$\|\boldsymbol{u}\| = \langle \boldsymbol{u}, \boldsymbol{u} \rangle^{1/2} = \sqrt{u_1^2 + u_2^2 + \cdots + u_n^2},$$

$\boldsymbol{u}$ と $\boldsymbol{v}$ の距離は

$$\begin{aligned} d(\boldsymbol{u}, \boldsymbol{v}) &= \|\boldsymbol{u} - \boldsymbol{v}\| = \langle \boldsymbol{u} - \boldsymbol{v}, \boldsymbol{u} - \boldsymbol{v} \rangle^{1/2} \\ &= \sqrt{(u_1 - v_1)^2 + (u_2 - v_2)^2 + \cdots + (u_n - v_n)^2} \end{aligned}$$

で与えられる.

例 4.3 ユークリッド空間 $\mathbb{R}^4$ のベクトル $\boldsymbol{u} = (2, -1, 7, -3)$ と $\boldsymbol{v} = (-2, -2, 1, -4)$ に対して, $\boldsymbol{u}$ のノルムは

$$\|\boldsymbol{u}\| = \sqrt{2^2 + (-1)^2 + 7^2 + (-3)^2} = \sqrt{63} = 3\sqrt{7},$$

$\boldsymbol{u}$ と $\boldsymbol{v}$ の距離は

$$d(\boldsymbol{u}, \boldsymbol{v}) = \sqrt{\big(2 - (-2)\big)^2 + \big(-1 - (-2)\big)^2 + (7 - 1)^2 + \big((-3) - (-4)\big)^2} = \sqrt{54}$$

である.

定理 4.1 $\boldsymbol{u}$, $\boldsymbol{v}$, $\boldsymbol{w}$ が実内積空間のベクトルであり, k が任意のスカラーであるとき,

(1) $\langle \boldsymbol{0}, \boldsymbol{v} \rangle = \langle \boldsymbol{v}, \boldsymbol{0} \rangle = 0$

(2) $\langle \boldsymbol{u}, \boldsymbol{v} + \boldsymbol{w} \rangle = \langle \boldsymbol{u}, \boldsymbol{v} \rangle + \langle \boldsymbol{u}, \boldsymbol{w} \rangle$

(3) $\langle \boldsymbol{u}, k\boldsymbol{v} \rangle = k \langle \boldsymbol{u}, \boldsymbol{v} \rangle$

(4) $\langle \boldsymbol{u} - \boldsymbol{v}, \boldsymbol{w} \rangle = \langle \boldsymbol{u}, \boldsymbol{w} \rangle - \langle \boldsymbol{v}, \boldsymbol{w} \rangle$

(5) $\langle \boldsymbol{u}, \boldsymbol{v} - \boldsymbol{w} \rangle = \langle \boldsymbol{u}, \boldsymbol{v} \rangle - \langle \boldsymbol{u}, \boldsymbol{w} \rangle$

証明 (2) を証明しよう. 他も同様にして証明される. ベクトル空間の内積の定義 (1), (2) より

$$\begin{aligned} \langle \boldsymbol{u}, \boldsymbol{v} + \boldsymbol{w} \rangle &= \langle \boldsymbol{v} + \boldsymbol{w}, \boldsymbol{u} \rangle \\ &= \langle \boldsymbol{v}, \boldsymbol{u} \rangle + \langle \boldsymbol{w}, \boldsymbol{u} \rangle \\ &= \langle \boldsymbol{u}, \boldsymbol{v} \rangle + \langle \boldsymbol{u}, \boldsymbol{w} \rangle \end{aligned}$$

練習問題 4.1

1. 次のユークリッド内積 $\boldsymbol{u} \cdot \boldsymbol{v}$ を求めよ.

(1) $\boldsymbol{u} = (-6, -2)$, $\boldsymbol{v} = (5, -2)$

(2) $\boldsymbol{u} = (-4, 3, 3)$, $\boldsymbol{v} = (0, 7, -3)$

(3) $\boldsymbol{u} = (1, -1, -4, -5)$, $\boldsymbol{v} = (2, 1, 4, -3)$

(4) $\boldsymbol{u} = (3, -1, 4, 4, -3)$, $\boldsymbol{v} = (4, 2, -4, 2, -1)$

2. $\boldsymbol{u}$ と $\boldsymbol{v}$ の間のユークリッド距離を求めよ.

(1) $\boldsymbol{u} = (1, -2)$, $\boldsymbol{v} = (2, 1)$

(2) $\boldsymbol{u} = (-4, 6, 1)$, $\boldsymbol{v} = (-3, 4, -3)$

(3) $\boldsymbol{u} = (0, -2, -2, 7)$, $\boldsymbol{v} = (-6, -2, 4, 1)$

(4) $\boldsymbol{u} = (3, 1, -2, -2, -1)$, $\boldsymbol{v} = (-4, -1, -4, -1, 3)$

3. $\boldsymbol{u} = (3, 0, -2, 0)$, $\boldsymbol{v} = (0, 7, -2, -4)$, $\boldsymbol{w} = (2, 1, -4, -6)$ のとき, 次を求めよ.

(1) $\|\boldsymbol{u} + \boldsymbol{v}\|$ (2) $\|\boldsymbol{u}\| + \|\boldsymbol{v}\|$ (3) $\|-2\boldsymbol{u}\| + 2\|\boldsymbol{v}\|$

(4) $\|2\boldsymbol{u} - 3\boldsymbol{v} + \boldsymbol{w}\|$ (5) $\|2\boldsymbol{u}\| - \|3\boldsymbol{v}\| + \|\boldsymbol{w}\|$ (6) $\left\|\frac{1}{\|\boldsymbol{w}\|}\boldsymbol{w}\right\|$

4.2 直交化

内積ベクトル空間の 2 つのベクトルのなす角の概念を定義する.

定理 4.2 (コーシー-シュワルツの不等式) $\boldsymbol{u}$ と $\boldsymbol{v}$ が実内積空間のベクトルであるとき,

$$|\langle \boldsymbol{u}, \boldsymbol{v} \rangle| \leq \|\boldsymbol{u}\|\,\|\boldsymbol{v}\|$$

証明 $\boldsymbol{u} = \boldsymbol{0}$ ならば, $\langle \boldsymbol{u}, \boldsymbol{v} \rangle = \langle \boldsymbol{u}, \boldsymbol{u} \rangle = 0$ より両辺は 0 で等しい. $\boldsymbol{u} \neq \boldsymbol{0}$ と仮定する. $a = \langle \boldsymbol{u}, \boldsymbol{u} \rangle$, $b = 2\langle \boldsymbol{u}, \boldsymbol{v} \rangle$, $c = \langle \boldsymbol{v}, \boldsymbol{v} \rangle$ とおき, t を任意の実数とする. どんなベクトルでもそれ自身との内積は常に非負であるから,

$$\begin{aligned} 0 \leq \langle t\boldsymbol{u} + \boldsymbol{v}, t\boldsymbol{u} + \boldsymbol{v} \rangle &= \langle \boldsymbol{u}, \boldsymbol{u} \rangle t^2 + 2\langle \boldsymbol{u}, \boldsymbol{v} \rangle t + \langle \boldsymbol{v}, \boldsymbol{v} \rangle \\ &= at^2 + bt + c \end{aligned}$$

この不等式より, 2 次多項式 $at^2 + bt + c$ は実根をもたないか実数の重解をもつ. この場合の判別式は $b^2 - 4ac \leq 0$ となる. a, b, c の代わりにベクトル $\boldsymbol{u}$, $\boldsymbol{v}$ を使って表すと, $4\langle \boldsymbol{u}, \boldsymbol{v} \rangle^2 - 4\langle \boldsymbol{u}, \boldsymbol{u} \rangle \langle \boldsymbol{v}, \boldsymbol{v} \rangle \leq 0$, すなわち

$$\langle \boldsymbol{u}, \boldsymbol{v} \rangle^2 \leq \langle \boldsymbol{u}, \boldsymbol{u} \rangle \langle \boldsymbol{v}, \boldsymbol{v} \rangle$$

両辺の平方根を取って, $|\langle \boldsymbol{u}, \boldsymbol{v} \rangle| \leq \langle \boldsymbol{u}, \boldsymbol{u} \rangle^{1/2} \langle \boldsymbol{v}, \boldsymbol{v} \rangle^{1/2}$, すなわち $|\langle \boldsymbol{u}, \boldsymbol{v} \rangle| \leq \|\boldsymbol{u}\|\,\|\boldsymbol{v}\|$.

例 4.4 $\boldsymbol{u} = (u_1, u_2, \ldots, u_n)$ と $\boldsymbol{v} = (v_1, v_2, \ldots, v_n)$ が n 次元ユークリッド空間 $\mathbb{R}^n$ のベクトルならば,

$$|\boldsymbol{u} \cdot \boldsymbol{v}| \leq \|\boldsymbol{u}\| \, \|\boldsymbol{v}\|$$

すなわち

$$|u_1 v_1 + u_2 v_2 + \cdots + u_n v_n| \leq (u_1^2 + u_2^2 + \cdots + u_n^2)^{1/2} (v_1^2 + v_2^2 + \cdots + v_n^2)^{1/2}$$

となる.

コーシー-シュワルツの不等式の両辺を自乗すると

$$\langle \boldsymbol{u}, \boldsymbol{v} \rangle^2 \leq \|\boldsymbol{u}\|^2 \|\boldsymbol{v}\|^2$$

となるから, 両辺を $\|\boldsymbol{u}\|^2 \|\boldsymbol{v}\|^2$ で割って

$$\left(\frac{\langle \boldsymbol{u}, \boldsymbol{v} \rangle}{\|\boldsymbol{u}\| \, \|\boldsymbol{v}\|} \right)^2 \leq 1 ,$$

これは

$$-1 \leq \frac{\langle \boldsymbol{u}, \boldsymbol{v} \rangle}{\|\boldsymbol{u}\| \, \|\boldsymbol{v}\|} \leq 1 .$$

と同値である. ここで角 θ を 0 から π まで取ると, $\cos\theta$ は -1 から 1 までの値をちょうど 1 回ずつ取る. よって,

$$\cos\theta = \frac{\langle \boldsymbol{u}, \boldsymbol{v} \rangle}{\|\boldsymbol{u}\| \, \|\boldsymbol{v}\|} \qquad (0 \leq \theta \leq \pi)$$

となるような角 θ が一意に存在する. この θ を $\boldsymbol{u}$ と $\boldsymbol{v}$ の**なす角**と定義する.

例 4.5 4 次元内積ユークリッド空間 $\mathbb{R}^4$ のベクトル $\boldsymbol{u} = (3, 2, 1, -2)$, $\boldsymbol{v} = (-2, 1, 3, 4)$ のなす角 θ の $\cos$ を求めよ.

$\|\boldsymbol{u}\| = \sqrt{18}$, $\|\boldsymbol{v}\| = \sqrt{30}$, $\langle \boldsymbol{u}, \boldsymbol{v} \rangle = -9$ であるから,

$$\cos\theta = \frac{\langle \boldsymbol{u}, \boldsymbol{v} \rangle}{\|\boldsymbol{u}\| \, \|\boldsymbol{v}\|} = -\frac{9}{\sqrt{18}\sqrt{30}} = -\frac{3}{2\sqrt{15}} .$$

なす角の定義から, $\boldsymbol{u}$ と $\boldsymbol{v}$ が内積空間の零でないベクトルで θ がそのなす角ならば, $\cos\theta = 0$ であるための必要十分条件は $\langle \boldsymbol{u}, \boldsymbol{v} \rangle = 0$ となることである. すなわち, 零でないベクトルに対して, $\langle \boldsymbol{u}, \boldsymbol{v} \rangle = 0$ であるための必要十分条件は $\theta = \pi/2$ となることである. このことから次の定義がされる.

定義　内積空間の 2 つのベクトル $\boldsymbol{u}$ と $\boldsymbol{v}$ は, $\langle \boldsymbol{u}, \boldsymbol{v} \rangle = 0$ のとき**直交している**という.

定理 4.3 (ピタゴラスの定理の一般化) $\boldsymbol{u}$ と $\boldsymbol{v}$ が内積空間の直交ベクトルであるとき,

$$\|\boldsymbol{u} + \boldsymbol{v}\|^2 = \|\boldsymbol{u}\|^2 + \|\boldsymbol{v}\|^2$$

証明 $\boldsymbol{u}$ と $\boldsymbol{v}$ が直交しているから $\langle \boldsymbol{u}, \boldsymbol{v} \rangle = 0$ であり，

$$\begin{aligned}\|\boldsymbol{u}+\boldsymbol{v}\|^2 &= \langle \boldsymbol{u}+\boldsymbol{v}, \boldsymbol{u}+\boldsymbol{v} \rangle = \|\boldsymbol{u}\|^2 + 2\langle \boldsymbol{u}, \boldsymbol{v} \rangle + \|\boldsymbol{v}\|^2 \\ &= \|\boldsymbol{u}\|^2 + \|\boldsymbol{v}\|^2 .\end{aligned}$$

ユークリッド内積空間 $\mathbb{R}^3$ の原点を通る平面を V とするとき, V のどのベクトルにも直交するすべてのベクトルの集合は, V に垂直な原点を通る直線 L をなす．このとき, 直線と平面は互いに**直交補**であるという．次の定義はこの概念を一般の内積空間に拡張する．

定義 W を内積空間 V の部分空間とする．V のベクトル $\boldsymbol{u}$ が W と**直交している**とは, $\boldsymbol{u}$ が W のどのベクトルにも直交しているときをいう．W と直交している V のすべてのベクトルの集合を W の**直交補空間**と呼び, $W^\perp$ と書く．

次の定理は直交補空間の基本性質を挙げている．

定理 4.4 W が有限次元内積空間 V の部分空間であるとき,

(1) $W^\perp$ は V の部分空間である．

(2) W と $W^\perp$ の両方に共通している唯一のベクトルは $\boldsymbol{0}$ である．

(3) $W^\perp$ の直交補空間は W である．すなわち, $(W^\perp)^\perp = W$.

証明 (1) と (2) を示そう．
(1) W の任意のベクトル $\boldsymbol{w}$ に対して $\langle \boldsymbol{0}, \boldsymbol{w} \rangle = 0$ であるから, $W^\perp$ は少なくとも零ベクトルを含んでいる．$W^\perp$ が加法とスカラー倍の下閉じていることを示そう．すなわち, $W^\perp$ の 2 つのベクトルの和が W のどのベクトルにも直交しており, $W^\perp$ のベクトルのスカラー倍が W のどのベクトルにも直交していることを示そう．ベクトル $\boldsymbol{u}, \boldsymbol{v} \in W^\perp$, ベクトル $\boldsymbol{w} \in W$ を取ると, $W^\perp$ の定義より, $\langle \boldsymbol{u}, \boldsymbol{w} \rangle = 0$ かつ $\langle \boldsymbol{v}, \boldsymbol{w} \rangle = 0$ である．また, 任意のスカラーを k とすると, 内積空間の基本性質を使って,

$$\begin{aligned}\langle \boldsymbol{u}+\boldsymbol{v}, \boldsymbol{w} \rangle &= \langle \boldsymbol{u}, \boldsymbol{w} \rangle + \langle \boldsymbol{v}, \boldsymbol{w} \rangle = 0 + 0 = 0, \\ \langle k\boldsymbol{u}, \boldsymbol{w} \rangle &= k\langle \boldsymbol{u}, \boldsymbol{w} \rangle = k \cdot 0 = 0 .\end{aligned}$$

よって, $\boldsymbol{u}+\boldsymbol{v}, k\boldsymbol{u} \in W^\perp$ がいえた．
(2) $\boldsymbol{v}$ が W と $W^\perp$ の両方に共通ならば, $\langle \boldsymbol{v}, \boldsymbol{v} \rangle = 0$. 内積の定義より, $\boldsymbol{v} = \boldsymbol{0}$.

練習問題 4.2

1. 与えられたベクトルがユークリッド内積に関して直交するかどうか定めよ．

(1)	$\boldsymbol{u} = (-1, 3, 2), \boldsymbol{v} = (4, 2, -1)$	(2)	$\boldsymbol{u} = (-2, -2, -2), \boldsymbol{v} = (1, 1, 1)$
(3)	$\boldsymbol{u} = (a, b, c), \boldsymbol{v} = (0, 0, 0)$	(4)	$\boldsymbol{u} = (-4, 6, -10, 1), \boldsymbol{v} = (2, 1, -2, 9)$
(5)	$\boldsymbol{u} = (0, 3, -2, 1), \boldsymbol{v} = (5, 2, -1, 0)$	(6)	$\boldsymbol{u} = (a, b), \boldsymbol{v} = (b, -a)$

2. $\boldsymbol{u}$ と $\boldsymbol{v}$ のなす角の余弦を求めよ.

(1) $\boldsymbol{u}=(1,-3), \boldsymbol{v}=(2,4)$　(2) $\boldsymbol{u}=(-1,0), \boldsymbol{v}=(3,8)$
(3) $\boldsymbol{u}=(-1,5,2), \boldsymbol{v}=(2,4,-9)$　(4) $\boldsymbol{u}=(4,1,8), \boldsymbol{v}=(1,0,-3)$
(5) $\boldsymbol{u}=(1,0,1,0), \boldsymbol{v}=(-3,-3,-3,-3)$　(6) $\boldsymbol{u}=(2,1,7,-1), \boldsymbol{v}=(4,0,0,0)$

3. $\boldsymbol{u}$ と $\boldsymbol{v}$ が直交するような k の値を求めよ.

(1) $\boldsymbol{u}=(2,1,3), \boldsymbol{v}=(1,7,k)$　(2) $\boldsymbol{u}=(k,k,1),\ \boldsymbol{v}=(k,5,6)$

4. ユークリッド内積を使って, 与えられたベクトルに対してコーシー-シュワルツの不等式が成り立つことを確かめよ.

(1) $\boldsymbol{u}=(3,2), \boldsymbol{v}=(4,-1)$　(2) $\boldsymbol{u}=(-3,1,0), \boldsymbol{v}=(2,-1,3)$
(3) $\boldsymbol{u}=(-4,2,1), \boldsymbol{v}=(8,-4,-2)$　(4) $\boldsymbol{u}=(0,-2,2,1), \boldsymbol{v}=(-1,-1,1,1)$

5. $\mathbb{R}^4$ のベクトル $\boldsymbol{a}=(1,1,-2,2)$, $\boldsymbol{b}=(-1,2,1,-2)$ に対して, $\|\boldsymbol{a}\|$, $\|\boldsymbol{b}\|$, $\boldsymbol{a}\cdot\boldsymbol{b}$, $\boldsymbol{a}$ と $\boldsymbol{b}$ のなす角 θ, $\boldsymbol{a}$ と $\boldsymbol{b}$ の両方に垂直なベクトルを求めよ.

6. $\boldsymbol{a}=\begin{pmatrix}-1\\1\\2\end{pmatrix}, \boldsymbol{b}=\begin{pmatrix}1\\0\\-1\end{pmatrix}$ のなす角 θ を求めよ.

7. $\mathbb{R}^3$ のユークリッド空間において $\boldsymbol{a}=\begin{pmatrix}1\\0\\2\end{pmatrix}$ と $\boldsymbol{b}=\begin{pmatrix}2\\1\\2\end{pmatrix}$ に直交する単位ベクトルを求めよ.

4.3　正規直交化

定義　内積空間のベクトル集合は, その集合のどのベクトルどうしも直交しているならば**直交系**と呼ばれる. どのベクトルも長さが1である直交系は**正規直交系**と呼ばれる.

例 4.6 $\boldsymbol{u_1}=(1,0,1)$, $\boldsymbol{u_2}=(0,1,0)$, $\boldsymbol{u_3}=(-1,0,1)$ とすると, ユークリッド内積空間 $\mathbb{R}^3$ において $\langle\boldsymbol{u_1},\boldsymbol{u_2}\rangle=\langle\boldsymbol{u_1},\boldsymbol{u_3}\rangle=\langle\boldsymbol{u_2},\boldsymbol{u_3}\rangle=0$ であるから, ベクトルの集合 $S=\{\boldsymbol{u_1},\boldsymbol{u_3},\boldsymbol{u_3}\}$ は直交系である.

$\boldsymbol{v}$ が内積空間の零ベクトルでないならば, ベクトル

$$\frac{1}{\|\boldsymbol{v}\|}\boldsymbol{v}$$

は長さが1である. というのは,

$$\left\|\frac{1}{\|\boldsymbol{v}\|}\boldsymbol{v}\right\|=\left|\frac{1}{\|\boldsymbol{v}\|}\right|\|\boldsymbol{v}\|=\frac{1}{\|\boldsymbol{v}\|}\|\boldsymbol{v}\|=1\,.$$

零でないベクトル $\boldsymbol{v}$ にその長さの逆数を掛けて単位ベクトルを作るプロセスを $\boldsymbol{v}$ の**正規化**という. 零でないベクトルの直交系は常に, それらのベクトルをそれぞれ正規化することによって正規直交系に変換することができる.

例 4.7 上の例 4.6 のベクトルの長さは

$$\|\boldsymbol{u_1}\| = \sqrt{2}, \quad \|\boldsymbol{u_2}\| = 1, \quad \|\boldsymbol{u_3}\| = \sqrt{2}$$

である．$\boldsymbol{u_1}$, $\boldsymbol{u_2}$, $\boldsymbol{u_3}$ をそれぞれ正規化すると，

$$\boldsymbol{v_1} = \frac{\boldsymbol{u_1}}{\|\boldsymbol{u_1}\|} = \left(\frac{1}{\sqrt{2}}, 1, \frac{1}{\sqrt{2}}\right), \qquad \boldsymbol{v_2} = \frac{\boldsymbol{u_2}}{\|\boldsymbol{u_2}\|} = (0, 1, 0),$$
$$\boldsymbol{v_3} = \frac{\boldsymbol{u_3}}{\|\boldsymbol{u_3}\|} = \left(-\frac{1}{\sqrt{2}}, 1, \frac{1}{\sqrt{2}}\right)$$

集合 $S = \{\boldsymbol{v_1}, \boldsymbol{v_2}, \boldsymbol{v_3}\}$ は

$$\langle \boldsymbol{v_1}, \boldsymbol{v_2} \rangle = \langle \boldsymbol{v_1}, \boldsymbol{v_3} \rangle = \langle \boldsymbol{v_2}, \boldsymbol{v_3} \rangle \quad \text{かつ} \quad \|\boldsymbol{v_1}\| = \|\boldsymbol{v_2}\| = \|\boldsymbol{v_3}\| = 1$$

であることが示されるので，正規直交系である．

内積空間において，正規直交ベクトルをなす基底を**正規直交基底**と呼び，直交ベクトルをなす基底を**直交基底**と呼ぶ．正規直交基底のおなじみの例は，ユークリッド内積空間 $\mathbb{R}^3$ の標準基底

$$\boldsymbol{e_1} = (1, 0, 0), \quad \boldsymbol{e_2} = (0, 1, 0), \quad \boldsymbol{e_3} = (0, 0, 1)$$

である．これらは直交座標系の基底である．より一般には，ユークリッド内積空間 $\mathbb{R}^n$ の標準基底

$$\boldsymbol{e_1} = (1, 0, 0, \ldots, 0), \quad \boldsymbol{e_2} = (0, 1, 0, \ldots, 0), \quad \ldots, \quad \boldsymbol{e_n} = (0, 0, \ldots, 0, 1)$$

は正規直交基底である．

次の定理は，正規直交基底を使ってベクトルを表すことが非常に簡単であることを示している．この定理からもわかるように，内積空間の正規直交基底を求めることは大変重要である．

定理 4.5 $S = \{\boldsymbol{v_1}, \boldsymbol{v_2}, \ldots, \boldsymbol{v_n}\}$ が内積空間 V の正規直交基底であるとき，V の任意のベクトル $\boldsymbol{u}$ に対して

$$\boldsymbol{u} = \langle \boldsymbol{u}, \boldsymbol{v_1} \rangle \boldsymbol{v_1} + \langle \boldsymbol{u}, \boldsymbol{v_2} \rangle \boldsymbol{v_2} + \cdots + \langle \boldsymbol{u}, \boldsymbol{v_n} \rangle \boldsymbol{v_n}$$

証明 $S = \{\boldsymbol{v_1}, \boldsymbol{v_2}, \ldots, \boldsymbol{v_n}\}$ が基底であるから，ベクトル $\boldsymbol{u}$ は

$$\boldsymbol{u} = k_1\boldsymbol{v_1} + k_2\boldsymbol{v_2} + \cdots + k_n\boldsymbol{v_n}$$

という形に表すことができる．$i = 1, 2, \ldots, n$ に対して $k_i = \langle \boldsymbol{u}, \boldsymbol{v_i} \rangle$ であることを示せば，証明は完成する．S の各ベクトル $\boldsymbol{v_i}$ に対して

$$\begin{aligned} \langle \boldsymbol{u}, \boldsymbol{v_i} \rangle &= \langle k_1\boldsymbol{v_1} + k_2\boldsymbol{v_2} + \cdots + k_n\boldsymbol{v_n}, \boldsymbol{v_i} \rangle \\ &= k_1 \langle \boldsymbol{v_1}, \boldsymbol{v_i} \rangle + k_2 \langle \boldsymbol{v_2}, \boldsymbol{v_i} \rangle + \cdots + k_i \langle \boldsymbol{v_i}, \boldsymbol{v_i} \rangle + \cdots + k_n \langle \boldsymbol{v_n}, \boldsymbol{v_i} \rangle . \end{aligned}$$

$S = \{\boldsymbol{v_1}, \boldsymbol{v_2}, \ldots, \boldsymbol{v_n}\}$ は正規直交系であるから，

$$\langle \boldsymbol{v_i}, \boldsymbol{v_i} \rangle = \|\boldsymbol{v_i}\|^2 = 1, \qquad \langle \boldsymbol{v_j}, \boldsymbol{v_i} \rangle = 0 \quad (j \neq i).$$

したがって，$\langle \boldsymbol{u}, \boldsymbol{v_i} \rangle = k_1 \cdot 0 + k_2 \cdot 0 + \cdots + k_i \cdot 1 + \cdots + k_n \cdot 0 = k_i$ を得る．

この定理におけるスカラー

$$\langle \boldsymbol{u}, \boldsymbol{v_1} \rangle, \quad \langle \boldsymbol{u}, \boldsymbol{v_2} \rangle, \quad \cdots, \quad \langle \boldsymbol{u}, \boldsymbol{v_n} \rangle$$

を, 正規直交基底 $S = \{\boldsymbol{v_1}, \boldsymbol{v_2}, \ldots, \boldsymbol{v_n}\}$ に関するベクトル $\boldsymbol{u}$ の**座標**といい,

$$(\boldsymbol{u})_S = (\langle \boldsymbol{u}, \boldsymbol{v_1} \rangle, \quad \langle \boldsymbol{u}, \boldsymbol{v_2} \rangle, \quad \cdots, \quad \langle \boldsymbol{u}, \boldsymbol{v_n} \rangle)$$

をこの基底に関する $\boldsymbol{u}$ の**座標ベクトル**ということがある.

$S = \{\boldsymbol{v_1}, \boldsymbol{v_2}, \ldots, \boldsymbol{v_n}\}$ がベクトル空間 V の直交ベクトルならば, これらのベクトルのそれぞれを正規化することによって, 正規直交基底

$$S' = \left\{ \frac{\boldsymbol{v_1}}{\|\boldsymbol{v_1}\|}, \frac{\boldsymbol{v_2}}{\|\boldsymbol{v_2}\|}, \ldots, \frac{\boldsymbol{v_n}}{\|\boldsymbol{v_n}\|} \right\}$$

を得る. よって, V の任意のベクトル $\boldsymbol{u}$ に対して,

$$\begin{aligned}\boldsymbol{u} &= \left\langle \boldsymbol{u}, \frac{\boldsymbol{v_1}}{\|\boldsymbol{v_1}\|} \right\rangle \frac{\boldsymbol{v_1}}{\|\boldsymbol{v_1}\|} + \left\langle \boldsymbol{u}, \frac{\boldsymbol{v_2}}{\|\boldsymbol{v_2}\|} \right\rangle \frac{\boldsymbol{v_2}}{\|\boldsymbol{v_2}\|} + \cdots + \left\langle \boldsymbol{u}, \frac{\boldsymbol{v_n}}{\|\boldsymbol{v_n}\|} \right\rangle \frac{\boldsymbol{v_n}}{\|\boldsymbol{v_n}\|} \\ &= \frac{\langle \boldsymbol{u}, \boldsymbol{v_1} \rangle}{\|\boldsymbol{v_1}\|^2} \boldsymbol{v_1} + \frac{\langle \boldsymbol{u}, \boldsymbol{v_2} \rangle}{\|\boldsymbol{v_2}\|^2} \boldsymbol{v_2} + \cdots + \frac{\langle \boldsymbol{u}, \boldsymbol{v_n} \rangle}{\|\boldsymbol{v_n}\|^2} \boldsymbol{v_n}\end{aligned}$$

この公式により, $\boldsymbol{u}$ が正規直交基底 S のベクトルの線形結合として表される.

明らかに, $\mathbb{R}^3$ の零ベクトルでないベクトル $\boldsymbol{v_1}$, $\boldsymbol{v_2}$, $\boldsymbol{v_3}$ が互いに直交しているとき, これらのベクトルのいずれもが他の 2 つがなすのと同じ平面上に存在しない. すなわち, ベクトルは線形独立である. 次の定理はこの結果を一般化する.

定理 4.6 $S = \{\boldsymbol{v_1}, \boldsymbol{v_2}, \ldots, \boldsymbol{v_n}\}$ が内積空間の零ベクトルでないベクトルの直交集合ならば, S は線形独立である.

証明

$$k_1\boldsymbol{v_1} + k_2\boldsymbol{v_2} + \cdots + k_n\boldsymbol{v_n} = \boldsymbol{0}$$

であると仮定する. $k_1 = k_2 = \cdots = k_n = 0$ であることが示されれば, $S = \{\boldsymbol{v_1}, \boldsymbol{v_2}, \ldots, \boldsymbol{v_n}\}$ が線形独立であることになる.

S の各ベクトル $\boldsymbol{v_i}$ に対して,

$$\langle k_1\boldsymbol{v_1} + k_2\boldsymbol{v_2} + \cdots + k_n\boldsymbol{v_n}, \boldsymbol{v_i} \rangle = \langle \boldsymbol{0}, \boldsymbol{v_i} \rangle = 0$$

すなわち

$$k_1 \langle \boldsymbol{v_1}, \boldsymbol{v_i} \rangle + \cdots + k_i \langle \boldsymbol{v_i}, \boldsymbol{v_i} \rangle + \cdots + k_n \langle \boldsymbol{v_n}, \boldsymbol{v_i} \rangle = 0$$

S の直交性より, $\langle \boldsymbol{v_j}, \boldsymbol{v_i} \rangle = 0$ $(j \neq i)$ であるから, この方程式は $k_i \langle \boldsymbol{v_i}, \boldsymbol{v_i} \rangle = 0$ となる. S のどのベクトルも零ベクトルでないから, $\langle \boldsymbol{v_i}, \boldsymbol{v_i} \rangle \neq 0$. よって, $k_i = 0$. 添字の i は任意に取れるから, $k_1 = k_2 = \cdots = k_n = 0$. ゆえに, S は線形独立である.

例 4.8 ベクトル

$$\boldsymbol{v_1} = \left(\frac{1}{\sqrt{2}}, 0, \frac{1}{\sqrt{2}}\right), \quad \boldsymbol{v_2} = (0, 1, 0), \quad \boldsymbol{v_3} = \left(-\frac{1}{\sqrt{2}}, 0, \frac{1}{\sqrt{2}}\right)$$

はユークリッド内積空間 $\mathbb{R}^3$ に対して直交集合をなした（例 4.7）．上の定理より，これらのベクトルは線形独立な集合をなし，$\mathbb{R}^3$ は 3 次元であるから $S = \{\boldsymbol{v_1}, \boldsymbol{v_2}, \boldsymbol{v_3}\}$ は $\mathbb{R}^3$ に関する直交基底である．

さて，内積空間に関する直交基底や正規直交基底を作るのに役立つ幾つかの結果をさらに発展させよう．

幾何学的に明らかなように，ユークリッド内積空間 $\mathbb{R}^2$ や $\mathbb{R}^3$ において，W が原点を通る直線や平面のとき，内積空間の各ベクトル $\boldsymbol{u}$ は

$$\boldsymbol{u} = \boldsymbol{w_1} + \boldsymbol{w_2}$$

という和として表すことができる．ここで，$\boldsymbol{w_1}$ は W 上にあり，$\boldsymbol{w_2}$ は W に垂直な空間 $W^{\perp}$ 上にある．この結果は，次の一般的な定理の特別な場合である．

定理 4.7 (射影定理) W が内積空間 V の有限次元部分空間であるとき，V のどのベクトル $\boldsymbol{u}$ も

$$\boldsymbol{u} = \boldsymbol{w_1} + \boldsymbol{w_2}$$

とちょうど 1 通りに表すことができる．ここで，$\boldsymbol{w_1}$ は W 上にあり $\boldsymbol{w_2}$ は $W^{\perp}$ 上にある．

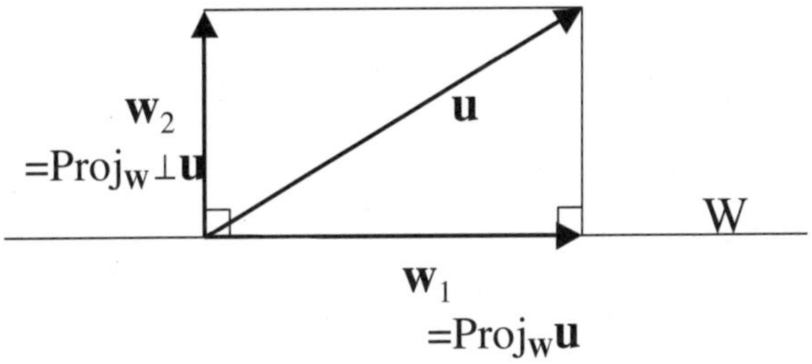

この定理で，ベクトル $\boldsymbol{w_1}$ は W 上の $\boldsymbol{u}$ の**直交射影**または**正射影**と呼ばれ，$\mathrm{proj}_W \boldsymbol{u}$ で表す．ベクトル $\boldsymbol{w_2}$ は W に対するの $\boldsymbol{u}$ の**直交補**と呼ばれ，$\mathrm{proj}_{W^{\perp}} \boldsymbol{u}$ で表す．よって，射影定理の公式は

$$\boldsymbol{u} = \mathrm{proj}_W \boldsymbol{u} + \mathrm{proj}_{W^{\perp}} \boldsymbol{u}$$

という形で書くことができる．$\boldsymbol{w_2} = \boldsymbol{u} - \boldsymbol{w_1}$ であるから，

$$\mathrm{proj}_{W^{\perp}} \boldsymbol{u} = \boldsymbol{u} - \mathrm{proj}_W \boldsymbol{u},$$

すなわち公式は

$$\boldsymbol{u} = \mathrm{proj}_W \boldsymbol{u} + (\boldsymbol{u} - \mathrm{proj}_W \boldsymbol{u})$$

としても書くことができる．

直交射影は次の定理によって求められる．この定理は定理 4.5 の発展である (証明は略).

定理 4.8 W を内積空間 V の有限次元部分空間とする．

(1) $\{\boldsymbol{v_1}, \boldsymbol{v_2}, \ldots, \boldsymbol{v_r}\}$ が W の正規直交基底で, $\boldsymbol{u}$ が V の任意のベクトルであるとき,

$$\mathrm{proj}_W \boldsymbol{u} = \langle \boldsymbol{u}, \boldsymbol{v_1} \rangle \boldsymbol{v_1} + \langle \boldsymbol{u}, \boldsymbol{v_2} \rangle \boldsymbol{v_2} + \cdots + \langle \boldsymbol{u}, \boldsymbol{v_r} \rangle \boldsymbol{v_r}$$

(2) $\{\boldsymbol{v_1}, \boldsymbol{v_2}, \ldots, \boldsymbol{v_r}\}$ が W の直交基底で, $\boldsymbol{u}$ が V の任意のベクトルであるとき,

$$\mathrm{proj}_W \boldsymbol{u} = \frac{\langle \boldsymbol{u}, \boldsymbol{v_1} \rangle}{\|\boldsymbol{v_1}\|^2} \boldsymbol{v_1} + \frac{\langle \boldsymbol{u}, \boldsymbol{v_2} \rangle}{\|\boldsymbol{v_2}\|^2} \boldsymbol{v_2} + \cdots + \frac{\langle \boldsymbol{u}, \boldsymbol{v_r} \rangle}{\|\boldsymbol{v_r}\|^2} \boldsymbol{v_r}$$

例 4.9 ユークリッド内積空間 $\mathbb{R}^3$ において, W が正規直交ベクトル $\boldsymbol{v_1} = (0,1,0)$, $\boldsymbol{v_2} = (-\frac{4}{5}, 0, \frac{3}{5})$ で張られる部分空間とする．定理の最初の公式から, $\boldsymbol{u} = (1,1,1)$ の W 上への直交射影は

$$\begin{aligned} \mathrm{proj}_W \boldsymbol{u} &= \langle \boldsymbol{u}, \boldsymbol{v_1} \rangle \boldsymbol{v_1} + \langle \boldsymbol{u}, \boldsymbol{v_2} \rangle \boldsymbol{v_2} \\ &= 1 \cdot (0,1,1) + (-\frac{1}{5})(-\frac{4}{5}, 0, \frac{3}{5}) \\ &= (\frac{4}{25}, 1, -\frac{3}{25}). \end{aligned}$$

$\boldsymbol{u}$ の W への直交補は,

$$\mathrm{proj}_{W^\perp} \boldsymbol{u} = \boldsymbol{u} - \mathrm{proj}_W \boldsymbol{u} = (1,1,1) - (\frac{4}{25}, 1, -\frac{3}{25}) = (\frac{21}{25}, 0, \frac{28}{25}).$$

$\mathrm{proj}_{W^\perp} \boldsymbol{u}$ は $\boldsymbol{v_1}$ と $\boldsymbol{v_2}$ の両方に直交していることがわかるから（確かめよ！）, $\boldsymbol{v_1}$ と $\boldsymbol{v_2}$ によって張られる空間 W のどのベクトルにも直交する．

ここまでで, 正規直交基底には多くの役立つ性質があることがわかった．次の定理は, この節で最も重要な結果であると言ってよく, どんな零でない有限次元ベクトル空間も正規直交基底をもつことを示している．この結果の証明は極めて重要である．というのは, この証明そのものが, 任意の基底を正規直交基底に変換するアルゴリズムとその方法を与えているからである．

定理 4.9 どんな零でない有限次元内積空間も正規直交基底をもつ．

証明 V を任意の零でない有限次元内積空間とし, $\{\boldsymbol{u_1}, \boldsymbol{u_2}, \ldots, \boldsymbol{u_n}\}$ を V の任意の基底であると仮定する．V が直交基底をもつことを示せば十分である．なぜなら, 直交基底のベクトルは V に関する正規直交基底に正規化できるからである．次の一連のステップにより, V に関する直交基底 $\{\boldsymbol{v_1}, \boldsymbol{v_2}, \ldots, \boldsymbol{v_n}\}$ を作られる．

ステップ 1　$\boldsymbol{v_1} = \boldsymbol{u_1}$ とする.

ステップ 2　$\boldsymbol{v_1}$ に直交するベクトル $\boldsymbol{v_2}$ を得るために, $\boldsymbol{v_1}$ で張られる空間 W_1 への $\boldsymbol{u_2}$ の直交補を計算する. 定理 4.8 (2) を $r = 2$ として使って,

$$\boldsymbol{v_2} = \boldsymbol{u_2} - \mathrm{proj}_{W_1}\boldsymbol{u_2} = \boldsymbol{u_2} - \frac{\langle \boldsymbol{u_2}, \boldsymbol{v_1} \rangle}{\|\boldsymbol{v_1}\|^2}\boldsymbol{v_1}$$

もちろん, $\boldsymbol{v_2} = \boldsymbol{0}$ ならば, $\boldsymbol{v_2}$ は基底ベクトルではない. ところがこうしたことは起こらない. というのは, もし $\boldsymbol{v_2} = \boldsymbol{0}$ だったとすると, $\boldsymbol{v_2}$ に関する式から

$$\boldsymbol{u_2} = \frac{\langle \boldsymbol{u_2}, \boldsymbol{v_1} \rangle}{\|\boldsymbol{v_1}\|^2}\boldsymbol{v_1} = \frac{\langle \boldsymbol{u_2}, \boldsymbol{v_1} \rangle}{\|\boldsymbol{u_1}\|^2}\boldsymbol{u_1}$$

となって $\boldsymbol{u_2}$ が $\boldsymbol{u_1}$ のスカラー倍になる. これは基底 $S = \{\boldsymbol{u_1}, \boldsymbol{u_2}, \ldots, \boldsymbol{u_n}\}$ が線形独立であることに反する.

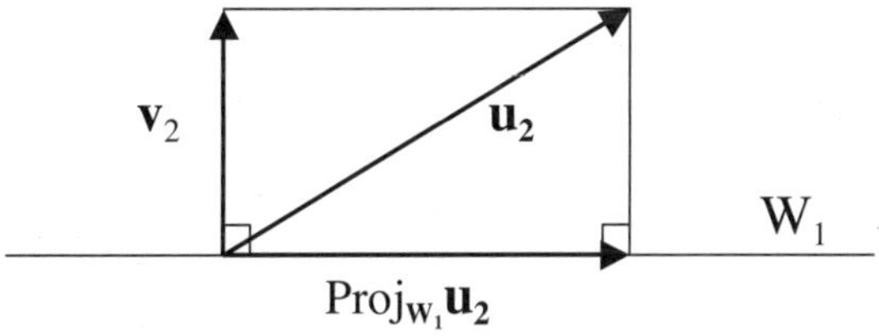

ステップ 3　$\boldsymbol{v_1}$ と $\boldsymbol{v_2}$ の両方に直交するベクトル $\boldsymbol{v_3}$ を作るために, $\boldsymbol{v_1}$ と $\boldsymbol{v_2}$ によって張られる空間 W_2 への $\boldsymbol{u_3}$ の直交補を計算する. 定理 4.8 (2) で $r = 3$ のときから,

$$\boldsymbol{v_3} = \boldsymbol{u_3} - \mathrm{proj}_{W_2}\boldsymbol{u_3} = \boldsymbol{u_3} - \frac{\langle \boldsymbol{u_3}, \boldsymbol{v_1} \rangle}{\|\boldsymbol{v_1}\|^2}\boldsymbol{v_1} - \frac{\langle \boldsymbol{u_3}, \boldsymbol{v_2} \rangle}{\|\boldsymbol{v_2}\|^2}\boldsymbol{v_2}$$

ステップ 2 のように, $\{\boldsymbol{u_1}, \boldsymbol{u_2}, \ldots, \boldsymbol{u_n}\}$ が線形独立であるから, $\boldsymbol{v_3} \neq \boldsymbol{0}$ であることが保証される.

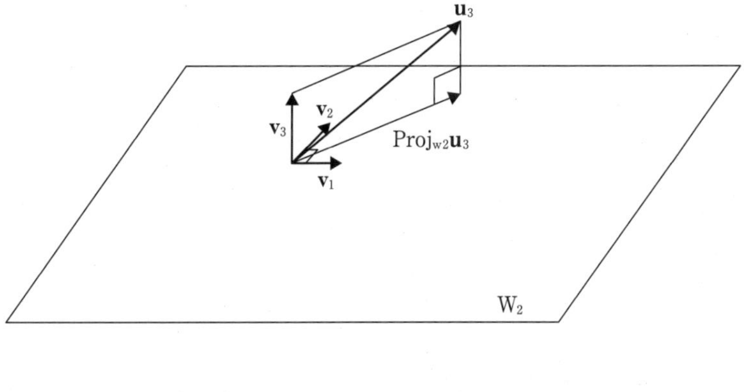

ステップ 4　$\boldsymbol{v_1}$, $\boldsymbol{v_2}$, $\boldsymbol{v_3}$ に直交するベクトル $\boldsymbol{v_4}$ を求めるために, $\boldsymbol{v_1}$, $\boldsymbol{v_2}$, $\boldsymbol{v_3}$ によって張られる空間 W_3 への $\boldsymbol{u_4}$ の直交補を計算する. 定理 4.8 (2) で $r=4$ のときから,

$$\boldsymbol{v_4} = \boldsymbol{u_4} - \mathrm{proj}_{W_3}\boldsymbol{u_4} = \boldsymbol{u_4} - \frac{\langle \boldsymbol{u_4}, \boldsymbol{v_1}\rangle}{\|\boldsymbol{v_1}\|^2}\boldsymbol{v_1} - \frac{\langle \boldsymbol{u_4}, \boldsymbol{v_2}\rangle}{\|\boldsymbol{v_2}\|^2}\boldsymbol{v_2} - \frac{\langle \boldsymbol{u_4}, \boldsymbol{v_3}\rangle}{\|\boldsymbol{v_3}\|^2}\boldsymbol{v_3}\,.$$

このように続けていくと, n ステップの後, ベクトルの直交集合 $\{\boldsymbol{v_1}, \boldsymbol{v_2}, \ldots, \boldsymbol{v_n}\}$ を得る. V は n 次元でどの直交集合も線形独立であるから, 集合 $\{\boldsymbol{v_1}, \boldsymbol{v_2}, \ldots, \boldsymbol{v_n}\}$ は V の直交基底である.

任意の基底を正規直交基底に変換するこのような段階的構成法を**グラム-シュミットの直交化法**と呼ぶ.

例 4.10 ベクトル空間 $\mathbb{R}^3$ のユークリッド内積空間において, グラム-シュミットの直交化法を適用して, 基底ベクトル $\boldsymbol{u_1} = (1,1,1)$, $\boldsymbol{u_2} = (0,1,1)$, $\boldsymbol{u_3} = (0,0,1)$ を直交基底 $\{\boldsymbol{v_1}, \boldsymbol{v_2}, \boldsymbol{v_3}\}$ に変換しよう. 最後に直交基底ベクトルを正規化すれば, 正規直交基底 $\{\boldsymbol{q_1}, \boldsymbol{q_2}, \boldsymbol{q_3}\}$ を得る.
ステップ 1 . $\boldsymbol{v_1} = \boldsymbol{u_1} = (1,1,1)$ とする.
ステップ 2 .

$$\begin{aligned}\boldsymbol{v_2} &= \boldsymbol{u_2} - \mathrm{proj}_{W_1}\boldsymbol{u_2} = \boldsymbol{u_2} - \frac{\langle \boldsymbol{u_2}, \boldsymbol{v_1}\rangle}{\|\boldsymbol{v_1}\|^2}\boldsymbol{v_1} \\ &= (0,1,1) - \frac{2}{3}(1,1,1) = \left(-\frac{2}{3}, \frac{1}{3}, \frac{1}{3}\right)\end{aligned}$$

ステップ 3 .

$$\begin{aligned}\boldsymbol{v_3} &= \boldsymbol{u_3} - \mathrm{proj}_{W_2}\boldsymbol{u_3} = \boldsymbol{u_3} - \frac{\langle \boldsymbol{u_3}, \boldsymbol{v_1}\rangle}{\|\boldsymbol{v_1}\|^2}\boldsymbol{v_1} - \frac{\langle \boldsymbol{u_3}, \boldsymbol{v_2}\rangle}{\|\boldsymbol{v_2}\|^2}\boldsymbol{v_2} \\ &= (0,0,1) - \frac{1}{3}(1,1,1) - \frac{1/3}{2/3}\left(-\frac{2}{3}, \frac{1}{3}, \frac{1}{3}\right) \\ &= \left(0, -\frac{1}{2}, \frac{1}{2}\right)\end{aligned}$$

よって,

$$\boldsymbol{v_1} = (1,1,1), \quad \boldsymbol{v_2} = \left(-\frac{2}{3}, \frac{1}{3}, \frac{1}{3}\right), \quad \boldsymbol{v_3} = \left(0, -\frac{1}{2}, \frac{1}{2}\right)$$

は $\mathbb{R}^3$ の直交基底をなす. これらのベクトルの長さは

$$\|\boldsymbol{v_1}\| = \sqrt{3}, \quad \|\boldsymbol{v_2}\| = \frac{\sqrt{6}}{3}, \quad \|\boldsymbol{v_3}\| = \frac{1}{\sqrt{2}}$$

だから, $\mathbb{R}^3$ の正規直交基底は

$$\begin{aligned}&\boldsymbol{q_1} = \frac{\boldsymbol{v_1}}{\|\boldsymbol{v_1}\|} = \left(\frac{1}{\sqrt{3}}, \frac{1}{\sqrt{3}}, \frac{1}{\sqrt{3}}\right), \quad \boldsymbol{q_2} = \frac{\boldsymbol{v_2}}{\|\boldsymbol{v_2}\|} = \left(-\frac{2}{\sqrt{6}}, \frac{1}{\sqrt{6}}, \frac{1}{\sqrt{6}}\right), \\ &\boldsymbol{q_3} = \frac{\boldsymbol{v_3}}{\|\boldsymbol{v_3}\|} = \left(0, -\frac{1}{\sqrt{2}}, \frac{1}{\sqrt{2}}\right)\end{aligned}$$

注. この例では, グラム-シュミットの直交化法を使って直交基底を求め, すべての直交基底が求め終わった後で, 正規化して正規直交基底を得た. その代わりに, 直交ベクトルを求めるとすぐにそれを正規化し, 以下1つのステップごとに正規ベクトルを求めることにより段階的に正規直交基底を生成していくこともできる. ところがこのやり方は, より多くの平方根を扱わなければならないという点であまり勧められない.

最後の正規化を伴ったグラム-シュミットの直交化法は, 任意の基底 $\{\boldsymbol{u_1}, \boldsymbol{u_2}, \ldots, \boldsymbol{u_n}\}$ を正規直交基底 $\{\boldsymbol{q_1}, \boldsymbol{q_2}, \ldots, \boldsymbol{q_n}\}$ に変換するだけではなく, $k \geq 2$ に対して次のような関係をみたす.

1. $\{\boldsymbol{q_1}, \boldsymbol{q_2}, \ldots, \boldsymbol{q_k}\}$ は $\{\boldsymbol{u_1}, \boldsymbol{u_2}, \ldots, \boldsymbol{u_k}\}$ によって張られる空間の正規直交基底である.
2. $\boldsymbol{q_k}$ は $\{\boldsymbol{u_1}, \boldsymbol{u_2}, \ldots, \boldsymbol{u_{k-1}}\}$ によって張られる空間に直交する.

練習問題 4.3

1. $\mathbb{R}^2$ のユークリッド内積空間に関して, 次のベクトルの集合は直交するか.

   (1) $(0,1), (2,0)$　　(2) $(-1/\sqrt{2}, 1/\sqrt{2}), (1/\sqrt{2}, 1/\sqrt{2})$
   (3) $(-1/\sqrt{2}, -1/\sqrt{2}), (1/\sqrt{2}, 1/\sqrt{2})$　　(4) $(0,0), (0,1)$

2. $\mathbb{R}^2$ のユークリッド内積空間に関して, 問題1のベクトルの集合は正規直交するか.
3. $\mathbb{R}^3$ のユークリッド内積空間に関して, 次のベクトルの集合は直交するか.

   (1) $\left(\frac{1}{\sqrt{2}}, 0, \frac{1}{\sqrt{2}}\right),\ \left(\frac{1}{\sqrt{3}}, \frac{1}{\sqrt{3}}, -\frac{1}{\sqrt{3}}\right),\ \left(-\frac{1}{\sqrt{2}}, 0, \frac{1}{\sqrt{2}}\right)$

   (2) $\left(\frac{2}{3}, -\frac{2}{3}, \frac{1}{3}\right),\ \left(\frac{2}{3}, \frac{1}{3}, -\frac{2}{3}\right),\ \left(\frac{1}{3}, \frac{2}{3}, \frac{2}{3}\right)$

   (3) $(1,0,0),\ \left(0, \frac{1}{\sqrt{2}}, \frac{1}{\sqrt{2}}\right),\ (0,0,1)$

   (4) $\left(\frac{1}{\sqrt{6}}, \frac{1}{\sqrt{6}}, -\frac{2}{\sqrt{6}}\right),\ \left(\frac{1}{\sqrt{2}}, -\frac{1}{\sqrt{2}}, 0\right),\ \left(\frac{1}{\sqrt{3}}, \frac{1}{\sqrt{3}}, \frac{1}{\sqrt{3}}\right)$

4. $\mathbb{R}^3$ のユークリッド内積空間に関して, 問題3のベクトルの集合は正規直交するか.
5. 与えられているベクトルの集合がユークリッド内積に関して直交していることを示せ. そして, ベクトルを正規化することにより正規直交集合に変換せよ.

   (1) $(-1,2), (6,3)$

   (2) $(1,0,-1), (2,0,2), (0,5,0)$

   (3) $\left(\frac{1}{5}, \frac{1}{5}, \frac{1}{5}\right), \left(-\frac{1}{2}, \frac{1}{2}, 0\right), \left(\frac{1}{3}, \frac{1}{3}, -\frac{2}{3}\right)$

6. ベクトル $\boldsymbol{v_1} = (1,-1,2,-1)$, $\boldsymbol{v_2} = (-2,2,3,2)$, $\boldsymbol{v_3} = (1,2,0,-1)$, $\boldsymbol{v_4} = (1,0,0,1)$ がユークリッド内積に対して直交基底をなすことを確かめよ. そして, 次の各ベクトルを $\boldsymbol{v_1}$, $\boldsymbol{v_2}$, $\boldsymbol{v_3}$, $\boldsymbol{v_4}$ の線形結合で表せ.

   (1) $(1,-3,2,1)$　(2) $(-1,2,3,3)$　(3) $(2,1,-5,-2)$　(4) $(3,0,7,3)$

7. ユークリッド内積に対して正規直交基底がそれぞれ与えられている. その基底に関して $\boldsymbol{w}$ の座標ベクトルを求めよ.

   (1) $\boldsymbol{w} = (3,7)$;　$\boldsymbol{u_1} = \left(\frac{1}{\sqrt{2}}, -\frac{1}{\sqrt{2}}\right), \boldsymbol{u_2} = \left(\frac{1}{\sqrt{2}}, \frac{1}{\sqrt{2}}\right)$

   (2) $\boldsymbol{w} = (-1,0,2)$;　$\boldsymbol{u_1} = \left(\frac{2}{3}, -\frac{2}{3}, \frac{1}{3}\right), \boldsymbol{u_2} = \left(\frac{2}{3}, \frac{1}{3}, -\frac{2}{3}\right), \boldsymbol{u_3} = \left(\frac{1}{3}, \frac{2}{3}, \frac{2}{3}\right)$

8. ベクトル $\boldsymbol{v_1}$ と $\boldsymbol{v_2}$ で張られる $\mathbb{R}^3$ の部分空間への $\boldsymbol{u}$ の射影を求めよ.

(1) $\boldsymbol{u} = (2,1,3)$;　$\boldsymbol{v_1} = (1,1,0)$, $\boldsymbol{v_2} = (1,2,1)$

(2) $\boldsymbol{u} = (1,-6,1)$;　$\boldsymbol{v_1} = (-1,2,1)$, $\boldsymbol{v_2} = (2,2,4)$

9. ベクトル $\boldsymbol{v_1}$, $\boldsymbol{v_2}$, $\boldsymbol{v_3}$ で張られる $\mathbb{R}^4$ の部分空間への $\boldsymbol{u}$ の射影を求めよ.

(1) $\boldsymbol{u} = (6,3,9,6)$;　$\boldsymbol{v_1} = (2,1,1,1)$, $\boldsymbol{v_2} = (1,0,1,1)$, $\boldsymbol{v_3} = (-2,-1,0,-1)$

(2) $\boldsymbol{u} = (-2,0,2,4)$;　$\boldsymbol{v_1} = (1,1,3,0)$, $\boldsymbol{v_2} = (-2,-1,-2,1)$, $\boldsymbol{v_3} = (-3,-1,1,3)$

10. 斉次一次連立方程式

$$\begin{cases} x_1 + x_2 + x_3 \quad = 0 \\ \quad +2x_2 + x_3 + x_4 = 0 \end{cases}$$

の解空間への $\boldsymbol{u} = (5,6,7,2)$ の直交射影を求めよ.

11. グラム-シュミットの直交化法を用いて, 次の基底 $\{\boldsymbol{u_1}, \boldsymbol{u_2}\}$ を正規直交基底に変換せよ.

(1) $\boldsymbol{u_1} = (1,-3)$, $\boldsymbol{u_2} = (2,2)$　(2) $\boldsymbol{u_1} = (1,0)$, $\boldsymbol{u_2} = (3,-5)$

12. グラム-シュミットの直交化法を用いて, 次の基底 $\{\boldsymbol{u_1}, \boldsymbol{u_2}, \boldsymbol{u_3}\}$ を正規直交基底に変換せよ.

(1) $\boldsymbol{u_1} = (1,1,1)$, $\boldsymbol{u_2} = (-1,1,0)$, $\boldsymbol{u_3} = (1,2,1)$

(2) $\boldsymbol{u_1} = (1,0,0)$, $\boldsymbol{u_2} = (3,7,-2)$, $\boldsymbol{u_3} = (0,4,1)$

13. グラム-シュミットの直交化法を用いて, 次の基底 $\{\boldsymbol{u_1}, \boldsymbol{u_2}, \boldsymbol{u_3}, \boldsymbol{u_4}\}$ を正規直交基底に変換せよ.

$$\boldsymbol{u_1} = (0,2,1,0), \quad \boldsymbol{u_2} = (1,-1,0,0), \quad \boldsymbol{u_3} = (1,2,0,-1), \quad \boldsymbol{u_4} = (1,0,0,1)$$

14. 次のベクトルの組から正規直交系を求めよ.

$$\boldsymbol{x}_1 = (1,0,1), \quad \boldsymbol{x}_2 = (-1,1,1). \quad \boldsymbol{x}_3 = (3,2,1)$$

15. グラム-シュミットの直交化法を用いて次のベクトルから正規直交系をつくれ.

$$\begin{pmatrix} 1 \\ 0 \\ 1 \end{pmatrix}, \quad \begin{pmatrix} 0 \\ 1 \\ 1 \end{pmatrix}, \quad \begin{pmatrix} 1 \\ 1 \\ 1 \end{pmatrix}$$

16. 次の $\mathbb{R}^3$ の基底に対してグラム-シュミットの直交化を行い, 正規直交系をつくれ.

$$\begin{pmatrix} 1 \\ 2 \\ -1 \end{pmatrix}, \quad \begin{pmatrix} -1 \\ 3 \\ 1 \end{pmatrix}, \quad \begin{pmatrix} 4 \\ 0 \\ -1 \end{pmatrix}$$

4.4　外積

幾何, 物理, 工学における様々な問題に対してベクトルを利用することが多く, 特に面白いのは, 2つの与えられたベクトルのどちらにも垂直な3次元ベクトルを作ることができることである. この節では, このような3次元空間のベクトルを外積という概念から見ていく.

2次元や3次元空間など2つのベクトルの内積は計算結果がスカラー（実数）となった. これに対して, 計算結果がベクトルとなるようなベクトルの積なるものも定義される. ところがこの定義は3次元空間だけでしか適用されないものである.

定義 $\boldsymbol{u}=(u_1,u_2,u_3)$, $\boldsymbol{v}=(v_1,v_2,v_3)$ が 3 次元空間のベクトルであるとき, **クロス積**（または**ベクトル積**, **外積**）$\boldsymbol{u}\times\boldsymbol{v}$ とは

$$\boldsymbol{u}\times\boldsymbol{v}=(u_2v_3-u_3v_2, u_3v_1-u_1v_3, u_1v_2-u_2v_1),$$

または行列式の記号を用いて

$$\boldsymbol{u}\times\boldsymbol{v}=\left(\begin{vmatrix} u_2 & u_3 \\ v_2 & v_3 \end{vmatrix}, \begin{vmatrix} u_3 & u_1 \\ v_3 & v_1 \end{vmatrix}, \begin{vmatrix} u_1 & u_2 \\ v_1 & v_2 \end{vmatrix}\right)$$

で定義されるベクトルである.

例 4.11 $\boldsymbol{u}=(3,-2,4)$, $\boldsymbol{v}=(2,0,1)$ のとき,

$$\begin{aligned}\boldsymbol{u}\times\boldsymbol{v}&=\left(\begin{vmatrix} -2 & 4 \\ 0 & 1 \end{vmatrix}, \begin{vmatrix} 4 & 3 \\ 1 & 2 \end{vmatrix}, \begin{vmatrix} 3 & -2 \\ 2 & 0 \end{vmatrix}\right)\\ &=(-2,5,4).\end{aligned}$$

2 つのベクトルの内積と外積の間には重要な違いがある. 内積はスカラーで, 外積はベクトルである. 次の定理は内積と外積の重要な関係と, $\boldsymbol{u}\times\boldsymbol{v}$ が $\boldsymbol{u}$ と $\boldsymbol{v}$ の両方に直交していることを示している.

定理 4.10 $\boldsymbol{u}$, $\boldsymbol{v}$, $\boldsymbol{w}$ が 3 次元空間のベクトルであるとき,

(1) $\boldsymbol{u}\cdot(\boldsymbol{u}\times\boldsymbol{v})=0$

(2) $\boldsymbol{v}\cdot(\boldsymbol{u}\times\boldsymbol{v})=0$

(3) $\|\boldsymbol{u}\times\boldsymbol{v}\|^2=\|\boldsymbol{u}\|^2\|\boldsymbol{v}\|^2-(\boldsymbol{u}\cdot\boldsymbol{v})^2$ 　　**（ラグランジュの恒等式）**

(4) $\boldsymbol{u}\times(\boldsymbol{v}\times\boldsymbol{w})=(\boldsymbol{u}\cdot\boldsymbol{w})\boldsymbol{v}-(\boldsymbol{u}\cdot\boldsymbol{v})\boldsymbol{w}$

(5) $(\boldsymbol{v}\times\boldsymbol{w})\times\boldsymbol{u}=(\boldsymbol{u}\cdot\boldsymbol{w})\boldsymbol{v}-(\boldsymbol{v}\cdot\boldsymbol{w})\boldsymbol{u}$

証明 (1) と (3) のみ示そう.
(1) $\boldsymbol{u}=(u_1,u_2,u_3)$, $\boldsymbol{v}=(v_1,v_2,v_3)$ とすると,

$$\begin{aligned}\boldsymbol{u}\cdot(\boldsymbol{u}\times\boldsymbol{v})&=(u_1,u_2,u_3)\cdot(u_2v_3-u_3v_2,u_3v_1-u_1v_3,u_1v_2-u_2v_1)\\ &=u_1(u_2v_3-u_3v_2)+u_2(u_3v_1-u_1v_3)+u_3(u_1v_2-u_2v_1)=0\end{aligned}$$

(3)

$$\begin{aligned}\|\boldsymbol{u}\times\boldsymbol{v}\|^2&=(u_2v_3-u_3v_2)^2+(u_3v_1-u_1v_3)+(u_1v_2-u_2v_1)^2,\\ \|\boldsymbol{u}\|^2\|\boldsymbol{v}\|^2-(\boldsymbol{u}\cdot\boldsymbol{v})^2&=(u_1^2+u_2^2+u_3^2)(v_1^2+v_2^2+v_3^2)-(u_1v_1+u_2v_2+u_3v_3)^2\end{aligned}$$

となり, 両辺とも

$$u_2^2v_3^2+u_3^2v_2^2+u_3^2v_1^2+u_1^2v_3^2+u_1^2v_2^2+u_2^2v_1^2-2(u_2u_3v_2v_3+u_3u_1v_3v_1+u_1u_2v_1v_2)$$

に等しい.

注. (4), (5) の左辺を $\boldsymbol{u}$, $\boldsymbol{v}$, $\boldsymbol{w}$ の**ベクトル三重積**と呼ぶことがある.

例 4.12 例 4.11 で, ベクトル $\boldsymbol{u} = (3, -2, 4)$, $\boldsymbol{v} = (2, 0, 1)$ に対して, $\boldsymbol{u} \times \boldsymbol{v} = (-2, 5, 4)$ を示した.

$$\boldsymbol{u} \cdot (\boldsymbol{u} \times \boldsymbol{v}) = 3(-2) + (-2) \cdot 5 + 4 \cdot 4 = 0,$$
$$\boldsymbol{v} \cdot (\boldsymbol{u} \times \boldsymbol{v}) = 2(-2) + 0 \cdot 5 + 1 \cdot 4 = 0$$

であるから, 定理で示されるように, $\boldsymbol{u} \times \boldsymbol{v}$ は $\boldsymbol{u}$ と $\boldsymbol{v}$ の両方に垂直である.

外積の主な性質を次の定理でまとめておこう.

定理 4.11 $\boldsymbol{u}$, $\boldsymbol{v}$, $\boldsymbol{w}$ が3次元空間の任意のベクトルで, k が任意のスカラーのとき,

(1) $\boldsymbol{u} \times \boldsymbol{v} = -\boldsymbol{v} \times \boldsymbol{u}$

(2) $\boldsymbol{u} \times (\boldsymbol{v} + \boldsymbol{w}) = (\boldsymbol{u} \times \boldsymbol{v}) + (\boldsymbol{u} \times \boldsymbol{w})$

(3) $(\boldsymbol{u} + \boldsymbol{v}) \times \boldsymbol{w} = (\boldsymbol{u} \times \boldsymbol{w}) + (\boldsymbol{v} \times \boldsymbol{w})$

(4) $k(\boldsymbol{u} \times \boldsymbol{v}) = (k\boldsymbol{u}) \times \boldsymbol{v} = \boldsymbol{u} \times (k\boldsymbol{v})$

(5) $\boldsymbol{u} \times \boldsymbol{0} = \boldsymbol{0} \times \boldsymbol{u} = \boldsymbol{0}$

(6) $\boldsymbol{u} \times \boldsymbol{u} = \boldsymbol{0}$

3次元空間で座標軸上にある長さ1のベクトル

$$\boldsymbol{i} = (1, 0, 0), \quad \boldsymbol{j} = (0, 1, 0), \quad \boldsymbol{k} = (0, 0, 1)$$

を**標準単位ベクトル**（または**基本ベクトル**）と呼ぶ. 3次元空間の任意のベクトル $\boldsymbol{v} = (v_1, v_2, v_3)$ は $\boldsymbol{i}$, $\boldsymbol{j}$, $\boldsymbol{k}$ を使って一意に表すことができる. すなわち

$$\boldsymbol{v} = (v_1, v_2, v_3) = v_1(1, 0, 0) + v_2(0, 1, 0) + v_3(0, 0, 1) = v_1\boldsymbol{i} + v_2\boldsymbol{j} + v_3\boldsymbol{k}$$

となる. 例えば,

$$(3, -2, 4) = 3\boldsymbol{i} - 2\boldsymbol{j} + 4\boldsymbol{k}$$

この標準単位ベクトルについて外積を計算すると,

$$\boldsymbol{i} \times \boldsymbol{j} = \left(\begin{vmatrix} 0 & 0 \\ 1 & 0 \end{vmatrix}, \begin{vmatrix} 0 & 1 \\ 0 & 0 \end{vmatrix}, \begin{vmatrix} 1 & 0 \\ 0 & 1 \end{vmatrix} \right) = (0, 0, 1) = \boldsymbol{k}$$

同様にして次が得られる.

$\boldsymbol{i} \times \boldsymbol{i} = \boldsymbol{0}$	$\boldsymbol{j} \times \boldsymbol{j} = \boldsymbol{0}$	$\boldsymbol{i} \times \boldsymbol{i} = \boldsymbol{0}$
$\boldsymbol{i} \times \boldsymbol{j} = \boldsymbol{k}$	$\boldsymbol{j} \times \boldsymbol{k} = \boldsymbol{i}$	$\boldsymbol{k} \times \boldsymbol{i} = \boldsymbol{j}$
$\boldsymbol{j} \times \boldsymbol{i} = -\boldsymbol{k}$	$\boldsymbol{k} \times \boldsymbol{j} = -\boldsymbol{i}$	$\boldsymbol{i} \times \boldsymbol{k} = -\boldsymbol{j}$

外積は次のように 3 次行列式で表すことができる.

$$\boldsymbol{u}\times\boldsymbol{v}=\begin{vmatrix}\boldsymbol{i}&\boldsymbol{j}&\boldsymbol{k}\\u_1&u_2&u_3\\v_1&v_2&v_3\end{vmatrix}=\begin{vmatrix}u_2&u_3\\v_2&v_3\end{vmatrix}\boldsymbol{i}+\begin{vmatrix}u_3&u_1\\v_3&v_1\end{vmatrix}\boldsymbol{j}+\begin{vmatrix}u_1&u_2\\v_1&v_2\end{vmatrix}\boldsymbol{k}$$

例えば, $\boldsymbol{u}=(3,-2,4)$, $\boldsymbol{v}=(2,0,1)$ のとき

$$\boldsymbol{u}\times\boldsymbol{v}=\begin{vmatrix}\boldsymbol{i}&\boldsymbol{j}&\boldsymbol{k}\\3&-2&4\\2&0&1\end{vmatrix}=-2\boldsymbol{i}+5\boldsymbol{j}+4\boldsymbol{k}$$

となり, 例 4.11 の結果と一致する.
注. 一般に, $\boldsymbol{u}\times(\boldsymbol{v}\times\boldsymbol{w})=(\boldsymbol{u}\times\boldsymbol{v})\times\boldsymbol{w}$ とは限らない. 例えば,

$$\boldsymbol{i}\times(\boldsymbol{j}\times\boldsymbol{j})=\boldsymbol{i}\times\boldsymbol{0}=\boldsymbol{0},$$
$$(\boldsymbol{i}\times\boldsymbol{j})\times\boldsymbol{j}=\boldsymbol{k}\times\boldsymbol{j}=-\boldsymbol{i}$$

より, $\boldsymbol{i}\times(\boldsymbol{j}\times\boldsymbol{j})\neq(\boldsymbol{i}\times\boldsymbol{j})\times\boldsymbol{j}$.

$\boldsymbol{u}$ と $\boldsymbol{v}$ が 3 次元空間のベクトルであるとき, $\boldsymbol{u}\times\boldsymbol{v}$ の長さを幾何学的に解釈することができる. θ を $\boldsymbol{u}$ と $\boldsymbol{v}$ のなす角とするとき, $\boldsymbol{u}\cdot\boldsymbol{v}=\|\boldsymbol{u}\|\,\|\boldsymbol{v}\|\cos\theta$ であるから, ラグランジュの恒等式より,

$$\begin{aligned}\|\boldsymbol{u}\times\boldsymbol{v}\|^2&=\|\boldsymbol{u}\|^2\|\boldsymbol{v}\|^2-\|\boldsymbol{u}\|^2\,\|\boldsymbol{v}\|^2\cos^2\theta\\&=\|\boldsymbol{u}\|^2\|\boldsymbol{v}\|^2-(\boldsymbol{u}\cdot\boldsymbol{v})^2\\&=\|\boldsymbol{u}\|^2\|\boldsymbol{v}\|^2(1-\cos^2\theta)\\&=\|\boldsymbol{u}\|^2\|\boldsymbol{v}\|^2\sin^2\theta\,.\end{aligned}$$

$0\leq\theta\leq\pi$ であるから, $\sin\theta\geq 0$. よって,

$$\|\boldsymbol{u}\times\boldsymbol{v}\|=\|\boldsymbol{u}\|\,\|\boldsymbol{v}\|\sin\theta$$

を得る.

ここで, $\|\boldsymbol{v}\|\sin\theta$ は $\boldsymbol{u}$ と $\boldsymbol{v}$ によって定められる平行四辺形の高さに等しい. よって, この平行四辺形の面積は

$$(\text{底辺})\cdot(\text{高さ})=\|\boldsymbol{u}\|\,\|\boldsymbol{v}\|\sin\theta=\|\boldsymbol{u}\times\boldsymbol{v}\|$$

によって与えられる. この結果は $\boldsymbol{u}$ と $\boldsymbol{v}$ が平行であるときでさえ成り立つ. というのは, $\boldsymbol{u}$ と $\boldsymbol{v}$ の定める平行四辺形の面積は 0 であり, この場合 $\theta=0$ であるから $\boldsymbol{u}\times\boldsymbol{v}=\boldsymbol{0}$ となるからである. したがって, 次の定理を得る.

定理 4.12 $\boldsymbol{u}$ と $\boldsymbol{v}$ が 3 次元空間のベクトルであるとき, $\|\boldsymbol{u}\times\boldsymbol{v}\|$ は $\boldsymbol{u}$ と $\boldsymbol{v}$ のなす平行四辺形の面積に等しい.

例 4.13 点 $P_1(2,2,0)$, $P_2(-1,0,2)$, $P_3(0,4,3)$ によって定められる三角形の面積を求めてみよう.

三角形の面積はベクトル $\overrightarrow{P_1P_2}$ と $\overrightarrow{P_1P_3}$ によって定められる平行四辺形の面積の 1/2 である. $\overrightarrow{P_1P_2} = (-3,-2,2)$, $\overrightarrow{P_1P_3} = (-2,2,3)$ であるから,

$$\overrightarrow{P_1P_2} \times \overrightarrow{P_1P_3} = (-10, 5, -10)$$

よって, 求める三角形の面積は

$$\frac{1}{2} = \|\overrightarrow{P_1P_2} \times \overrightarrow{P_1P_3}\| = \frac{1}{2}\sqrt{(-10)^2 + 5^2 + (-10)^2} = \frac{15}{2}$$

定義　$\boldsymbol{u}$, $\boldsymbol{v}$, $\boldsymbol{w}$ が 3 次元空間のベクトルであるとき,

$$\boldsymbol{u} \cdot (\boldsymbol{v} \times \boldsymbol{w})$$

を $\boldsymbol{u}$, $\boldsymbol{v}$, $\boldsymbol{w}$ の**スカラー三重積**と呼ぶ.

$\boldsymbol{u} = (u_1, u_2, u_3)$, $\boldsymbol{v} = (v_1, v_2, v_3)$, $\boldsymbol{w} = (w_1, w_2, w_3)$ のスカラー三重積は,

$$\boldsymbol{u} \cdot (\boldsymbol{v} \times \boldsymbol{w}) = \begin{vmatrix} u_1 & u_2 & u_3 \\ v_1 & v_2 & v_3 \\ w_1 & w_2 & w_3 \end{vmatrix}$$

という公式から計算できる. なぜなら,

$$\begin{aligned}
\boldsymbol{u} \cdot (\boldsymbol{v} \times \boldsymbol{w}) &= \boldsymbol{u} \cdot \left(\begin{vmatrix} v_2 & v_3 \\ w_2 & w_3 \end{vmatrix} \boldsymbol{i} + \begin{vmatrix} v_3 & v_1 \\ w_3 & w_1 \end{vmatrix} \boldsymbol{j} + \begin{vmatrix} v_1 & v_2 \\ w_1 & w_2 \end{vmatrix} \boldsymbol{k} \right) \\
&= \begin{vmatrix} v_2 & v_3 \\ w_2 & w_3 \end{vmatrix} u_1 + \begin{vmatrix} v_3 & v_1 \\ w_3 & w_1 \end{vmatrix} u_2 + \begin{vmatrix} v_1 & v_2 \\ w_1 & w_2 \end{vmatrix} u_3 \\
&= \begin{vmatrix} u_1 & u_2 & u_3 \\ v_1 & v_2 & v_3 \\ w_1 & w_2 & w_3 \end{vmatrix}
\end{aligned}$$

例 4.14 ベクトル

$$\boldsymbol{u} = 3\boldsymbol{i} - 2\boldsymbol{j} - 5\boldsymbol{k}, \quad \boldsymbol{v} = \boldsymbol{i} + 4\boldsymbol{j} - 4\boldsymbol{k}, \quad \boldsymbol{w} = 3\boldsymbol{j} + 2\boldsymbol{k}$$

のスカラー三重積 $\boldsymbol{u} \cdot (\boldsymbol{v} \times \boldsymbol{w})$ を計算しよう.

$$\begin{aligned}
\boldsymbol{u} \cdot (\boldsymbol{v} \times \boldsymbol{w}) &= \begin{vmatrix} 3 & -2 & -5 \\ 1 & 4 & -4 \\ 0 & 3 & 2 \end{vmatrix} \\
&= 3\begin{vmatrix} 4 & -4 \\ 3 & 2 \end{vmatrix} + (-2)\begin{vmatrix} -4 & 1 \\ 2 & 0 \end{vmatrix} + (-5)\begin{vmatrix} 1 & 4 \\ 0 & 3 \end{vmatrix} \\
&= 60 + 4 - 15 = 49
\end{aligned}$$

注. $(\boldsymbol{u}\cdot\boldsymbol{v})\times\boldsymbol{w}$ という記号は何の意味ももたない. というのは, スカラーとベクトルの外積を計算することはできないからである. よって, $\boldsymbol{u}\cdot(\boldsymbol{v}\times\boldsymbol{w})$ の代わりに $\boldsymbol{u}\cdot\boldsymbol{v}\times\boldsymbol{w}$ と書いても曖昧さを失わない. とは言え, 明快さのゆえ括弧をつけて書き表そう.

さて,

$$\boldsymbol{u}\cdot(\boldsymbol{v}\times\boldsymbol{w})=\boldsymbol{w}\cdot(\boldsymbol{u}\times\boldsymbol{v})=\boldsymbol{v}\cdot(\boldsymbol{w}\times\boldsymbol{u})$$

が成り立つ. というのは, これらの積を 3 次行列式で表してみると 2 つの行を入れかえると他の行列式が得られるからである. これらの関係を覚えるには, ベクトル $\boldsymbol{u}$, $\boldsymbol{v}$, $\boldsymbol{w}$ を反時計回りに並べて動かしてみればよい.

次の定理は 2 次や 3 次の行列式の幾何学的解釈を与えるものである.

定理 4.13

(1) 行列式

$$\begin{vmatrix} u_1 & u_2 \\ v_1 & v_2 \end{vmatrix}$$

<u>の絶対値</u> は, ベクトル $\boldsymbol{u}=(u_1,u_2)$, $\boldsymbol{v}=(v_1,v_2)$ によって定められる 2 次元空間の平行四辺形の面積に等しい.

(2) 行列式

$$\begin{vmatrix} u_1 & u_2 & u_3 \\ v_1 & v_2 & v_3 \\ w_1 & w_2 & w_3 \end{vmatrix}$$

<u>の絶対値</u> は, ベクトル $\boldsymbol{u}=(u_1,u_2,u_3)$, $\boldsymbol{v}=(v_1,v_2,v_3)$, $\boldsymbol{w}=(w_1,w_2,w_3)$ によって定められる 3 次元空間の平行六面体の体積に等しい.

注. ベクトル $\boldsymbol{u}$, $\boldsymbol{v}$, $\boldsymbol{w}$ によって定められる平行六面体の体積は

$$|\boldsymbol{u}\cdot(\boldsymbol{v}\times\boldsymbol{w})|$$

によって与えられる.

平行六面体の体積が 0 の場合を考えると, 次の定理が得られる.

定理 4.14 ベクトル $\boldsymbol{u}=(u_1,u_2,u_3)$, $\boldsymbol{v}=(v_1,v_2,v_3)$, $\boldsymbol{w}=(w_1,w_2,w_3)$ が同じ始点をもつとき, これらのベクトルが同じ平面上にあるための必要十分条件は

$$\begin{vmatrix} u_1 & u_2 & u_3 \\ v_1 & v_2 & v_3 \\ w_1 & w_2 & w_3 \end{vmatrix}=0$$

が成り立つことである.

練習問題 4.4

1. 次の 2 つのベクトル $\boldsymbol{u}$, $\boldsymbol{v}$ の外積 $\boldsymbol{u} \times \boldsymbol{v}$ を求めよ.

(1) $\boldsymbol{u} = (4, 2, -5), \quad \boldsymbol{v} = (0, -4, 3)$
(2) $\boldsymbol{u} = (1, 0, 3), \quad \boldsymbol{v} = (2, -2, 1)$
(3) $\boldsymbol{u} = (3, -2, 0), \quad \boldsymbol{v} = (1, 4, -4)$
(4) $\boldsymbol{u} = (-1, -3, 2), \quad \boldsymbol{v} = (2, -1, -4)$
(5) $\boldsymbol{u} = (1, 2, 1), \quad \boldsymbol{v} = (-2, 1, -1)$
(6) $\boldsymbol{u} = (2, 1, -3), \quad \boldsymbol{v} = (4, -3, -2)$

2. $\boldsymbol{a} = (1, -1, 0)$, $\boldsymbol{b} = (2, -1, -3)$, $\boldsymbol{c} = (3, -2, -4)$ のとき, 次を求めよ.

(1) $\boldsymbol{a} \times \boldsymbol{b}$　(2) $\boldsymbol{b} \times \boldsymbol{a}$　(3) $(\boldsymbol{a} \times \boldsymbol{b}) \times \boldsymbol{c}$　(4) $\boldsymbol{a} \times (\boldsymbol{b} \times \boldsymbol{c})$　(5) $(\boldsymbol{a} \times \boldsymbol{b}) \cdot \boldsymbol{c}$

3. $\boldsymbol{u} = (2, 0, -1)$, $\boldsymbol{v} = (-1, -1, 4)$, $\boldsymbol{w} = (1, 3, -2)$ のとき, 次を求めよ.

(1) $\boldsymbol{u} \cdot (\boldsymbol{v} \times \boldsymbol{w})$　(2) $(\boldsymbol{u} \times \boldsymbol{v}) \cdot \boldsymbol{w}$　(3) $\boldsymbol{u} \times (\boldsymbol{v} \times \boldsymbol{w})$　(4) $(\boldsymbol{u} \times \boldsymbol{v}) \times \boldsymbol{w}$

4. 次のベクトル $\boldsymbol{u}$, $\boldsymbol{v}$ で定められる平行四辺形の面積を求めよ.

(1) $\boldsymbol{u} = (4, 2, -5)$, $\boldsymbol{v} = (0, -4, 3)$
(2) $\boldsymbol{u} = (1, 0, 3)$, $\boldsymbol{v} = (2, -2, 1)$

5. 次のベクトル $\boldsymbol{u}$, $\boldsymbol{v}$ のなす角 θ の正弦を求めよ.

(1) $\boldsymbol{u} = (-1, -3, 2)$, $\boldsymbol{v} = (2, -1, -4)$
(2) $\boldsymbol{u} = (1, 2, 1)$, $\boldsymbol{v} = (-2, 1, -1)$

6. 次のベクトル $\boldsymbol{a}$, $\boldsymbol{b}$, $\boldsymbol{c}$ で定まる平行六面体の体積を求めよ.

(1) $\boldsymbol{a} = (2, 3, 1)$, $\boldsymbol{b} = (3, 1, 2)$, $\boldsymbol{c} = (1, 2, 3)$
(2) $\boldsymbol{a} = (0, 2, 1)$, $\boldsymbol{b} = (-1, 2, 0)$, $\boldsymbol{c} = (1, 1, 3)$

7. 外積について次を証明せよ.

(1) $(\boldsymbol{u} + \boldsymbol{v}) \times (\boldsymbol{u} - \boldsymbol{v}) = -2(\boldsymbol{u} \times \boldsymbol{v})$
(2) $\boldsymbol{u} + \boldsymbol{v} + \boldsymbol{w} = \boldsymbol{0}$ のとき, $\boldsymbol{u} \times \boldsymbol{v} = \boldsymbol{v} \times \boldsymbol{w} = \boldsymbol{w} \times \boldsymbol{u}$
(3) $\boldsymbol{u} \times (\boldsymbol{v} \times \boldsymbol{w}) + \boldsymbol{v} \times (\boldsymbol{w} \times \boldsymbol{u}) + \boldsymbol{w} \times (\boldsymbol{u} \times \boldsymbol{v}) = \boldsymbol{0}$

4.5 章末問題

1.

$$\boldsymbol{a} = \begin{pmatrix} 1 \\ 0 \\ 1 \\ 1 \end{pmatrix}, \quad \boldsymbol{b} = \begin{pmatrix} 0 \\ 1 \\ -1 \\ -2 \end{pmatrix}$$

とするとき, $\|\boldsymbol{a} - \boldsymbol{b}\|$, $\boldsymbol{a}$ と $\boldsymbol{b}$ のなす角, $\boldsymbol{b}$ の $\boldsymbol{a}$ への正射影, $\boldsymbol{a}$ の $\boldsymbol{b}$ への正射影を求めよ.

2. $\mathbb{R}^4$ のベクトル

$$\boldsymbol{a} = \begin{pmatrix} 0 \\ 1 \\ 1 \\ 4 \end{pmatrix}, \quad \boldsymbol{b} = \begin{pmatrix} 2 \\ 3 \\ 1 \\ 2 \end{pmatrix}$$

について, $\langle \boldsymbol{a}, \boldsymbol{b} \rangle$, $\|\boldsymbol{a}\|$, $\|\boldsymbol{b}\|$, $\boldsymbol{a}$ と $\boldsymbol{b}$ のなす角 θ を求めよ.

3. ユークリッド内積空間 $\mathbb{R}^3$ の標準基底 $\boldsymbol{e_1}$, $\boldsymbol{e_2}$, $\boldsymbol{e_3}$ について,

(1) $\boldsymbol{a} = \boldsymbol{e_1} + 3\boldsymbol{e_2} + 2\boldsymbol{e_3}$ と $\boldsymbol{b} = 4\boldsymbol{e_1} - 2\boldsymbol{e_2} + \boldsymbol{e_3}$ は垂直であることを示せ.
(2) $\boldsymbol{c} = \boldsymbol{e_1} + \boldsymbol{e_2} - \boldsymbol{e_3}$, $\boldsymbol{d} = \boldsymbol{e_1} - \boldsymbol{e_2} + \boldsymbol{e_3}$ に垂直な単位ベクトルを求めよ.
(3) $\boldsymbol{d}$ の $\boldsymbol{c}$ への正射影を求めよ.
(4) $\boldsymbol{u} = 2\boldsymbol{e_1} - \boldsymbol{e_2} + 3\boldsymbol{e_3}$ と $\boldsymbol{v} = \boldsymbol{e_1} - 3\boldsymbol{e_2} + 2\boldsymbol{e_3}$ のなす角 θ の余弦を求めよ.

4. $\boldsymbol{a} = \begin{pmatrix} 1 \\ -2 \\ 0 \\ 3 \end{pmatrix}, \boldsymbol{b} = \begin{pmatrix} 0 \\ 3 \\ 2 \\ 1 \end{pmatrix}$ で張られる部分空間への $\boldsymbol{u} = \begin{pmatrix} 1 \\ 1 \\ 1 \\ 1 \end{pmatrix}$ の正射影を求めよ.

5. 次の部分空間への $\boldsymbol{u} = (1, 2, 3)$ の正射影を求めよ.

(1) $\boldsymbol{a} = (1, 1, 1)$ の張る空間
(2) $\boldsymbol{b} = (0, 1, 1)$, $\boldsymbol{c} = (1, 0, 0)$ の張る空間

6. $\mathbb{R}^3$ の次の基底から正規直交基底をつくれ.

(1) $\left\{ \begin{pmatrix} -1 \\ 0 \\ 1 \end{pmatrix}, \begin{pmatrix} 0 \\ 1 \\ 1 \end{pmatrix}, \begin{pmatrix} 1 \\ -2 \\ 0 \end{pmatrix} \right\}$　(2) $\left\{ \begin{pmatrix} 1 \\ -3 \\ 0 \end{pmatrix}, \begin{pmatrix} -1 \\ 1 \\ 2 \end{pmatrix}, \begin{pmatrix} 2 \\ -2 \\ 1 \end{pmatrix} \right\}$

7. $\mathbb{R}^4$ のベクトル $\begin{pmatrix} -1 \\ 0 \\ 1 \\ -1 \end{pmatrix}, \begin{pmatrix} 0 \\ 1 \\ 1 \\ 1 \end{pmatrix}, \begin{pmatrix} 1 \\ -2 \\ 0 \\ 1 \end{pmatrix}$ で生成される部分空間 W の正規直交基底を求めよ.

8. 次のベクトルの組をグラム-シュミットの方法で直交化せよ.

(1) $\begin{pmatrix} 1 \\ 0 \\ 0 \\ -1 \end{pmatrix}, \begin{pmatrix} 0 \\ 1 \\ 0 \\ -1 \end{pmatrix}, \begin{pmatrix} 0 \\ 0 \\ 1 \\ -1 \end{pmatrix}$　(2) $\begin{pmatrix} 1 \\ 2 \\ -1 \end{pmatrix}, \begin{pmatrix} -1 \\ 3 \\ 1 \end{pmatrix}, \begin{pmatrix} 4 \\ 0 \\ -1 \end{pmatrix}$

9. 基底 $\boldsymbol{u_1} = (0, 1, 2)$, $\boldsymbol{u_2} = (1, 1, 0)$, $\boldsymbol{u_3} = (-1, 2, 3)$ から正規直交基底をつくれ.

10. $\boldsymbol{a} = 3\boldsymbol{e_1} - 2\boldsymbol{e_2} + \boldsymbol{e_3}$, $\boldsymbol{b} = -\boldsymbol{e_1} + 4\boldsymbol{e_2} + 2\boldsymbol{e_3}$, $\boldsymbol{c} = 5\boldsymbol{e_1} - 3\boldsymbol{e_3}$ のとき, 次を求めよ.

$\langle \boldsymbol{a}, \boldsymbol{b} - 2\boldsymbol{c} \rangle$,　$\|\boldsymbol{a} + \boldsymbol{b} - \boldsymbol{c}\|$,　$\boldsymbol{a} \times \boldsymbol{c}$,　$\boldsymbol{a} \times (\boldsymbol{b} \times \boldsymbol{c})$,　$\langle \boldsymbol{c} \times \boldsymbol{a}, \boldsymbol{b} \rangle$

11. ベクトル $\boldsymbol{a} = \begin{pmatrix} 4 \\ -1 \\ 2 \end{pmatrix}, \boldsymbol{b} = \begin{pmatrix} 3 \\ 2 \\ -5 \end{pmatrix}, \boldsymbol{c} = \begin{pmatrix} 2 \\ 1 \\ 3 \end{pmatrix}$ に対して, 次を求めよ.

(1)　$\langle \boldsymbol{a} + 3\boldsymbol{b}, \boldsymbol{c} \rangle$,　$(3\boldsymbol{a}) \times \boldsymbol{b}$
(2)　$\boldsymbol{a}, \boldsymbol{c}$ に垂直なベクトル
(3)　$(\boldsymbol{a} \times \boldsymbol{b}) \times (\boldsymbol{a} \times \boldsymbol{c})$

第5章　固有値と固有空間

5.1　固有値と固有空間

n 個の未知数からなる n 個の連立1次方程式

$$A\boldsymbol{x} = \lambda\boldsymbol{x}$$

を考えよう．ここで, λ はスカラーである．すなわち, $n \times n$ 行列 A に対して, $A\boldsymbol{x}$ が $\mathbb{R}^n$ の零ベクトルでないベクトル $\boldsymbol{x}$ のスカラー倍になるような場合を考える．ユークリッド空間 $\mathbb{R}^2$ や $\mathbb{R}^3$ においては, $A\boldsymbol{x}$ という線形変換がベクトル $\boldsymbol{x}$ を（$\lambda > 0$ のとき）同じ方向に伸ばしたり縮めたりしていることを意味する．$\lambda < 0$ のときは逆の方向にベクトル $\boldsymbol{x}$ を伸び縮みさせる．このような λ, $\boldsymbol{x}$ のことを行列 A の固有値, 固有ベクトルとそれぞれ呼ぶのである．

例 5.1

$$A = \begin{pmatrix} -2 & 2 & -3 \\ 2 & 1 & -6 \\ -1 & -2 & 0 \end{pmatrix}$$

のとき, ベクトル $\boldsymbol{x} = \begin{pmatrix} 1 \\ 2 \\ -1 \end{pmatrix}$ に対する線形変換は

$$A\boldsymbol{x} = \begin{pmatrix} -2 & 2 & -3 \\ 2 & 1 & -6 \\ -1 & -2 & 0 \end{pmatrix}\begin{pmatrix} 1 \\ 2 \\ -1 \end{pmatrix} = \begin{pmatrix} 5 \\ 10 \\ -5 \end{pmatrix} = 5\boldsymbol{x}$$

となるから, ベクトルを同じ方向に5倍に伸ばす線形変換ということになる．

このような連立方程式は, $\lambda\boldsymbol{x} - A\boldsymbol{x} = O$, すなわち単位行列 E を使って

$$(\lambda E - A)\boldsymbol{x} = O$$

と書くことができ, 斉次連立方程式となる．$|\lambda E - A| \neq 0$ のとき, この連立方程式はただ1つの解をもつが, これは自明な解となる[1]．よって, 非自明な解をもつための必要十分条件は

$$|\lambda E - A| = 0$$

[1] 2.6 節のクラメルの公式 (定理 2.12) を参照

となることである．これを行列 A の**特性方程式**（または固有方程式）と呼び，この解である λ の値を A の**固有値**，各固有値 λ に対応する列ベクトル $\boldsymbol{x}$ を A の**固有ベクトル**という．また，このようなベクトル全体を，固有値 λ に対する A の**固有空間**という．

例 5.2 連立方程式

$$\begin{cases} x_1 + 3x_2 = \lambda x_1 \\ 4x_1 + 2x_2 = \lambda x_2 \end{cases}$$

は行列を使って

$$A\boldsymbol{x} = \lambda\boldsymbol{x}$$

と書くことができる．ここで，

$$A = \begin{pmatrix} 1 & 3 \\ 4 & 2 \end{pmatrix}, \qquad \boldsymbol{x} = \begin{pmatrix} x_1 \\ x_2 \end{pmatrix}.$$

この連立方程式は，$(\lambda E - A)\boldsymbol{x} = O$，すなわち

$$\begin{pmatrix} \lambda - 1 & -3 \\ -4 & \lambda - 2 \end{pmatrix}\begin{pmatrix} x_1 \\ x_2 \end{pmatrix} = \begin{pmatrix} 0 \\ 0 \end{pmatrix}$$

と書けるから，行列 A の特性方程式は

$$\begin{vmatrix} \lambda - 1 & -3 \\ -4 & \lambda - 2 \end{vmatrix} = 0$$

すなわち，$\lambda^2 - 3\lambda - 10 = 0$ となる．$(\lambda - 5)(\lambda + 2) = 0$ より，固有値は $\lambda = 5,\ -2$.

$$\boldsymbol{x} = \begin{pmatrix} x_1 \\ x_2 \end{pmatrix}$$

が λ に対応する A の固有ベクトルであるための必要十分条件は，$\boldsymbol{x}$ が $(\lambda E - A)\boldsymbol{x} = O$，すなわち

$$\begin{pmatrix} \lambda - 1 & -3 \\ -4 & \lambda - 2 \end{pmatrix}\begin{pmatrix} x_1 \\ x_2 \end{pmatrix} = \begin{pmatrix} 0 \\ 0 \end{pmatrix}$$

の非自明解となることである．

$\lambda = 5$ のとき，

$$\begin{pmatrix} 4 & -3 \\ -4 & 3 \end{pmatrix}\begin{pmatrix} x_1 \\ x_2 \end{pmatrix} = \begin{pmatrix} 0 \\ 0 \end{pmatrix}$$

であり，行基本変形すると

$$\begin{pmatrix} 4 & -3 \\ -4 & 3 \end{pmatrix} \longrightarrow \begin{pmatrix} 1 & -3/4 \\ 0 & 0 \end{pmatrix}$$

となる．$x_1 - \frac{3}{4}x_2 = 0$ から，$x_2 = 4t$ とおくと $x_1 = 3t$ となるから，固有ベクトルは

$$\begin{pmatrix} x_1 \\ x_2 \end{pmatrix} = t\begin{pmatrix} 3 \\ 4 \end{pmatrix} \qquad (t \text{ は任意定数})$$

と表される.

$\lambda = -2$ のとき,

$$\begin{pmatrix} -3 & -3 \\ -4 & -4 \end{pmatrix} \begin{pmatrix} x_1 \\ x_2 \end{pmatrix} = \begin{pmatrix} 0 \\ 0 \end{pmatrix}$$

であり, 行基本変形すると

$$\begin{pmatrix} -3 & -3 \\ -4 & -4 \end{pmatrix} \longrightarrow \begin{pmatrix} 1 & 1 \\ 0 & 0 \end{pmatrix}$$

となる. $x_1 + x_2 = 0$ から, $x_1 = s$ とおくと $x_2 = -s$ となり, 固有ベクトルは

$$\begin{pmatrix} x_1 \\ x_2 \end{pmatrix} = s \begin{pmatrix} 1 \\ -1 \end{pmatrix} \qquad (s \text{ は任意定数})$$

と表される.

例 5.3 上三角行列

$$A = \begin{pmatrix} a_{11} & a_{12} & a_{13} & a_{14} \\ 0 & a_{22} & a_{23} & a_{34} \\ 0 & 0 & a_{33} & a_{34} \\ 0 & 0 & 0 & a_{44} \end{pmatrix}$$

の固有値を求めてみよう.

三角行列の行列式は対角成分の積であるから,

$$|\lambda E - A| = \begin{vmatrix} \lambda - a_{11} & -a_{12} & -a_{13} & -a_{14} \\ 0 & \lambda - a_{22} & -a_{23} & -a_{34} \\ 0 & 0 & \lambda - a_{33} & -a_{34} \\ 0 & 0 & 0 & \lambda - a_{44} \end{vmatrix}$$
$$= (\lambda - a_{11})(\lambda - a_{22})(\lambda - a_{33})(\lambda - a_{44})$$

固有方程式は $(\lambda - a_{11})(\lambda - a_{22})(\lambda - a_{33})(\lambda - a_{44}) = 0$ となるから, 固有値は $\lambda = a_{11}$, $\lambda = a_{22}$, $\lambda = a_{33}$, $\lambda = a_{44}$. これらはちょうど A の対角成分である.

定理 5.1 A が三角行列のとき, A の固有値は A の対角成分となる.

例 5.4

$$A = \begin{pmatrix} 2 & 0 & 0 \\ -1 & 3 & 0 \\ 5 & -8 & -4 \end{pmatrix}$$

の固有値は, $\lambda = 2$, $\lambda = 3$, $\lambda = -4$.

定理 5.2 A が n 次の正方行列で λ が実数のとき, 次は同値である.

(1) λ は A の固有値である.

(2) 連立方程式 $(\lambda E - A)\boldsymbol{x} = O$ は非自明解をもつ.

(3) $A\boldsymbol{x} = \lambda\boldsymbol{x}$ となるような零ベクトルでないベクトル $\boldsymbol{x}$ が存在する.

(4) λ は特性方程式 $|\lambda E - A| = 0$ の解である.

例 5.5

$$A = \begin{pmatrix} -1 & 0 & -3 \\ 1 & 2 & 1 \\ 2 & 0 & 4 \end{pmatrix}$$

の固有値と固有ベクトルを求めてみよう.

行列 A の特性方程式は

$$\begin{vmatrix} \lambda+1 & 0 & 3 \\ -1 & \lambda-2 & -1 \\ -2 & 0 & \lambda-4 \end{vmatrix} = (\lambda-2)^2(\lambda-1) = 0$$

であるから, A の固有値は $\lambda = 2$ （重解）, $\lambda = 1$ である.

定義より,

$$\boldsymbol{x} = \begin{pmatrix} x_1 \\ x_2 \\ x_3 \end{pmatrix}$$

が λ に対応する A の固有値であるための必要十分条件は, $\boldsymbol{x}$ が $(\lambda E - A)\boldsymbol{x} = O$, すなわち

$$\begin{pmatrix} \lambda+1 & 0 & 3 \\ -1 & \lambda-2 & -1 \\ -2 & 0 & \lambda-4 \end{pmatrix} \begin{pmatrix} x_1 \\ x_2 \\ x_3 \end{pmatrix} = \begin{pmatrix} 0 \\ 0 \\ 0 \end{pmatrix}$$

の非自明な解となることである.

$\lambda = 2$ のとき,

$$\begin{pmatrix} 3 & 0 & 3 \\ -1 & 0 & -1 \\ -2 & 0 & -2 \end{pmatrix} \begin{pmatrix} x_1 \\ x_2 \\ x_3 \end{pmatrix} = \begin{pmatrix} 0 \\ 0 \\ 0 \end{pmatrix}$$

となり, 行基本変形すると

$$\begin{pmatrix} 3 & 0 & 3 \\ -1 & 0 & -1 \\ -2 & 0 & -2 \end{pmatrix} \longrightarrow \begin{pmatrix} 1 & 0 & 1 \\ 0 & 0 & 0 \\ 0 & 0 & 0 \end{pmatrix}$$

となる. $x_1 + x_3 = 0$, x_2 は任意となるから, 例えば $x_1 = s$, $x_2 = t$ とおくと, $\lambda = 2$ に対応する A の固有ベクトルは

$$\begin{pmatrix} x_1 \\ x_2 \\ x_3 \end{pmatrix} = \begin{pmatrix} s \\ t \\ -s \end{pmatrix} = s\begin{pmatrix} 1 \\ 0 \\ -1 \end{pmatrix} + t\begin{pmatrix} 0 \\ 1 \\ 0 \end{pmatrix} \qquad (s, t \text{ は任意定数})$$

という零ベクトルでないベクトルになる．

$$\begin{pmatrix} 1 \\ 0 \\ -1 \end{pmatrix} \quad と \quad \begin{pmatrix} 0 \\ 1 \\ 0 \end{pmatrix}$$

は線形独立であるから，これらのベクトルは $\lambda = 2$ に対応する固有空間の基底をなす．

$\lambda = 1$ のとき，

$$\begin{pmatrix} 2 & 0 & 3 \\ -1 & -1 & -1 \\ -2 & 0 & -3 \end{pmatrix} \begin{pmatrix} x_1 \\ x_2 \\ x_3 \end{pmatrix} = \begin{pmatrix} 0 \\ 0 \\ 0 \end{pmatrix}$$

となり，行基本変形すると

$$\begin{pmatrix} 2 & 0 & 3 \\ -1 & -1 & -1 \\ -2 & 0 & -3 \end{pmatrix} \longrightarrow \begin{pmatrix} 1 & 0 & \frac{3}{2} \\ 0 & 1 & -\frac{1}{2} \\ 0 & 0 & 0 \end{pmatrix}$$

となる．$x_1 + \frac{3}{2}x_3 = 0$, $x_2 - \frac{1}{2}x_3 = 0$ を得るから，例えば $x_3 = 2l$ とおくと，$x_1 = -3l$, $x_2 = l$. よって $\lambda = 1$ に対応する A の固有ベクトルは

$$\begin{pmatrix} x_1 \\ x_2 \\ x_3 \end{pmatrix} = l \begin{pmatrix} -3 \\ 1 \\ 2 \end{pmatrix} \qquad (l \text{ は任意定数})$$

という零ベクトルでないベクトルになる．よって，ベクトル

$$\begin{pmatrix} -3 \\ 1 \\ 2 \end{pmatrix}$$

は $\lambda = 1$ に対応する固有空間の基底をなす．

練習問題 5.1

1. 次の行列の固有値と固有ベクトルを求めよ．

(1) $\begin{pmatrix} 3 & 0 \\ 8 & -1 \end{pmatrix}$ (2) $\begin{pmatrix} 10 & -9 \\ 4 & -2 \end{pmatrix}$ (3) $\begin{pmatrix} 0 & 3 \\ 4 & 0 \end{pmatrix}$

(4) $\begin{pmatrix} -2 & 7 \\ 1 & 2 \end{pmatrix}$ (5) $\begin{pmatrix} 0 & 0 \\ 0 & 0 \end{pmatrix}$ (6) $\begin{pmatrix} 1 & 0 \\ 0 & 1 \end{pmatrix}$

2. 次の行列の固有値と固有空間の基底を求めよ．

(1) $\begin{pmatrix} 4 & 0 & 1 \\ -2 & 1 & 0 \\ -2 & 0 & 1 \end{pmatrix}$ (2) $\begin{pmatrix} 3 & 0 & -5 \\ \frac{1}{5} & -1 & 0 \\ 1 & 1 & -2 \end{pmatrix}$ (3) $\begin{pmatrix} 2 & 6 & -6 \\ 3 & 6 & -7 \\ 3 & 5 & -6 \end{pmatrix}$

(4) $\begin{pmatrix} 1 & 2 & 3 \\ 0 & 3 & -1 \\ 0 & -1 & 3 \end{pmatrix}$ (5) $\begin{pmatrix} 5 & 0 & 1 \\ 1 & 1 & 0 \\ -7 & 1 & 0 \end{pmatrix}$ (6) $\begin{pmatrix} 5 & 6 & 2 \\ 0 & -1 & -8 \\ 1 & 0 & -2 \end{pmatrix}$

3. 次の行列の固有値と固有ベクトルを求めよ.

$$(1)\begin{pmatrix} 0 & 0 & 2 & 0 \\ 1 & 0 & 1 & 0 \\ 0 & 1 & -2 & 0 \\ 0 & 0 & 0 & 1 \end{pmatrix} \qquad (2)\begin{pmatrix} 2 & -1 & 0 & 1 \\ 0 & 2 & 1 & -1 \\ 0 & 0 & 3 & 2 \\ 0 & 0 & 0 & 3 \end{pmatrix}$$

5.2 対角化

$n \times n$ 行列 A が与えられたとき, A の固有ベクトルからなる $\mathbb{R}^n$ の基底が必ず存在するのだろうか. このことは, $n \times n$ 行列 A が与えられたとき, $P^{-1}AP$ が対角行列となるような正則行列 P が存在するかどうかということと密接な関係がある.

定義 $P^{-1}AP$ が対角行列となるような正則行列 P が存在するとき, 正方行列 A は**対角化可能**であるという. また, 行列 P は A を**対角化する**という.

実際次の定理で示されるように, 固有値問題と対角化問題とは同値である.

定理 5.3 A が $n \times n$ 行列のとき, 次は同値である.

(1) A は対角化可能である.

(2) A は n 個の線形独立な固有ベクトルをもつ.

すなわち, A と P が n 次の正方行列のとき,

$$P^{-1}AP = \begin{pmatrix} \lambda_1 & 0 & \dots & 0 \\ 0 & \lambda_2 & \dots & 0 \\ \vdots & \vdots & & \vdots \\ 0 & 0 & \dots & \lambda_n \end{pmatrix} \Leftrightarrow \begin{cases} A\boldsymbol{p_1} = \lambda_1 \boldsymbol{p_1} \\ A\boldsymbol{p_2} = \lambda_2 \boldsymbol{p_2} \\ \qquad \cdots \\ A\boldsymbol{p_n} = \lambda_n \boldsymbol{p_n} \end{cases} \qquad (\boldsymbol{p_1}, \boldsymbol{p_2}, \dots, \boldsymbol{p_n}\text{は線形独立})$$

この定理より, n 次の正方行列 A が n 個の線形独立な固有ベクトルをもつならば対角化可能であり, A は次のステップにより対角化できる.

(1) A の n 個の線形独立な固有ベクトル $\boldsymbol{p_1}, \boldsymbol{p_2}, \dots, \boldsymbol{p_n}$ を求める.

(2) $\boldsymbol{p_1}, \boldsymbol{p_2}, \dots, \boldsymbol{p_n}$ を列ベクトルとする行列を P とする.

(3) 行列 $P^{-1}AP$ は $\lambda_1, \lambda_2, \dots, \lambda_n$ を対角成分としてもつ対角行列となる. ここで, 各 $i = 1, 2, \dots, n$ に対して, λ_i は $\boldsymbol{p_i}$ に対応する固有値である.

例 5.6

$$A = \begin{pmatrix} -1 & 0 & -3 \\ 1 & 2 & 1 \\ 2 & 0 & 4 \end{pmatrix}$$

を対角化する行列 P を求めてみよう.

前節の例 5.5 から, A の特性方程式は $(\lambda-2)^2(\lambda-1)=0$ であり, 固有値とそれに対応する固有空間の基底はそれぞれ

$$\lambda=2: \quad \boldsymbol{p_1}=\begin{pmatrix} 1 \\ 0 \\ -1 \end{pmatrix}, \quad \boldsymbol{p_2}=\begin{pmatrix} 0 \\ 1 \\ 0 \end{pmatrix} \qquad \lambda=1: \quad \boldsymbol{p_3}=\begin{pmatrix} -3 \\ 1 \\ 2 \end{pmatrix}$$

であった. 全部で 3 個の基底ベクトルがあるから, 行列 A は対角化可能で,

$$P=(\boldsymbol{p_1},\boldsymbol{p_2},\boldsymbol{p_3})=\begin{pmatrix} 1 & 0 & -3 \\ 0 & 1 & 1 \\ -1 & 0 & 2 \end{pmatrix}$$

という正則行列 P は A を対角化する. 確かめてみると,

$$P^{-1}AP=\begin{pmatrix} -2 & 0 & -3 \\ 1 & 1 & 1 \\ -1 & 0 & -1 \end{pmatrix}\begin{pmatrix} -1 & 0 & -3 \\ 1 & 2 & 1 \\ 2 & 0 & 4 \end{pmatrix}\begin{pmatrix} 1 & 0 & -3 \\ 0 & 1 & 1 \\ -1 & 0 & 2 \end{pmatrix}=\begin{pmatrix} 2 & 0 & 0 \\ 0 & 2 & 0 \\ 0 & 0 & 1 \end{pmatrix}.$$

P をなす列ベクトルの順番には特に決まりはない. $P^{-1}AP$ の i 番目の対角成分は P の i 番目のベクトルに対応する固有値であるから, P の列の順番を変えると $P^{-1}AP$ の対角成分の固有値の順番が変わる. 例えば上の例で

$$P=(\boldsymbol{p_1},\boldsymbol{p_3},\boldsymbol{p_2})=\begin{pmatrix} 1 & -2 & 0 \\ 0 & 1 & 1 \\ -1 & 1 & 0 \end{pmatrix}$$

とすると

$$P^{-1}AP=\begin{pmatrix} 2 & 0 & 0 \\ 0 & 1 & 0 \\ 0 & 0 & 2 \end{pmatrix}$$

を得る.

基底ベクトルを異なるものに取っても結果に影響はない. 基底ベクトルの選び方は一意ではないから, $\lambda=2$ のときの固有空間の基底 $\boldsymbol{p}_1$ と $\boldsymbol{p}_2$, $\lambda=1$ のときの固有空間の基底 $\boldsymbol{p}_3$ をそれぞれ

$$\boldsymbol{p_1}=\begin{pmatrix} -1 \\ 0 \\ 1 \end{pmatrix}, \quad \boldsymbol{p_2}=\begin{pmatrix} 0 \\ 2 \\ 0 \end{pmatrix}, \qquad \boldsymbol{p_3}=\begin{pmatrix} 6 \\ -2 \\ -4 \end{pmatrix}$$

とすることもできる. 正則行列 $P=(\boldsymbol{p_1},\boldsymbol{p_3},\boldsymbol{p_2})$ は異なるが, P^{-1} も異なるので $P^{-1}AP$ は同じ対角行列を与える.

例 5.7

$$A=\begin{pmatrix} 1 & 0 & 0 \\ 1 & 2 & 0 \\ -3 & 5 & 2 \end{pmatrix}$$

を対角化する行列 P を求めてみよう.

A の特性多項式は

$$|\lambda E - A| = \begin{vmatrix} \lambda-1 & 0 & 0 \\ -1 & \lambda-2 & 0 \\ 3 & -5 & \lambda-2 \end{vmatrix} = (\lambda-1)(\lambda-2)^2$$

であるから, A の固有値は $\lambda = 1$ と $\lambda = 2$ (重解) である.

$\lambda = 1$ のとき,

$$\begin{pmatrix} 0 & 0 & 0 \\ -1 & -1 & 0 \\ 3 & -5 & -1 \end{pmatrix} \longrightarrow \begin{pmatrix} 1 & 0 & -\frac{1}{8} \\ 0 & 1 & \frac{1}{8} \\ 0 & 0 & 0 \end{pmatrix}$$

より, 対応する連立方程式として $x_1 - \frac{1}{8}x_3 = 0$, $x_2 + \frac{1}{8}x_3 = 0$ を得るから, 例えば $x_3 = 8t$ とおくと, $x_1 = t$, $x_2 = -t$. よって $\lambda = 1$ に対応する A の固有ベクトルは

$$t\begin{pmatrix} 1 \\ -1 \\ 8 \end{pmatrix} \qquad (t \text{ は任意定数})$$

であり, 固有空間の基底は例えば

$$\boldsymbol{p}_1 = \begin{pmatrix} 1 \\ -1 \\ 8 \end{pmatrix}$$

と取れる.

$\lambda = 2$ のとき,

$$\begin{pmatrix} 1 & 0 & 0 \\ -1 & 0 & 0 \\ 3 & -5 & 0 \end{pmatrix} \longrightarrow \begin{pmatrix} 1 & 0 & 0 \\ 0 & 1 & 0 \\ 0 & 0 & 0 \end{pmatrix}$$

より, $x_1 = x_2 = 0$, $x_3 = s$ (s は任意定数) を得るから, $\lambda = 2$ に対応する A の固有ベクトルは

$$s\begin{pmatrix} 0 \\ 0 \\ 1 \end{pmatrix} \qquad (s \text{ は任意定数})$$

であり, 固有空間の基底は例えば

$$\boldsymbol{p}_2 = \begin{pmatrix} 0 \\ 0 \\ 1 \end{pmatrix}$$

と取れる.

A は3次の正方行列であるが全部で $\boldsymbol{p}_1$ と $\boldsymbol{p}_2$ の2個の基底しかもたないから, A は対角化可能ではない.

定理 5.4 $n \times n$ 行列 A が n 個の異なる固有値をもてば A は対角化可能である.

例 5.8

$$A = \begin{pmatrix} 1 & 1 & -3 \\ 2 & -1 & 1 \\ -1 & 0 & 2 \end{pmatrix}$$

は, $|\lambda A - E| = (\lambda+2)(\lambda^2 - 4\lambda + 2)$ より 3 個の異なる固有値 $\lambda = -2$, $\lambda = 2 \pm \sqrt{2}$ をもつ. よって A は対角化可能で, ある正則行列 P に対して

$$P^{-1}AP = \begin{pmatrix} -2 & 0 & 0 \\ 0 & 2+\sqrt{2} & 0 \\ 0 & 0 & 2-\sqrt{2} \end{pmatrix}$$

となる.

対角化の役立つ応用例の 1 つとして, 対角化可能行列の累乗計算が挙げられる.
A が n 次正方行列で P が正則行列のとき,

$$(P^{-1}AP)^2 = P^{-1}APP^{-1}AP = P^{-1}AEAP = P^{-1}A^2P$$

となる. 一般には, 任意の正整数 k に対して

$$(P^{-1}AP)^k = P^{-1}A^kP$$

が成り立つ. 従って, A が対角化可能ならば, $P^{-1}AP = D$ は対角行列となり,

$$P^{-1}A^kP = (P^{-1}AP)^k = D^k.$$

よって,

$$A^k = PD^kP^{-1}$$

を得る. D は対角行列であるから

$$D = \begin{pmatrix} d_1 & 0 & \dots & 0 \\ 0 & d_2 & \dots & 0 \\ \vdots & \dots & & \vdots \\ 0 & 0 & \dots & d_n \end{pmatrix} \quad \text{ならば} \quad D^k = \begin{pmatrix} d_1^k & 0 & \dots & 0 \\ 0 & d_2^k & \dots & 0 \\ \vdots & \dots & & \vdots \\ 0 & 0 & \dots & d_n^k \end{pmatrix}$$

例 5.9 例 5.5 の

$$A = \begin{pmatrix} -1 & 0 & -3 \\ 1 & 2 & 1 \\ 2 & 0 & 4 \end{pmatrix}$$

に対して, A^{12} を求めてみよう.

行列 A は

$$P = \begin{pmatrix} 1 & 0 & -3 \\ 0 & 1 & 1 \\ -1 & 0 & 2 \end{pmatrix}$$

によって

$$D = P^{-1}AP = \begin{pmatrix} 2 & 0 & 0 \\ 0 & 2 & 0 \\ 0 & 0 & 1 \end{pmatrix}$$

と対角化された. よって,

$$\begin{aligned} A^{12} = PD^{12}P^{-1} &= \begin{pmatrix} 1 & 0 & -3 \\ 0 & 1 & 1 \\ -1 & 0 & 2 \end{pmatrix} \begin{pmatrix} 2^{12} & 0 & 0 \\ 0 & 2^{12} & 0 \\ 0 & 0 & 1^{12} \end{pmatrix} \begin{pmatrix} -2 & 0 & -3 \\ 1 & 1 & 1 \\ -1 & 0 & -1 \end{pmatrix} \\ &= \begin{pmatrix} -8189 & 0 & -12285 \\ 4095 & 4096 & 4095 \\ 8190 & 0 & 12286 \end{pmatrix}. \end{aligned}$$

練習問題 5.2

1. 次の各行列について, 対角化可能ならば対角化せよ.

(1) $\begin{pmatrix} 2 & 0 \\ 1 & 2 \end{pmatrix}$　(2) $\begin{pmatrix} 2 & -3 \\ 1 & -2 \end{pmatrix}$　(3) $\begin{pmatrix} -14 & 12 \\ -20 & 17 \end{pmatrix}$

(4) $\begin{pmatrix} 1 & -2 \\ -2 & 4 \end{pmatrix}$　(5) $\begin{pmatrix} 2 & 1 \\ -1 & 6 \end{pmatrix}$

2. 次の各行列 A について, 対角化可能ならば行列 A を対角化する行列 P を求め, $P^{-1}AP$ を計算せよ.

(1) $\begin{pmatrix} 1 & 1 & 0 \\ 1 & 1 & 0 \\ 0 & 0 & 1 \end{pmatrix}$　(2) $\begin{pmatrix} 2 & 0 & -2 \\ 0 & 3 & 0 \\ 0 & 0 & 3 \end{pmatrix}$　(3) $\begin{pmatrix} 3 & 0 & 0 \\ 0 & 2 & 0 \\ 0 & 1 & 2 \end{pmatrix}$

(4) $\begin{pmatrix} -1 & 0 & 1 \\ -1 & 3 & 0 \\ -4 & -8 & 5 \end{pmatrix}$　(5) $\begin{pmatrix} 2 & -1 & 0 & 1 \\ 0 & 2 & 1 & -1 \\ 0 & 0 & 3 & 2 \\ 0 & 0 & 0 & 3 \end{pmatrix}$

3. 次の行列の固有値と固有ベクトルを求めよ. また, 対角化可能か, 可能ならば対角化せよ.

(1) $\begin{pmatrix} 2 & 1 & 1 \\ 1 & 2 & 1 \\ 1 & 1 & 2 \end{pmatrix}$ (2) $\begin{pmatrix} -1 & 6 & 1 \\ 5 & 6 & -5 \\ 3 & 6 & -3 \end{pmatrix}$ (3) $\begin{pmatrix} 1 & 0 & 0 \\ 1 & 1 & 0 \\ 0 & 1 & 1 \end{pmatrix}$

(4) $\begin{pmatrix} -5 & 7 & -3 \\ -4 & 6 & -3 \\ -1 & 1 & -1 \end{pmatrix}$ (5) $\begin{pmatrix} 2 & 2 & 1 \\ 1 & 3 & 1 \\ 0 & 2 & 3 \end{pmatrix}$ (6) $\begin{pmatrix} 4 & 0 & 1 \\ 2 & 3 & 2 \\ 1 & 0 & 4 \end{pmatrix}$

(7) $\begin{pmatrix} 0 & 2 & 1 \\ 0 & 1 & 2 \\ 1 & 2 & 0 \end{pmatrix}$ (8) $\begin{pmatrix} 4 & 3 & 3 \\ -3 & -2 & -3 \\ 6 & 6 & 7 \end{pmatrix}$ (9) $\begin{pmatrix} -3 & 5 & 3 \\ -5 & 7 & 3 \\ -6 & 6 & 5 \end{pmatrix}$

(10) $\begin{pmatrix} 0 & 1 & 1 \\ 0 & 2 & 0 \\ -2 & 1 & 3 \end{pmatrix}$

4. $A = \begin{pmatrix} 1 & -1 \\ 0 & 3 \end{pmatrix}$ のとき, A^{10} を求めよ.

5. $A = \begin{pmatrix} -1 & 2 & -8 \\ 0 & 1 & 0 \\ 0 & 0 & 1 \end{pmatrix}$ のとき, A^{11} を求めよ.

6. $A = \begin{pmatrix} 1 & -7 & 1 \\ 0 & -1 & 0 \\ 0 & -15 & 2 \end{pmatrix}$ のとき, 次をそれぞれ求めよ.

(1) A^{100} (2) A^{-100} (3) A^{2341} (4) A^{-2341}

5.3 直交行列と実対称行列の対角化

第4章で, 正規直交基底の重要性とその構成を見てきた. 正規直交基底はまた, その逆行列が転置によって得られるような行列との関係でも極めて重要である. またこのような行列によって, 実対称行列と呼ばれる行列を対角化することができる.

定義

$$A^{-1} = {}^tA$$

という性質をもつ正方行列 A を**直交行列**という.

この定義から, 正方行列 A が直交行列であるための必要十分条件は

$$A^tA = A^tA = E$$

となることである. 実は, 正方行列 A は $A^tA = E$ か $A^tA = E$ のどちらかが成り立てば直交行列となる.

例 5.10 行列

$$\begin{pmatrix} 3/7 & 2/7 & 6/7 \\ -6/7 & 3/7 & 2/7 \\ 2/7 & 6/7 & -3/7 \end{pmatrix}$$

は

$${}^tAA = \begin{pmatrix} 3/7 & -6/7 & 2/7 \\ 2/7 & 3/7 & 6/7 \\ 6/7 & 2/7 & -3/7 \end{pmatrix} \begin{pmatrix} 3/7 & 2/7 & 6/7 \\ -6/7 & 3/7 & 2/7 \\ 2/7 & 6/7 & -3/7 \end{pmatrix} = \begin{pmatrix} 1 & 0 & 0 \\ 0 & 1 & 0 \\ 0 & 0 & 1 \end{pmatrix}$$

だから直交行列である．

定理 5.5 $n \times n$ 行列 A に対して次は同値である．

(1) A は直交行列である．

(2) A の行ベクトルはユークリッド内積において $\mathbb{R}^n$ の正規直交集合をなす．

(3) A の列ベクトルはユークリッド内積において $\mathbb{R}^n$ の正規直交集合をなす．

証明 (1) と (2) が同値であることを示す．(1) と (3) に関しても同様である．行列の積 $A\,{}^tA$ の i 行 j 列成分は A の i 番目の行ベクトルと ${}^tA$ の j 番目の列ベクトルとの内積である．ところが，${}^tA$ の j 番目の列ベクトルは A の j 番目の行ベクトルと同じ要素からなる．よって，A の行ベクトルを $\boldsymbol{r}_1, \boldsymbol{r}_2, \ldots, \boldsymbol{r}_n$ とすると，行列の積 A^tA は

$$A\,{}^tA = \begin{pmatrix} \boldsymbol{r}_1 \cdot \boldsymbol{r}_1 & \boldsymbol{r}_1 \cdot \boldsymbol{r}_2 & \ldots & \boldsymbol{r}_1 \cdot \boldsymbol{r}_n \\ \boldsymbol{r}_2 \cdot \boldsymbol{r}_1 & \boldsymbol{r}_2 \cdot \boldsymbol{r}_2 & \ldots & \boldsymbol{r}_2 \cdot \boldsymbol{r}_n \\ \vdots & \vdots & & \vdots \\ \boldsymbol{r}_n \cdot \boldsymbol{r}_1 & \boldsymbol{r}_n \cdot \boldsymbol{r}_2 & \ldots & \boldsymbol{r}_n \cdot \boldsymbol{r}_n \end{pmatrix}$$

と表される．よって，$A\,{}^tA = E$ であることは

$$\boldsymbol{r}_1 \cdot \boldsymbol{r}_1 = \boldsymbol{r}_2 \cdot \boldsymbol{r}_2 = \cdots = \boldsymbol{r}_n \cdot \boldsymbol{r}_n = 1$$

かつ

$$\boldsymbol{r}_i \cdot \boldsymbol{r}_j = 0 \qquad (i \neq j)$$

となることと同値であり，このことは，$\{\boldsymbol{r}_1, \boldsymbol{r}_2, \ldots, \boldsymbol{r}_n\}$ が $\mathbb{R}^n$ の正規直交集合であるときまたそのときに限り真である．

さて今，A が対称行列であるときの対角化を考えよう．$n \times n$ 行列 A が与えられたとき，$P^{-1}AP = {}^tPAP$ が対角行列となるような直交行列 P が存在するだろうか．

実はこのことは，$n \times n$ 行列 A が与えられたとき，行列 A の固有ベクトルからなる $\mathbb{R}^n$ の直交基底が存在することと関係がある．

定義 ${}^tA = A$ をみたすような n 次正方行列 A は**対称行列**と呼ばれる. 特に, 成分がすべて実数であるような対称行列は**実対称行列**と呼ばれる.

直交行列 P に対して

$$ {}^tPAP = D $$

が対角行列であるためには, A は対称行列でなければならない. なぜなら, P は直交行列であるから $P\,{}^tP = {}^tPP = E$ が成り立ち,

$$ A = PD\,{}^tP $$

と書くことができる. D は対角行列であるから $D = {}^tD$ である. したがって,

$$ {}^tA = {}^t(PD\,{}^tP) = {}^t({}^tP){}^tD\,{}^tP = PD\,{}^tP = A $$

となるから, A は対称行列でなければならない.

次の定理より, どんな対称行列も直交行列によって対角化可能である. ここでいう直交とは, $\mathbb{R}^n$ の内積における直交という意味である.

定理 5.6 A が $n \times n$ 行列のとき, 次は同値である.

(1) A は直交行列によって対角化可能である.

(2) A は n 個の固有ベクトルからなる正規直交集合をもつ.

(3) A は対称行列である.

直交行列によって対称行列を対角化する方法を述べるために, 対称行列の固有値と固有ベクトルに関する次の重要な定理がある.

定理 5.7 A が対称行列ならば,

(1) A の固有値はすべて実数である.

(2) 異なる固有空間に属する固有ベクトルどうしは直交する.

この定理より, 対称行列を直交行列により対角化するためには, 次のようなステップを取ればよい.

ステップ 1	A の各固有空間に対して基底を 1 組（1 つ）ずつ求める.
ステップ 2	これらの基底それぞれにグラム-シュミットの直交化法[2]を使って, 固有空間ごとに正規直交基底を求める.
ステップ 3	ステップ 2 で求めた基底ベクトル全体が列をなすような行列 P を作れば, P は直交行列となり A を対角化する.

[2]4.3 節定理 4.9 参照

例 5.11

$$A = \begin{pmatrix} -1 & -1 & 2 \\ -1 & -1 & -2 \\ 2 & -2 & 2 \end{pmatrix}$$

を対角化する直交行列 P を求めてみよう.

A の特性方程式は

$$|\lambda E - A| = \begin{vmatrix} \lambda+1 & 1 & -2 \\ 1 & \lambda+1 & 2 \\ -2 & 2 & \lambda-2 \end{vmatrix} = (\lambda+2)^2(\lambda-4) = 0$$

であるから, A の固有値は $\lambda = -2$ (重解), $\lambda = 4$ となる. $\lambda = -2$ のとき

$$\begin{pmatrix} -1 & 1 & -2 \\ 1 & -1 & 2 \\ -2 & 2 & -4 \end{pmatrix} \to \begin{pmatrix} 1 & -1 & 2 \\ 0 & 0 & 0 \\ 0 & 0 & 0 \end{pmatrix}$$

より, $x_1 - x_2 + 2x_3 = 0$. $x_2 = s$, $x_3 = t$ とおくと $x_1 = s - 2t$. 固有ベクトルは

$$s\begin{pmatrix} 1 \\ 1 \\ 0 \end{pmatrix} + t\begin{pmatrix} -2 \\ 0 \\ 1 \end{pmatrix}.$$

よって固有空間の基底は, 例えば

$$\boldsymbol{u_1} = \begin{pmatrix} 1 \\ 1 \\ 0 \end{pmatrix} \quad と \quad \boldsymbol{u_2} = \begin{pmatrix} -2 \\ 0 \\ 1 \end{pmatrix}$$

と取れる. グラム-シュミットの直交化法を $\{\boldsymbol{u_1}, \boldsymbol{u_2}\}$ に適用しよう. $\boldsymbol{v_1} = \boldsymbol{u}_1$ とおくと

$$\boldsymbol{v}_2 = \boldsymbol{u}_2 - \frac{\langle \boldsymbol{u_2}, \boldsymbol{v_1} \rangle}{\|\boldsymbol{v_1}\|^2}\boldsymbol{v_1} = \begin{pmatrix} -2 \\ 0 \\ 1 \end{pmatrix} - \frac{1(-2)+1\cdot 0+0\cdot 1}{1^2+1^2+0^2}\begin{pmatrix} 1 \\ 1 \\ 0 \end{pmatrix} = \begin{pmatrix} -1 \\ 1 \\ 1 \end{pmatrix}.$$

$\|\boldsymbol{v}_1\| = \sqrt{2}$, $\|\boldsymbol{v}_2\| = \sqrt{3}$ より, $\boldsymbol{v}_1$ と $\boldsymbol{v}_2$ をそれぞれ正規化して

$$\boldsymbol{q_1} = \begin{pmatrix} 1/\sqrt{2} \\ 1/\sqrt{2} \\ 0 \end{pmatrix} \quad と \quad \boldsymbol{q_2} = \begin{pmatrix} -1/\sqrt{3} \\ 1/\sqrt{3} \\ 1/\sqrt{3} \end{pmatrix}$$

を得る.

$\lambda = 4$ のとき

$$\begin{pmatrix} 5 & 1 & -2 \\ 1 & 5 & 2 \\ -2 & 2 & 2 \end{pmatrix} \to \begin{pmatrix} 1 & 0 & -\frac{1}{2} \\ 0 & 1 & \frac{1}{2} \\ 0 & 0 & 0 \end{pmatrix}$$

より, $x_1 - \frac{1}{2}x_3 = 0$, $x_2 + \frac{1}{2}x_3$. $x_3 = 2m$ とおくと $x_1 = m$, $x_2 = -m$. 固有ベクトルは

$$m\begin{pmatrix} 1 \\ -1 \\ 2 \end{pmatrix}$$

固有空間の基底は, 例えば

$$\boldsymbol{u_3} = \begin{pmatrix} 1 \\ -1 \\ 2 \end{pmatrix}$$

と取れるから, $\{\boldsymbol{u_3}\}$ を正規化して

$$\boldsymbol{q_3} = \begin{pmatrix} 1/\sqrt{6} \\ -1/\sqrt{6} \\ 2/\sqrt{6} \end{pmatrix}$$

を得る. 最後に列ベクトルとして $\boldsymbol{q_1}$, $\boldsymbol{q_2}$, $\boldsymbol{q_3}$ を使って

$$P = \begin{pmatrix} 1/\sqrt{2} & -1/\sqrt{3} & 1/\sqrt{6} \\ 1/\sqrt{2} & 1/\sqrt{3} & -1/\sqrt{6} \\ 0 & 1/\sqrt{3} & 2/\sqrt{6} \end{pmatrix}$$

を得る. P は直交行列であり,

$${}^tPAP = \begin{pmatrix} -2 & 0 & 0 \\ 0 & -2 & 0 \\ 0 & 0 & 4 \end{pmatrix}$$

と A を対角化する.

練習問題 5.3

1. 次の行列が直交行列であることを示せ.

(1) $\begin{pmatrix} 1 & 0 \\ 0 & -1 \end{pmatrix}$ (2) $\dfrac{1}{1+a^2}\begin{pmatrix} 1-a^2 & 2a \\ -2a & 1-a^2 \end{pmatrix}$

(3) $\dfrac{1}{3}\begin{pmatrix} 1 & 2 & 2 \\ 2 & 1 & -2 \\ -2 & 2 & -1 \end{pmatrix}$ (4) $\begin{pmatrix} \sin\theta\cos\varphi & \cos\theta\cos\varphi & -\sin\varphi \\ \sin\theta\sin\varphi & \cos\theta\sin\varphi & \cos\varphi \\ \cos\theta & -\sin\theta & 0 \end{pmatrix}$

2. $\begin{pmatrix} 1/\sqrt{2} & 1/\sqrt{3} & 1/\sqrt{6} \\ a & b & c \\ 0 & d & e \end{pmatrix}$ が直交行列となるように, a, b, c, d, e の値を求めよ. ただし, $a > 0$, $d < 0$ とする.

3. 次の実対称行列を直交行列で対角化せよ.

(1) $\begin{pmatrix} 1 & 3 \\ 3 & 9 \end{pmatrix}$　(2) $\begin{pmatrix} 4 & 1 \\ 1 & 4 \end{pmatrix}$　(3) $\begin{pmatrix} 2 & \sqrt{2} \\ \sqrt{2} & 3 \end{pmatrix}$　(4) $\begin{pmatrix} 2 & -2 \\ -2 & -1 \end{pmatrix}$

(5) $\begin{pmatrix} 4 & 2 & 2 \\ 2 & 4 & 2 \\ 2 & 2 & 4 \end{pmatrix}$　(6) $\begin{pmatrix} 1 & -4 & 2 \\ -4 & 1 & -2 \\ 2 & -2 & -2 \end{pmatrix}$　(7) $\begin{pmatrix} 1 & 1 & 1 \\ 1 & 1 & 1 \\ 1 & 1 & 1 \end{pmatrix}$

4. 次のそれぞれの行列 A を対角化するような直交行列 P を求め，$P^{-1}AP$ を計算せよ．

(1) $\begin{pmatrix} -2 & 0 & -36 \\ 0 & -3 & 0 \\ -36 & 0 & -23 \end{pmatrix}$　(2) $\begin{pmatrix} 1 & 1 & 0 \\ 1 & 1 & 0 \\ 0 & 0 & 0 \end{pmatrix}$　(3) $\begin{pmatrix} 2 & -1 & -1 \\ -1 & 2 & -1 \\ -1 & -1 & 2 \end{pmatrix}$

(4) $\begin{pmatrix} 3 & 1 & 0 & 0 \\ 1 & 3 & 0 & 0 \\ 0 & 0 & 0 & 0 \\ 0 & 0 & 0 & 0 \end{pmatrix}$　(5) $\begin{pmatrix} -7 & 24 & 0 & 0 \\ 24 & 7 & 0 & 0 \\ 0 & 0 & -7 & 24 \\ 0 & 0 & 24 & 7 \end{pmatrix}$

(6) $\begin{pmatrix} 4 & 4 & 0 & 0 \\ 4 & 4 & 0 & 0 \\ 0 & 0 & 0 & 0 \\ 0 & 0 & 0 & 0 \end{pmatrix}$　(7) $\begin{pmatrix} 2 & -1 & 0 & 0 \\ -1 & 2 & 0 & 0 \\ 0 & 0 & 2 & -1 \\ 0 & 0 & -1 & 2 \end{pmatrix}$

5. 次の実対称行列を直交行列で対角化せよ．

(1) $\begin{pmatrix} 1 & 4 & 2 \\ 4 & 1 & 2 \\ 2 & 2 & -2 \end{pmatrix}$　(2) $\begin{pmatrix} 2 & 1 & 3 \\ 1 & 2 & 3 \\ 3 & 3 & 10 \end{pmatrix}$　(3) $\begin{pmatrix} 1 & -1 & 1 \\ -1 & 1 & 1 \\ 1 & 1 & 1 \end{pmatrix}$

(4) $\begin{pmatrix} 1 & 2 & 3 \\ 2 & 1 & 3 \\ 3 & 3 & 6 \end{pmatrix}$　(5) $\begin{pmatrix} 2 & 2 & 3 \\ 2 & 5 & 6 \\ 3 & 6 & 10 \end{pmatrix}$　(6) $\begin{pmatrix} 1 & 0 & 1 \\ 0 & 1 & 1 \\ 1 & 1 & 0 \end{pmatrix}$

5.4　章末問題

1. 次の行列 A の固有値とそれに対する固有空間を求めよ．

(1) $\begin{pmatrix} -1 & 3 & -3 \\ 2 & 5 & -8 \\ 2 & 3 & -6 \end{pmatrix}$　(2) $\begin{pmatrix} 2 & -1 & -2 \\ 4 & -3 & -2 \\ 4 & -1 & -4 \end{pmatrix}$

2. 上の 1(1) の行列 A を対角化する正則行列 P と $P^{-1}AP$ を求めよ．

3. 次の行列 A の固有値とそれに対する固有空間を求めよ．

(1) $\begin{pmatrix} 6 & 1 & 1 \\ -1 & 2 & 1 \\ -1 & 1 & 2 \end{pmatrix}$　(2) $\begin{pmatrix} 2 & -1 & 1 \\ -1 & 2 & -1 \\ 1 & -1 & 2 \end{pmatrix}$

4. 上の 3(1) の行列 A を対角化する正則行列 P と $P^{-1}AP$ を求めよ．

5. 次の行列の固有値と固有ベクトルを求めよ.

(1) $\begin{pmatrix} 1 & 1 & 2 \\ 0 & 1 & 0 \\ 1 & 0 & 2 \end{pmatrix}$ (2) $\begin{pmatrix} 1 & 0 & 2 \\ -2 & 3 & 2 \\ -4 & 0 & 7 \end{pmatrix}$

6. 次の行列の固有値と固有ベクトルを求めよ. また, 対角化可能か. 可能ならば対角化せよ.

(1) $\begin{pmatrix} 4 & -1 & 1 \\ 1 & 1 & 1 \\ 1 & -1 & 3 \end{pmatrix}$ (2) $\begin{pmatrix} 0 & 2 & 3 \\ 1 & 1 & 3 \\ 2 & 4 & 5 \end{pmatrix}$ (3) $\begin{pmatrix} 5 & 2 & 1 \\ 1 & 4 & -1 \\ -1 & -2 & 3 \end{pmatrix}$

(4) $\begin{pmatrix} 3 & 1 & -1 \\ -1 & 1 & 1 \\ 1 & 1 & 1 \end{pmatrix}$ (5) $\begin{pmatrix} 3 & -2 & 1 \\ 1 & 0 & 1 \\ 0 & -1 & 3 \end{pmatrix}$ (6) $\begin{pmatrix} 2 & 1 & -2 \\ 3 & 4 & -6 \\ 2 & 2 & -3 \end{pmatrix}$

7. 次の実対称行列を直交行列で対角化せよ.

(1) $\begin{pmatrix} 8 & -2 & 2 \\ -2 & 5 & 4 \\ 2 & 4 & 5 \end{pmatrix}$ (2) $\begin{pmatrix} 1 & 2 & -1 \\ 2 & -2 & 2 \\ -1 & 2 & 1 \end{pmatrix}$ (3) $\begin{pmatrix} 3 & 2 & 4 \\ 2 & 0 & 2 \\ 4 & 2 & 3 \end{pmatrix}$

(4) $\begin{pmatrix} 2 & -2 & 0 \\ -2 & 3 & -2 \\ 0 & -2 & 4 \end{pmatrix}$ (5) $\begin{pmatrix} -1 & -1 & 2 \\ -1 & -1 & -2 \\ 2 & -2 & 2 \end{pmatrix}$

(6) $\begin{pmatrix} a-1 & a & a \\ a & a-1 & a \\ a & a & a-1 \end{pmatrix}$ $(a \neq 0)$

問題の解答

第0章

0.1 復習問題

1. $x=1,\ y=2,\ z=-1$
2. (1) $x=1,\ y=1$ (2) 無限個の解（t を任意定数として, $x=t,\ y=2-t$） (3) 解なし
3. (1) $k=-4/5,\ l=6/5$ (2) $x=9/2$
4. (1) 存在しない (2) $B=\begin{pmatrix} 3 & 5 \\ -2 & -3 \end{pmatrix}$
5. $\begin{pmatrix} -5 & 0 \\ 0 & 10 \end{pmatrix}$ （$9A^2-B^2 \neq (3A+B)(3A-B)$ に注意）
6. (1) $(4,-2)$ (2) $y=-\frac{1}{2}x+1$
7. (1) $\begin{pmatrix} 1 & 0 \\ 0 & 9 \end{pmatrix}$ (2) $\frac{1}{8}\begin{pmatrix} 9^n+7 & 9^n-1 \\ 7\cdot 9^n-7 & 7\cdot 9^n+1 \end{pmatrix}$

0.2 確認問題

1. $x=1,\ y=2,\ z=3$
2. (1) $k\neq 6$ (2) このような k の値はない (3) $k=6$
3. (1) $x=-2$ (2) $x=(-13\pm\sqrt{31})/6$
4. $A^2=\begin{pmatrix} 1 & 0 \\ 0 & 1 \end{pmatrix}$, $A^3=\begin{pmatrix} 2 & -1 \\ 3 & -2 \end{pmatrix}$; n が偶数のとき $A^n=\begin{pmatrix} 1 & 0 \\ 0 & 1 \end{pmatrix}$, n が奇数のとき $A^n=\begin{pmatrix} 2 & -1 \\ 3 & -2 \end{pmatrix}$
5. $\begin{pmatrix} 8 & 0 \\ 0 & 29 \end{pmatrix}$ （$4A^2-9B^2 \neq (2A+3B)(2A-3B)$ に注意）
6. (1) $\begin{pmatrix} 3 & 1 \\ 5 & 2 \end{pmatrix}$ (2) $(5,7)$
7. (1) $\begin{pmatrix} 2 & 0 \\ 0 & 3 \end{pmatrix}$ (2) $\begin{pmatrix} 2^{n+1}-3^n & -2^{n+1}+2\cdot 3^n \\ 2^n-3^n & -2^n+2\cdot 3^n \end{pmatrix}$

第1章

練習問題 1.1

1.

(1) $\begin{pmatrix} 3 & -2 & -1 \\ 4 & 5 & 3 \\ 7 & 3 & 2 \end{pmatrix}$ (2) $\begin{pmatrix} 2 & 0 & 5 & 1 \\ 3 & -1 & 4 & -5 \\ 6 & 1 & -1 & -10 \end{pmatrix}$

(3) $\begin{pmatrix} 1 & 2 & 0 & -1 & 1 & 1 \\ 0 & 3 & 1 & 0 & -1 & 2 \\ 0 & 0 & 1 & 7 & 0 & 1 \end{pmatrix}$ (4) $\begin{pmatrix} 1 & 0 & 0 & 1 \\ 0 & 1 & 0 & 1 \\ 0 & 0 & 1 & 1 \end{pmatrix}$

2.

(1) $\begin{cases} 2x = 0 \\ 3x-4y=0 \\ y=1 \end{cases}$ (2) $\begin{cases} 3x_1 - 2x_3 = 5 \\ 6x_1+x_2+4x_3=-3 \\ -2x_2+x_3=9 \end{cases}$

(3) $\begin{cases} 7x_1+2x_2+x_3-3x_4=5 \\ x_1+2x_2+4x_3=1 \end{cases}$ (4) $\begin{cases} x = 7 \\ y = -2 \\ z = 3 \\ w = 4 \end{cases}$

3.1(2)

$$\begin{pmatrix}2&0&5&1\\3&-1&4&-5\\6&1&-1&-10\end{pmatrix}\xrightarrow[\text{第 1 行を }(-3)\text{ 倍して第 3 行に加える}]{\text{第 1 行を }(-1)\text{ 倍して第 2 行に加える}}\begin{pmatrix}2&0&5&1\\1&-1&-1&-6\\0&1&-16&-13\end{pmatrix}$$

$$\xrightarrow[\text{さらに第 2 行と第 3 行を交換する}]{\text{第 1 行と第 2 行を交換する}}\begin{pmatrix}1&-1&-1&-6\\0&1&-16&-13\\2&0&5&1\end{pmatrix}\xrightarrow{\text{第 1 行を }(-2)\text{ 倍して第 3 行に加える}}\begin{pmatrix}1&-1&-1&-6\\0&1&-16&-13\\0&2&7&13\end{pmatrix}$$

$$\xrightarrow[\text{第 2 行を第 1 行に加える}]{\text{第 2 行を }(-2)\text{ 倍して第 3 行に加える}}\begin{pmatrix}1&0&-17&-19\\0&1&-16&-13\\0&0&39&39\end{pmatrix}\xrightarrow{\text{第 3 行を }\frac{1}{39}\text{ 倍する}}\begin{pmatrix}1&0&-17&-19\\0&1&-16&-13\\0&0&1&1\end{pmatrix}$$

$$\xrightarrow[\text{第 3 行を 16 倍して第 2 行に加える}]{\text{第 3 行を 17 倍して第 1 行に加える}}\begin{pmatrix}1&0&0&-2\\0&1&0&3\\0&0&1&1\end{pmatrix}.\qquad \text{よって, } x_1=-2,\ x_2=3,\ x_3=1.$$

2.(2)

$$\begin{pmatrix}3&0&-2&5\\6&1&4&-3\\0&-2&1&9\end{pmatrix}\xrightarrow{\text{第 1 行を }(-2)\text{ 倍して第 2 行に加える}}\begin{pmatrix}3&0&-2&5\\0&1&8&-13\\0&-2&1&9\end{pmatrix}$$

$$\xrightarrow[\text{第 1 行を }\frac{1}{3}\text{ 倍する}]{\text{第 2 行を 2 倍して第 3 行に加える}}\begin{pmatrix}1&0&-\frac{2}{3}&\frac{5}{3}\\0&1&8&-13\\0&0&17&-17\end{pmatrix}\xrightarrow{\text{第 3 行を }\frac{1}{17}\text{ 倍する}}\begin{pmatrix}1&0&-\frac{2}{3}&\frac{5}{3}\\0&1&8&-13\\0&0&1&-1\end{pmatrix}$$

$$\xrightarrow[\text{第 3 行を }\frac{2}{3}\text{ 倍して第 1 行に加える}]{\text{第 3 行を }(-8)\text{ 倍して第 2 行に加える}}\begin{pmatrix}1&0&0&1\\0&1&0&-5\\0&0&1&-1\end{pmatrix}.\qquad \text{よって, } x_1=1,\ x_2=-5,\ x_3=-1.$$

4.

$$\begin{pmatrix}1&1&2&6\\3&6&-5&-1\\2&4&-3&0\end{pmatrix}\xrightarrow[\text{第 1 行を }(-2)\text{ 倍して第 3 行に加える}]{\text{第 1 行を }(-3)\text{ 倍して第 2 行に加える}}\begin{pmatrix}1&1&2&6\\0&3&-11&-19\\0&2&-7&-12\end{pmatrix}$$

$$\xrightarrow{\text{第 3 行を }(-1)\text{ 倍して第 2 行に加える}}\begin{pmatrix}1&1&2&6\\0&1&-4&-7\\0&2&-7&-12\end{pmatrix}\xrightarrow[\text{第 2 行を }(-2)\text{ 倍して第 3 行に加える}]{\text{第 2 行を }(-1)\text{ 倍して第 1 行に加える}}\begin{pmatrix}1&0&6&13\\0&1&-4&-7\\0&0&1&2\end{pmatrix}$$

$$\xrightarrow[\text{第 3 行を 4 倍して第 2 行に加える}]{\text{第 3 行を }(-6)\text{ 倍して第 1 行に加える}}\begin{pmatrix}1&0&0&1\\0&1&0&1\\0&0&1&2\end{pmatrix}.\qquad \text{よって, } x=1,\ y=1,\ z=2.$$

練習問題 1.2

1.(1) 行基本変形をすると, $\begin{pmatrix}1&-1&3\\5&-4&-4\\7&-6&2\end{pmatrix}\to\cdots\to\begin{pmatrix}1&0&-16\\0&1&-19\\0&0&0\end{pmatrix}$ となるから, 階数は 2.

(2) $\begin{pmatrix}2&0&-1\\4&0&-2\\0&0&0\end{pmatrix}\xrightarrow{\text{行基本変形して}}\begin{pmatrix}1&0&-\frac{1}{2}\\0&0&0\\0&0&0\end{pmatrix}$ より, 階数は 1.

(3) $\begin{pmatrix}1&4&5&2\\2&1&3&0\\-1&3&2&2\end{pmatrix}\xrightarrow{\text{行基本変形}}\begin{pmatrix}1&0&1&-\frac{2}{7}\\0&1&1&\frac{4}{7}\\0&0&0&0\end{pmatrix}$ より, 階数は 2.

(4) $\begin{pmatrix}1&4&5&6&9\\3&-2&1&4&-1\\-1&0&-1&-2&-1\\2&3&5&7&8\end{pmatrix}\xrightarrow{\text{行基本変形}}\begin{pmatrix}1&0&1&2&1\\0&1&1&1&2\\0&0&0&0&0\\0&0&0&0&0\end{pmatrix}$ より, 階数は 2.

(5) $\begin{pmatrix} 1 & -3 & 2 & 2 & 1 \\ 0 & 3 & 6 & 0 & -3 \\ 2 & -3 & -2 & 4 & 4 \\ 3 & -6 & 0 & 6 & 5 \\ -2 & 9 & 2 & -4 & -5 \end{pmatrix} \xrightarrow{\text{行基本変形}} \begin{pmatrix} 1 & 0 & 0 & 2 & \frac{4}{3} \\ 0 & 1 & 0 & 0 & -\frac{1}{6} \\ 0 & 0 & 1 & 0 & -\frac{5}{12} \\ 0 & 0 & 0 & 0 & 0 \\ 0 & 0 & 0 & 0 & 0 \end{pmatrix}$ となるから, 階数は 3.

(6) $\begin{pmatrix} 1 & 2 & 1 & 2 \\ 1 & -1 & 1 & -1 \\ 1 & 2 & 2 & 1 \end{pmatrix} \xrightarrow{\text{行基本変形}} \begin{pmatrix} 1 & 0 & 0 & 1 \\ 0 & 1 & 0 & 1 \\ 0 & 0 & 1 & -1 \end{pmatrix}$ より, 階数は 3.

練習問題 1.3

1. $AB = 1 \cdot 3 + 2 \cdot 4 = 11$, $BC = \begin{pmatrix} 15 & 18 & 21 \\ 20 & 24 & 28 \end{pmatrix}$, $(AB)C = (55\ 66\ 77)$, $A(BC) = (55\ 66\ 77)$

2. $2A - 3B = \begin{pmatrix} -4 & 7 & 2 \\ -11 & 6 & -7 \end{pmatrix}$, $3A + 2B = \begin{pmatrix} 7 & 4 & 3 \\ 3 & 9 & -4 \end{pmatrix}$

3.(1) $AB = \begin{pmatrix} 2 & -3 & 7 \\ -1 & -18 & 4 \\ 6 & 7 & 14 \end{pmatrix}$, $BA = \begin{pmatrix} 10 & -8 & 17 \\ 21 & -20 & 34 \\ 3 & 5 & 8 \end{pmatrix}$ より, $AB + BA = \begin{pmatrix} 12 & -11 & 24 \\ 20 & -38 & 38 \\ 9 & 12 & 22 \end{pmatrix}$

(2) $ABAB = \begin{pmatrix} 49 & 97 & 100 \\ 40 & 355 & -23 \\ 89 & -46 & 266 \end{pmatrix}$

4. $AB = \begin{pmatrix} -4 & -3 \\ 9 & 9 \end{pmatrix}$, $BA = \begin{pmatrix} 4 & 7 & 9 \\ 1 & -2 & 0 \\ 0 & 5 & 3 \end{pmatrix}$

練習問題 1.4

1.(1) $\begin{pmatrix} 5 & 5 \\ 0 & 3 \\ 1 & 0 \end{pmatrix}$ (2) $\begin{pmatrix} -6 & -19 \\ 13 & 12 \\ 4 & -13 \end{pmatrix}$ (3) $\begin{pmatrix} -1 & -1 & -1 \\ 13 & -2 & 3 \\ -4 & -1 & -2 \end{pmatrix}$

2.(1) ${}^t(A\,{}^tA) = {}^t({}^tA){}^tA = A\,{}^tA$, ${}^t(A + {}^tA) = {}^tA + {}^t({}^tA) = {}^tA + A = A + {}^tA$
(2) ${}^t(A - {}^tA) = {}^tA - {}^t({}^tA) = {}^tA - A = -(A - {}^tA)$

3. $A\,{}^tA = \begin{pmatrix} 13 & 7 & 3 & 26 \\ 7 & 45 & -19 & -12 \\ 3 & -19 & 11 & 19 \\ 26 & -12 & 19 & 69 \end{pmatrix}$, ${}^tAA = \begin{pmatrix} 51 & -3 & 11 \\ -3 & 9 & 25 \\ 11 & 25 & 78 \end{pmatrix}$

4. $A = \frac{1}{2}(A + {}^tA) + \frac{1}{2}(A - {}^tA) = \begin{pmatrix} 2 & 0 & -1 \\ 0 & 2 & 5 \\ -1 & 5 & 7 \end{pmatrix} + \begin{pmatrix} 0 & -1 & 4 \\ 1 & 0 & -1 \\ -4 & 1 & 0 \end{pmatrix}$

練習問題 1.5

1.(1) 元の行列を A とすると, 偶数 m に対して $A^m = E$, 奇数 n に対して $A^m = A$

(2) 元の行列を B とすると, $B^2 = \begin{pmatrix} 0 & 0 & 1 & 0 \\ 0 & 0 & 0 & 1 \\ 0 & 0 & 0 & 0 \\ 0 & 0 & 0 & 0 \end{pmatrix}$, $B^3 = \begin{pmatrix} 0 & 0 & 0 & 1 \\ 0 & 0 & 0 & 0 \\ 0 & 0 & 0 & 0 \\ 0 & 0 & 0 & 0 \end{pmatrix}$, $m \geq 4$ に対して

$B^m = O$

練習問題 1.6

1.(1) 行基本変形すると, $\left(\begin{array}{cccc|c} 1 & 1 & 1 & -1 & -1 \\ 6 & 7 & 8 & -5 & -1 \\ 5 & 7 & 9 & -3 & 5 \end{array}\right) \longrightarrow \left(\begin{array}{cccc|c} 1 & 0 & -1 & -2 & -6 \\ 0 & 1 & 2 & 1 & 5 \\ 0 & 0 & 0 & 0 & 0 \end{array}\right)$

$\mathrm{rank}(A|\boldsymbol{b}) = \mathrm{rank}A = 2$ であるから無限個の解をもち, 解の自由度は $4 - 2 = 2$.

$\begin{cases} x_1 \quad - x_3 - 2x_4 = -6 \\ \quad x_2 + 2x_3 + x_4 = 5 \end{cases}$ において, $x_3 = t_1$, $x_4 = t_2$ とおくと, $x_1 = t_1 + 2t_2 - 6$,
$x_2 = -2t_1 - t_2 + 5$ (t_1, t_2: 任意定数).

(2) 行基本変形すると, $\left(\begin{array}{cccc|c} 2 & 0 & 1 & -11 & 11 \\ 1 & 9 & -8 & -7 & -3 \\ 1 & 1 & 0 & -7 & 5 \end{array}\right) \longrightarrow \left(\begin{array}{cccc|c} 1 & 0 & 0 & -4 & 5 \\ 0 & 1 & 0 & -3 & 0 \\ 0 & 0 & 1 & -3 & 1 \end{array}\right)$

$\mathrm{rank}(A|\boldsymbol{b}) = \mathrm{rank}A = 3$ であるから無限個の解をもち, 解の自由度は $4-3=1$.

$\begin{cases} x_1 \quad\quad - 4x_4 = 5 \\ \quad x_2 \quad - 3x_4 = 0 \\ \quad\quad x_3 - 3x_4 = 1 \end{cases}$ において, $x_4 = t$ とおくと, $x_1 = 4t+5$, $x_2 = 3t$, $x_3 = 3t+1$ (t: 任意定数).

(3) 行基本変形すると, $\left(\begin{array}{ccc|c} 1 & -1 & 1 & 4 \\ -1 & 0 & -3 & -3 \\ 0 & 1 & 2 & -1 \\ 1 & 2 & 7 & 1 \end{array}\right) \longrightarrow \left(\begin{array}{ccc|c} 1 & 0 & 3 & 3 \\ 0 & 1 & 2 & -1 \\ 0 & 0 & 0 & 0 \\ 0 & 0 & 0 & 0 \end{array}\right)$

$\mathrm{rank}(A|\boldsymbol{b}) = \mathrm{rank}A = 2$ であるから無限個の解をもち, 解の自由度は $3-2=1$.

$\begin{cases} x_1 \quad + 3x_3 = 3 \\ \quad x_2 + 2x_3 = -1 \end{cases}$ において, $x_3 = t$ とおくと, $x_1 = -3t+3$, $x_2 = -2t-1$ (t: 任意定数).

(4) 行基本変形すると, $\left(\begin{array}{ccc|c} 1 & -1 & -1 & 4 \\ 1 & 2 & 3 & 5 \\ 2 & 1 & 2 & 5 \end{array}\right) \longrightarrow \left(\begin{array}{ccc|c} 1 & 0 & 1/3 & 0 \\ 0 & 1 & 4/3 & 0 \\ 0 & 0 & 0 & 1 \end{array}\right)$

係数行列の階数が 2, 拡大係数行列の階数が 3 と異なるから, 解なし.

練習問題 1.7

1.(1) $x_1 = t_1 + 2t_2$, $x_2 = -2t_1 - 3t_2$, $x_3 = t_1$, $x_4 = t_2$.

(2) $x = 14t$, $y = 13t$, $z = 4t$.

(3) $x = 0$, $y = 0$, $z = 0$, $w = 0$.

(4) $x_1 = 2t_1 - 3t_2$, $x_2 = t_1$, $x_3 = t_2$.

章末問題

1.(1) $\begin{pmatrix} 2 & 1 & 1 \\ 1 & 2 & 1 \\ 1 & 1 & 2 \end{pmatrix} \xrightarrow{\text{行基本変形}} \begin{pmatrix} 1 & 0 & 0 \\ 0 & 1 & 0 \\ 0 & 0 & 1 \end{pmatrix}$ より, 階数 3.

(2) $\begin{pmatrix} -2 & 1 & 1 \\ 1 & -2 & 1 \\ 1 & 1 & -2 \end{pmatrix} \longrightarrow \begin{pmatrix} 1 & 0 & -1 \\ 0 & 1 & -1 \\ 0 & 0 & 0 \end{pmatrix}$ より, 階数 2.

(3) $\begin{pmatrix} 1 & 0 & -1 & 0 & 1 & 0 \\ -1 & 1 & 1 & -1 & -1 & 1 \\ 2 & 0 & -2 & 0 & 2 & -1 \\ 3 & 2 & -3 & -2 & 3 & 2 \end{pmatrix} \longrightarrow \begin{pmatrix} 1 & 0 & -1 & 0 & 1 & 0 \\ 0 & 1 & 0 & -1 & 0 & 0 \\ 0 & 0 & 0 & 0 & 0 & 1 \\ 0 & 0 & 0 & 0 & 0 & 0 \end{pmatrix}$ より, 階数 3.

(4) $\begin{pmatrix} 1 & 2 & 3 & 4 \\ 4 & 1 & 2 & 3 \\ 3 & 4 & 1 & 2 \\ 2 & 3 & 4 & 1 \end{pmatrix} \longrightarrow \begin{pmatrix} 1 & 0 & 0 & 0 \\ 0 & 1 & 0 & 0 \\ 0 & 0 & 1 & 0 \\ 0 & 0 & 0 & 1 \end{pmatrix}$ より, 階数 4.

(5) $\begin{pmatrix} 1 & 2 & 3 & 4 \\ 0 & 1 & 2 & 3 \\ -1 & 0 & 1 & 2 \\ -2 & -1 & 0 & 1 \end{pmatrix} \longrightarrow \begin{pmatrix} 1 & 0 & -1 & -2 \\ 0 & 1 & 2 & 3 \\ 0 & 0 & 0 & 0 \\ 0 & 0 & 0 & 0 \end{pmatrix}$ より, 階数 2.

(6) $\begin{pmatrix} 1 & 2 & 3 & 4 \\ 4 & 3 & 2 & 1 \\ 3 & 4 & 1 & 2 \\ 2 & 1 & 4 & 3 \end{pmatrix} \longrightarrow \begin{pmatrix} 1 & 0 & 0 & -1 \\ 0 & 1 & 0 & 1 \\ 0 & 0 & 1 & 1 \\ 0 & 0 & 0 & 0 \end{pmatrix}$ より, 階数 3.

(7) $\begin{pmatrix} 1 & 2 & 2 & 1 \\ 2 & 1 & 1 & 2 \\ 3 & 1 & 1 & 3 \\ 1 & 3 & 3 & 1 \end{pmatrix} \longrightarrow \begin{pmatrix} 1 & 0 & 0 & 1 \\ 0 & 1 & 1 & 0 \\ 0 & 0 & 0 & 0 \\ 0 & 0 & 0 & 0 \end{pmatrix}$ より, 階数 2.

(8) $\begin{pmatrix} 1 & 2 & 3 & 4 \\ 2 & 3 & 4 & 5 \\ 3 & 4 & 5 & 6 \\ 4 & 5 & 6 & 7 \end{pmatrix} \longrightarrow \begin{pmatrix} 1 & 0 & -1 & -2 \\ 0 & 1 & 2 & 3 \\ 0 & 0 & 0 & 0 \\ 0 & 0 & 0 & 0 \end{pmatrix}$ より, 階数 2.

2. $\begin{pmatrix} a & a & a & a \\ a & a & a & 1 \\ a & a & 1 & 1 \\ a & 1 & 1 & 1 \end{pmatrix} \xrightarrow[\text{第2行}+\text{第3行}\times(-1),\ \text{第3行}+\text{第4行}\times(-1)]{\text{第1行}+\text{第2行}\times(-1)} \begin{pmatrix} 0 & 0 & 0 & a-1 \\ 0 & 0 & a-1 & 0 \\ 0 & a-1 & 0 & 0 \\ a & 1 & 1 & 1 \end{pmatrix}$

(1) $a=1$ のとき, $\begin{pmatrix} 0 & 0 & 0 & 0 \\ 0 & 0 & 0 & 0 \\ 0 & 0 & 0 & 0 \\ 1 & 1 & 1 & 1 \end{pmatrix} \longrightarrow \begin{pmatrix} 1 & 1 & 1 & 1 \\ 0 & 0 & 0 & 0 \\ 0 & 0 & 0 & 0 \\ 0 & 0 & 0 & 0 \end{pmatrix}$ より, 階数 1.

(2) $a=0$ のとき, $\begin{pmatrix} 0 & 0 & 0 & -1 \\ 0 & 0 & -1 & 0 \\ 0 & -1 & 0 & 0 \\ 0 & 1 & 1 & 1 \end{pmatrix} \longrightarrow \begin{pmatrix} 0 & 1 & 0 & 0 \\ 0 & 0 & 1 & 0 \\ 0 & 0 & 0 & 1 \\ 0 & 0 & 0 & 0 \end{pmatrix}$ より, 階数 3.

(3) $a \neq 0, 1$ のとき, $\longrightarrow \begin{pmatrix} 0 & 0 & 0 & 1 \\ 0 & 0 & 1 & 0 \\ 0 & 1 & 0 & 0 \\ a & 1 & 1 & 1 \end{pmatrix} \longrightarrow \begin{pmatrix} 1 & 0 & 0 & 0 \\ 0 & 1 & 0 & 0 \\ 0 & 0 & 1 & 0 \\ 0 & 0 & 0 & 1 \end{pmatrix}$ より, 階数 4.

3. $\begin{pmatrix} 1 & a & a & a \\ a & 1 & a & a \\ a & a & 1 & a \\ a & a & a & 1 \end{pmatrix} \xrightarrow[\text{第3行}+\text{第2行}\times(-1),\ \text{第2行}+\text{第1行}\times(-1)]{\text{第4行}+\text{第3行}\times(-1)} \begin{pmatrix} 1 & a & a & a \\ a-1 & 1-a & 0 & 0 \\ 0 & a-1 & 1-a & 0 \\ 0 & 0 & a-1 & 1-a \end{pmatrix}$

(1) $a=1$ のとき, $\begin{pmatrix} 1 & 1 & 1 & 1 \\ 0 & 0 & 0 & 0 \\ 0 & 0 & 0 & 0 \\ 0 & 0 & 0 & 0 \end{pmatrix}$ より, 階数 1.

(2) $a \neq 1$ のとき, $\longrightarrow \begin{pmatrix} 1 & a & a & a \\ 1 & -1 & 0 & 0 \\ 0 & 1 & -1 & 0 \\ 0 & 0 & 1 & -1 \end{pmatrix} \longrightarrow \begin{pmatrix} 1 & 0 & 0 & -1 \\ 0 & 1 & 0 & -1 \\ 0 & 0 & 1 & -1 \\ 0 & 0 & 0 & 3a+1 \end{pmatrix}$ と行基本変形される

から, $a=-1/3$ のとき階数 3, (3) $a \neq -1/3$ のとき階数 4.

4.(1) $\begin{pmatrix} 36 & 41 \\ 64 & 73 \end{pmatrix}$ (2) $\begin{pmatrix} 2 & 0 & -2 \\ 4 & 2 & 0 \\ 6 & 4 & 2 \\ 8 & 6 & 4 \end{pmatrix}$ (3) $\begin{pmatrix} -8 & -12 \\ -10 & -15 \end{pmatrix}$ (4) $\begin{pmatrix} -23 \end{pmatrix}$ (5) $\begin{pmatrix} 1 & 2 & 3 & -6 \\ 4 & 5 & 6 & -15 \\ 7 & 8 & 9 & -24 \end{pmatrix}$

(6) $\begin{pmatrix} -4 & 0 & 2 \\ 1 & -7 & 5 \\ 4 & 6 & -10 \end{pmatrix}$ (7) $\begin{pmatrix} 8 & 10 \\ 12 & 15 \end{pmatrix}$ (8) $\begin{pmatrix} 23 \end{pmatrix}$

5. $3(A+B)C - 2AC = (A+3B)C = \begin{pmatrix} -30 & 10 & 14 \\ 42 & -14 & 2 \\ 9 & -3 & 30 \end{pmatrix}$

6.(1) $AB = \begin{pmatrix} 1 & 5 \\ 5 & 6 \end{pmatrix}$, $AC = \begin{pmatrix} 6 \\ 5 \end{pmatrix}$, $BA = \begin{pmatrix} 0 & 6 & 3 \\ 1 & 0 & 2 \\ 3 & 2 & 7 \end{pmatrix}$. BC, CA, CB は定義されない.

7. $(A+3B-C)+(-A+B+2C) = 4B+C = \begin{pmatrix} 14 & 1 & 8 \\ -12 & 7 & 27 \\ 12 & 28 & 3 \end{pmatrix}$, ${}^t(AB)C = \begin{pmatrix} 112 & -13 & -90 \\ -10 & -100 & -291 \\ -100 & 26 & 111 \end{pmatrix}$

8.(1) $\left(\begin{array}{ccc|c} 1 & -2 & 3 & 2 \\ 0 & 1 & -1 & -2 \\ 3 & -5 & 8 & 5 \end{array}\right) \xrightarrow{\text{行基本変形}} \left(\begin{array}{ccc|c} 1 & 0 & 1 & -2 \\ 0 & 1 & -1 & -2 \\ 0 & 0 & 0 & 1 \end{array}\right)$ より, 係数行列の階数が 2, 拡大係数

行列の階数が 3 と異なるので, 解なし.

(2) $\left(\begin{array}{rrr|r} 1 & -2 & 3 & 2 \\ 0 & 1 & -1 & -2 \\ 3 & -5 & 8 & 5 \end{array}\right) \longrightarrow \left(\begin{array}{rrr|r} 1 & 0 & -27 & -24 \\ 0 & 1 & -12 & -11 \\ 0 & 0 & 0 & 0 \end{array}\right)$ より, $\mathrm{rank}A = \mathrm{rank}(A, \boldsymbol{b}) = 2 < 3$ となり無限個の解をもつ. $\begin{cases} x \quad - 27z = -24 \\ \quad y - 12z = -11 \end{cases}$ において, $z = t$ とおくと, $x = 27t - 24$, $y = 12t - 11$.

(3) $\left(\begin{array}{rrr|r} 3 & 2 & -1 & 3 \\ 4 & -5 & 3 & 5 \\ 1 & 16 & -8 & 1 \end{array}\right) \longrightarrow \left(\begin{array}{rrr|r} 1 & 0 & 0 & 1 \\ 0 & 1 & 0 & 1 \\ 0 & 0 & 1 & 2 \end{array}\right)$ より, $x = 1$, $y = 1$, $z = 2$.

(4) $\left(\begin{array}{rrr|r} 1 & 2 & -3 & -4 \\ 2 & -3 & 1 & -1 \\ 0 & 7 & -3 & 5 \\ 8 & 1 & -5 & -5 \end{array}\right) \longrightarrow \left(\begin{array}{rrr|r} 1 & 0 & 0 & 1 \\ 0 & 1 & 0 & 2 \\ 0 & 0 & 1 & 3 \\ 0 & 0 & 0 & 0 \end{array}\right)$ より, $x = 1$, $y = 2$, $z = 3$.

(5) $\left(\begin{array}{rrr|r} 10 & 2 & 3 & 34 \\ 3 & 1 & 1 & 10 \\ 12 & 3 & 4 & 41 \end{array}\right) \longrightarrow \left(\begin{array}{rrr|r} 1 & 0 & 0 & 3 \\ 0 & 1 & 0 & -1 \\ 0 & 0 & 1 & 2 \end{array}\right)$ より, $x = 3$, $y = -1$, $z = 2$.

(6) $\left(\begin{array}{rrrr|r} 2 & 2 & 3 & -4 & 1 \\ 3 & -1 & 2 & -5 & 2 \\ 1 & 5 & 4 & -3 & 3 \end{array}\right) \longrightarrow \left(\begin{array}{rrrr|r} 1 & 5 & 4 & -3 & 3 \\ 0 & 8 & 5 & -2 & 2 \\ 0 & 0 & 0 & 0 & 3 \end{array}\right)$ より, $\mathrm{rank}A = 2 \neq 3 = \mathrm{rank}(A, \boldsymbol{b})$ だから解なし.

9.(1) $\left(\begin{array}{rrr|r} 1 & 3 & 2 & 1 \\ 1 & 5 & 8 & 7 \\ 2 & 6 & 6 & 3 \end{array}\right) \longrightarrow \left(\begin{array}{rrr|r} 1 & 0 & 0 & -\frac{9}{2} \\ 0 & 1 & 0 & \frac{3}{2} \\ 0 & 0 & 1 & \frac{1}{2} \end{array}\right)$ より, $x = -\frac{9}{2}$, $y = \frac{3}{2}$, $z = \frac{1}{2}$.

(2) $\left(\begin{array}{rrr|r} 2 & -1 & 4 & 1 \\ 1 & -1 & 1 & -1 \\ 3 & -1 & 7 & 3 \end{array}\right) \longrightarrow \left(\begin{array}{rrr|r} 1 & 0 & 3 & 2 \\ 0 & 1 & 2 & 3 \\ 0 & 0 & 0 & 0 \end{array}\right)$ より, $\mathrm{rank}A = \mathrm{rank}(A, \boldsymbol{b}) = 2 < 3$ となり無限個の解をもつ. $\begin{cases} x \quad + \ 3z = 2 \\ \quad y + 12z = 3 \end{cases}$ において, $z = t$ とおくと, $x = -3t + 2$, $y = -2t + 3$.

(3) $\left(\begin{array}{rrrr|r} 3 & 0 & -5 & 1 & 2 \\ 1 & 2 & -4 & 0 & 1 \\ 1 & -4 & 3 & 1 & 1 \end{array}\right) \longrightarrow \left(\begin{array}{rrrr|r} 1 & 2 & -4 & 0 & 1 \\ 0 & -6 & 7 & 1 & 0 \\ 0 & 0 & 0 & 0 & -1 \end{array}\right)$ より, 係数行列の階数が 2, 拡大係数行列の階数が 3 と異なるので, 解なし.

(4) $\left(\begin{array}{rrrr|r} 1 & 1 & 5 & 0 & 3 \\ 2 & 1 & 7 & 1 & 7 \\ 3 & 1 & 9 & 1 & 8 \end{array}\right) \longrightarrow \left(\begin{array}{rrrr|r} 1 & 0 & 2 & 0 & 1 \\ 0 & 1 & 3 & 0 & 2 \\ 0 & 0 & 0 & 1 & 3 \end{array}\right)$ より, $x + 2z = 1$, $y + 3z = 2$, $w = 3$. $z = t$ とおくと $x = -2t + 1$, $y = -3t + 2$.

(5) $\left(\begin{array}{rrr|r} 1 & 2 & 0 & 3 \\ 2 & 5 & -1 & 0 \\ -3 & 1 & 6 & 1 \end{array}\right) \longrightarrow \left(\begin{array}{rrr|r} 1 & 0 & 0 & 7 \\ 0 & 1 & 0 & -2 \\ 0 & 0 & 1 & 4 \end{array}\right)$ より, $x_1 = 7$, $x_2 = -2$, $x_3 = 4$.

(6) $\left(\begin{array}{rrrr|r} 3 & 1 & 4 & 5 & 2 \\ 6 & -1 & -36 & -45 & -8 \\ -6 & -2 & 12 & 15 & 3 \end{array}\right) \longrightarrow \left(\begin{array}{rrrr|r} 1 & 0 & 0 & 0 & \frac{26}{45} \\ 0 & 1 & 0 & 0 & -\frac{17}{15} \\ 0 & 0 & 1 & \frac{5}{4} & \frac{7}{20} \end{array}\right)$ より, $x = \frac{26}{45}$, $y = -\frac{17}{15}$, $z + \frac{5}{4}w = \frac{7}{20}$. $w = t$ とおくと $z = -\frac{5}{4}t + \frac{7}{20}$.

(7) $\left(\begin{array}{rrr|r} 1 & 4 & 7 & -1 \\ 9 & 2 & 3 & 5 \\ 2 & -3 & -6 & 7 \\ 7 & 5 & 9 & -2 \end{array}\right) \longrightarrow \left(\begin{array}{rrr|r} 1 & 0 & 0 & \frac{1}{5} \\ 0 & 1 & 0 & 13 \\ 0 & 0 & 1 & -\frac{38}{5} \\ 0 & 0 & 0 & 0 \end{array}\right)$ より, $x_1 = \frac{1}{5}$, $x_2 = 13$, $x_3 = -\frac{38}{5}$.

(8) $\left(\begin{array}{rrr|r} 2 & 3 & -1 & 11 \\ 1 & 2 & 0 & 5 \\ 1 & -1 & 2 & -2 \end{array}\right) \longrightarrow \left(\begin{array}{rrr|r} 1 & 0 & 0 & 3 \\ 0 & 1 & 0 & 1 \\ 0 & 0 & 1 & -2 \end{array}\right)$ より, $x_1 = 3$, $x_2 = 1$, $x_3 = -2$.

10.(1) $\begin{pmatrix} 3 & 6 & -9 \\ 2 & 4 & -6 \\ -4 & -8 & 12 \end{pmatrix} \longrightarrow \begin{pmatrix} 1 & 2 & -3 \\ 0 & 0 & 0 \\ 0 & 0 & 0 \end{pmatrix}$ より, $x_1 + 2x_2 - 3x_3 = 0$. よって, $x_2 = s$,

$x_3 = t$ とおくと $x_1 = -2s + 3t$. (2) $\begin{pmatrix} 0 & 1 & 3 & 2 \\ -1 & 0 & -4 & 3 \\ -1 & 1 & -1 & 5 \\ 1 & -2 & -2 & -7 \end{pmatrix} \longrightarrow \begin{pmatrix} 1 & 0 & 4 & -3 \\ 0 & 1 & 3 & 2 \\ 0 & 0 & 0 & 0 \\ 0 & 0 & 0 & 0 \end{pmatrix}$ より, $x_1 + 4x_3 - 3x_4 = 0$, $x_2 + 3x_3 + 2x_4 = 0$. よって, $x_3 = s$, $x_4 = t$ とおくと $x_1 = -4s + 3t$, $x_2 = -3s - 2t$. (3) $\begin{pmatrix} 3 & -3 & -1 \\ -2 & 1 & 1 \\ 2 & 5 & -3 \end{pmatrix} \longrightarrow \begin{pmatrix} 1 & 0 & -\frac{2}{3} \\ 0 & 1 & -\frac{1}{3} \\ 0 & 0 & 0 \end{pmatrix}$ より, $x_1 - \frac{2}{3}x_3 = 0$, $x_2 - \frac{1}{3}x_3 = 0$. よって, $x_3 = 3t$ とおくと $x_1 = 2t$, $x_2 = t$. (4) $\begin{pmatrix} 1 & 1 & -7 & 6 \\ 2 & 2 & -1 & -1 \\ 2 & 1 & -1 & 2 \\ 3 & 1 & 2 & 1 \end{pmatrix} \longrightarrow$ $\begin{pmatrix} 1 & 0 & 0 & 2 \\ 0 & 1 & 0 & -3 \\ 0 & 0 & 1 & -1 \\ 0 & 0 & 0 & 0 \end{pmatrix}$ より, $x_1 + 2x_4 = 0$, $x_2 - 3x_4 = 0$, $x_3 - x_4 = 0$. よって, $x_4 = t$ とおくと $x_1 = -2t$, $x_2 = 3t$, $x_3 = t$.

11.(1) $\left(\begin{array}{cccc|c} 1 & -1 & 1 & 1 & 2 \\ 2 & -1 & 3 & -1 & 0 \\ -1 & 2 & 1 & -1 & 1 \\ -2 & 3 & -1 & -4 & -2 \end{array}\right) \longrightarrow \left(\begin{array}{cccc|c} 1 & 0 & 0 & 0 & 32 \\ 0 & 1 & 0 & 0 & 25 \\ 0 & 0 & 1 & 0 & -11 \\ 0 & 0 & 0 & 1 & 6 \end{array}\right)$ より, $x = 32$, $y = 25$, $z = -11$, $w = 6$.

(2) $\left(\begin{array}{cccc|c} 1 & 2 & -3 & -4 & 1 \\ 1 & 3 & -5 & -5 & 0 \\ 2 & 3 & -4 & -7 & 3 \\ -3 & 1 & -5 & 5 & -10 \end{array}\right) \longrightarrow \left(\begin{array}{cccc|c} 1 & 0 & 1 & -2 & 3 \\ 0 & 1 & -2 & -1 & -1 \\ 0 & 0 & 0 & 0 & 0 \\ 0 & 0 & 0 & 0 & 0 \end{array}\right)$ より, $x_1 + x_3 - 2x_4 = 3$, $x_2 - 2x_3 - x_4 = -1$. よって, $x_3 = s$, $x_4 = t$ とおくと, $x_1 = -s + 2t + 3$, $x_2 = 2s + t - 1$.

(3) $\left(\begin{array}{ccc|c} 1 & 3 & -5 & 1 \\ 2 & 4 & -5 & 3 \\ 3 & 8 & -12 & -2 \end{array}\right) \longrightarrow \left(\begin{array}{ccc|c} 1 & 0 & 0 & 30 \\ 0 & 1 & 0 & -28 \\ 0 & 0 & 1 & -11 \end{array}\right)$ より, $x_1 = 30$, $x_2 = -28$, $x_3 = -11$.

(4) $\left(\begin{array}{cccc|c} 1 & 1 & -1 & -1 & 1 \\ 3 & 2 & 2 & 1 & -1 \\ -2 & -3 & 8 & 7 & 3 \\ 3 & 1 & 8 & 6 & 4 \end{array}\right) \longrightarrow \left(\begin{array}{cccc|c} 1 & 0 & 0 & -1 & -39 \\ 0 & 1 & 0 & 1 & 49 \\ 0 & 0 & 1 & 1 & 9 \\ 0 & 0 & 0 & 0 & 0 \end{array}\right)$ より, $x_1 - x_4 = -39$, $x_2 + x_4 = 49$, $x_3 + x_4 = 9$. よって, $x_4 = t$ とおくと, $x_1 = t - 39$, $x_2 = -t + 49$, $x_3 = -t + 9$.

第2章

練習問題 2.1

1.(1) $\left(\begin{array}{ccc|ccc} 2 & 1 & 1 & 1 & 0 & 0 \\ 1 & 1 & 1 & 0 & 1 & 0 \\ 1 & 2 & 1 & 0 & 0 & 1 \end{array}\right) \xrightarrow[\text{第2行を }(-1)\text{ 倍して第3行に加える}]{\text{第2行を }(-1)\text{ 倍して第2行に加える}} \left(\begin{array}{ccc|ccc} 1 & 0 & 0 & 1 & -1 & 0 \\ 1 & 1 & 1 & 0 & 1 & 0 \\ 0 & 1 & 0 & 0 & -1 & 1 \end{array}\right)$

$\xrightarrow[\text{第3行を }(-1)\text{ 倍して第2行に加える}]{\text{第1行を }(-1)\text{ 倍して第2行に加える}} \left(\begin{array}{ccc|ccc} 1 & 0 & 0 & 1 & -1 & 0 \\ 0 & 0 & 1 & -1 & 3 & -1 \\ 0 & 1 & 0 & 0 & -1 & 1 \end{array}\right) \xrightarrow{\text{第2行と第3行を交換する}}$

$\left(\begin{array}{ccc|ccc} 1 & 0 & 0 & 1 & -1 & 0 \\ 0 & 1 & 0 & 0 & -1 & 1 \\ 0 & 0 & 1 & -1 & 3 & -1 \end{array}\right)$ よって求める逆行列は $\begin{pmatrix} 1 & -1 & 0 \\ 0 & -1 & 1 \\ -1 & 3 & -1 \end{pmatrix}$

(2) $\left(\begin{array}{ccc|ccc} 1 & 2 & -1 & 1 & 0 & 0 \\ -2 & -3 & 2 & 0 & 1 & 0 \\ 3 & 5 & -3 & 0 & 0 & 1 \end{array}\right) \xrightarrow[\text{第1行を }(-3)\text{ 倍して第3行に加える}]{\text{第1行を 2 倍して第2行に加える}} \left(\begin{array}{ccc|ccc} 1 & 2 & -1 & 1 & 0 & 0 \\ 0 & 1 & 0 & 2 & 1 & 0 \\ 0 & -1 & 0 & -3 & 0 & 1 \end{array}\right)$

$$\xrightarrow[\text{第2行を第3行に加える}]{\text{第2行を}(-2)\text{倍して第1行に加える}} \left(\begin{array}{ccc|ccc} 1 & 0 & -1 & -3 & -2 & 0 \\ 0 & 1 & 0 & 2 & 1 & 0 \\ 0 & 0 & 0 & -1 & 1 & 1 \end{array}\right)$$ となるので, 逆行列は存在しない.

(3) から (9) についてはいずれも逆行列が存在し, 基本変形した拡大行列の右側部分が求める逆行列となる.

(3) $\left(\begin{array}{ccc|ccc} 0 & 1 & 1 & 1 & 0 & 0 \\ 1 & 2 & 3 & 0 & 1 & 0 \\ 3 & 5 & 7 & 0 & 0 & 1 \end{array}\right) \longrightarrow \left(\begin{array}{ccc|ccc} 1 & 0 & 0 & -1 & -2 & 1 \\ 0 & 1 & 0 & 2 & -3 & 1 \\ 0 & 0 & 1 & -1 & 3 & -1 \end{array}\right)$

(4) $\left(\begin{array}{ccc|ccc} 2 & 3 & -1 & 1 & 0 & 0 \\ 1 & -1 & -2 & 0 & 1 & 0 \\ 1 & 1 & -1 & 0 & 0 & 1 \end{array}\right) \longrightarrow \left(\begin{array}{ccc|ccc} 1 & 0 & 0 & 3 & 2 & -7 \\ 0 & 1 & 0 & -1 & -1 & 3 \\ 0 & 0 & 1 & 2 & 1 & -5 \end{array}\right)$

(5) $\left(\begin{array}{ccc|ccc} 1 & 1 & 0 & 1 & 0 & 0 \\ 1 & 0 & 1 & 0 & 1 & 0 \\ 0 & 1 & 1 & 0 & 0 & 1 \end{array}\right) \longrightarrow \left(\begin{array}{ccc|ccc} 1 & 0 & 0 & \frac{1}{2} & \frac{1}{2} & -\frac{1}{2} \\ 0 & 1 & 0 & \frac{1}{2} & -\frac{1}{2} & \frac{1}{2} \\ 0 & 0 & 1 & -\frac{1}{2} & \frac{1}{2} & \frac{1}{2} \end{array}\right)$

(6) $\left(\begin{array}{cccc|cccc} 1 & 2 & 1 & 2 & 1 & 0 & 0 & 0 \\ 3 & 4 & 3 & 4 & 0 & 1 & 0 & 0 \\ 0 & 0 & 5 & 6 & 0 & 0 & 1 & 0 \\ 0 & 0 & 7 & 8 & 0 & 0 & 0 & 1 \end{array}\right) \longrightarrow \left(\begin{array}{cccc|cccc} 1 & 0 & 0 & 0 & -2 & 1 & 4 & -3 \\ 0 & 1 & 0 & 0 & \frac{3}{2} & -\frac{1}{2} & -\frac{7}{2} & \frac{5}{2} \\ 0 & 0 & 1 & 0 & 0 & 0 & -4 & 3 \\ 0 & 0 & 0 & 0 & 0 & 0 & \frac{7}{2} & -\frac{5}{2} \end{array}\right)$

(7) $\left(\begin{array}{ccc|ccc} 0 & b & 1 & 1 & 0 & 0 \\ a & 1 & 0 & 0 & 1 & 0 \\ 1 & 0 & 0 & 0 & 0 & 1 \end{array}\right) \longrightarrow \left(\begin{array}{ccc|ccc} 1 & 0 & 0 & 0 & 0 & 1 \\ 0 & 1 & 0 & 0 & 1 & -a \\ 0 & 0 & 1 & 1 & -b & ab \end{array}\right)$

(8) $\left(\begin{array}{ccc|ccc} 1 & 0 & 0 & 1 & 0 & 0 \\ 0 & 1 & 0 & 0 & 1 & 0 \\ a & b & 1 & 0 & 0 & 1 \end{array}\right) \longrightarrow \left(\begin{array}{ccc|ccc} 1 & 0 & 0 & 1 & 0 & 0 \\ 0 & 1 & 0 & 0 & 1 & 0 \\ 0 & 0 & 1 & -a & -b & 1 \end{array}\right)$

(9) $\left(\begin{array}{cccc|cccc} 0 & -1 & 0 & 0 & 1 & 0 & 0 & 0 \\ 1 & 0 & -1 & 0 & 0 & 1 & 0 & 0 \\ 0 & 1 & 0 & -1 & 0 & 0 & 1 & 0 \\ 0 & 0 & 1 & 0 & 0 & 0 & 0 & 1 \end{array}\right) \longrightarrow \left(\begin{array}{cccc|cccc} 1 & 0 & 0 & 0 & 0 & 1 & 0 & 1 \\ 0 & 1 & 0 & 0 & -1 & 0 & 0 & 0 \\ 0 & 0 & 1 & 0 & 0 & 0 & 0 & 1 \\ 0 & 0 & 0 & 1 & -1 & 0 & -1 & 0 \end{array}\right)$

練習問題 2.2

1.(1) サラスの方法を使うと, 与式 $= 1(-1)\cdot 1 + 1\cdot 1(-1) + (-1)\cdot 1\cdot 1 - 1\cdot 1\cdot 1 - 1\cdot 1\cdot 1 - (-1)(-1)(-1) = -4$. (2) -15 (3) -360 (4) 12 (5) $2abc$ (6) $a^3+b^3+c^3-3abc$ または因数分解して $(a+b+c)(a^2+b^2+c^2-ab-bc-ca)$

練習問題 2.3

1.(1) 第 3 行で展開すると, 与式 $= 1\cdot \begin{vmatrix} 1 & 3 & 5 \\ -2 & -7 & -4 \\ 0 & 0 & 1 \end{vmatrix} = \begin{vmatrix} 1 & 3 \\ -2 & -7 \end{vmatrix} = 1(-7)-3(-2) = -1.$

(2) 第 1 列で展開すると, 与式 $= 2\cdot \begin{vmatrix} 0 & 1 & 1 \\ 2 & 1 & 0 \\ 1 & 2 & 3 \end{vmatrix} - 1\cdot \begin{vmatrix} 1 & 3 & 1 \\ 2 & 1 & 0 \\ 1 & 2 & 3 \end{vmatrix} = 2(-3) - 1\cdot(-12) = 6.$

(3) 下三角行列の行列式は対角成分の積になるので, $\sqrt{2}\cdot\sqrt{2}(-1)\cdot 1 = -2$.

(4) 与式 $= -\begin{vmatrix} 0 & 0 & 1 \\ 0 & 1 & 0 \\ 1 & 0 & 0 \end{vmatrix} = -\begin{vmatrix} 0 & 1 \\ 1 & 0 \end{vmatrix} = 1.$

(5) 第 1 行で展開すると, 与式 $= 1\cdot \begin{vmatrix} 1 & 2 & 0 \\ 3 & 1 & 2 \\ 0 & 3 & 1 \end{vmatrix} - 2\cdot \begin{vmatrix} 3 & 2 & 0 \\ 0 & 1 & 2 \\ 0 & 3 & 1 \end{vmatrix} = 1(-11) - 2\cdot(-15) = 19.$

(6) 与式 $= -4\begin{vmatrix} 0 & 0 & -3 \\ 0 & -2 & 0 \\ 1 & 0 & 0 \end{vmatrix} = (-4)(-3)\begin{vmatrix} 0 & -2 \\ 1 & 0 \end{vmatrix} = 24.$

練習問題 2.4

1.(1) 第1行を第2行に, 第3行を第4行にそれぞれ加えると, 与式 $= \begin{vmatrix} -2 & 2 & 1 & 5 \\ 1 & -1 & 0 & 0 \\ -4 & 2 & 2 & -3 \\ 0 & 0 & -1 & -1 \end{vmatrix}$, 第2列を第1列に加え, 第1列で展開すると, 与式 $= (-2)\begin{vmatrix} 2 & 1 & -5 \\ -1 & 0 & 0 \\ 0 & -1 & -1 \end{vmatrix} = -2\begin{vmatrix} 1 & -5 \\ -1 & -1 \end{vmatrix} = 12.$

(2) 第2行から第1行, 第4行から第3行をそれぞれ引くと, 2つの行の要素が完全に等しくなるので, 与式 $= \begin{vmatrix} 1 & 2 & 3 & 4 \\ 4 & 4 & 4 & 4 \\ 9 & 10 & 11 & 12 \\ 4 & 4 & 4 & 4 \end{vmatrix} = 0.$

(3) 第4列から第3列, 第3列から第2列, 第2列から第1列と順に引き, 次に第1行を第2行と第4行に, 第1行の (-1) 倍を第3行に加えると, 与式 $= \begin{vmatrix} 1 & 1 & 7 & 1 \\ 4 & -1 & 5 & 3 \\ 5 & 1 & 1 & 5 \\ 16 & -1 & -1 & -1 \end{vmatrix} = \begin{vmatrix} 1 & 1 & 7 & 1 \\ 5 & 0 & 12 & 4 \\ 4 & 0 & -6 & 4 \\ 17 & 0 & 6 & 0 \end{vmatrix} =$

$-\begin{vmatrix} 5 & 12 & 4 \\ 4 & -6 & 4 \\ 17 & 6 & 0 \end{vmatrix} = -\begin{vmatrix} 1 & 18 & 0 \\ 4 & -6 & 4 \\ 17 & 6 & 0 \end{vmatrix} = 4\begin{vmatrix} 1 & 18 \\ 17 & 6 \end{vmatrix} = 4\cdot 6\begin{vmatrix} 1 & 3 \\ 17 & 1 \end{vmatrix} = 24(-50) = -1200.$

(4) 第1行と第2行をともに第3行に加えると, 与式 $= \begin{vmatrix} 1 & 2 & 1 & 1 \\ 2 & 0 & 1 & 0 \\ 4 & 3 & 5 & 3 \\ 4 & 3 & 5 & 3 \end{vmatrix} = 0.$

(5) 第2行, 第3行, 第4行をすべて第1行に加え, 11をくくりだすと, 与式 $= 11\begin{vmatrix} 1 & 1 & 1 & 1 \\ 2 & 5 & 2 & 2 \\ 2 & 2 & 5 & 2 \\ 2 & 2 & 2 & 5 \end{vmatrix}$,

第1行の (-2) 倍を第2行, 第3行, 第4行にすべて加えると, $= 11\begin{vmatrix} 1 & 1 & 1 & 1 \\ 0 & 3 & 0 & 0 \\ 0 & 0 & 3 & 0 \\ 0 & 0 & 0 & 3 \end{vmatrix} = 11\cdot 1\cdot 3\cdot 3\cdot 3$

$= 297.$

(6) 第2行, 第3行, 第4行をすべて第1行に加え, 10をくくりだすと, 与式 $= 10\begin{vmatrix} 1 & 1 & 1 & 1 \\ 2 & 3 & 4 & 1 \\ 3 & 4 & 1 & 2 \\ 4 & 1 & 2 & 3 \end{vmatrix}$,

第1行の (-1) 倍, (-2) 倍, (-3) 倍を第2行, 第3行, 第4行にそれぞれ加えると, $= 10\begin{vmatrix} 1 & 1 & 1 & 1 \\ 1 & 2 & 3 & 0 \\ 1 & 2 & -1 & 0 \\ 0 & -2 & -1 & 0 \end{vmatrix}$

$= -10\begin{vmatrix} 1 & 2 & 3 \\ 1 & 2 & -1 \\ 1 & -2 & -1 \end{vmatrix} = -10\begin{vmatrix} 1 & 2 & 3 \\ 0 & 0 & -4 \\ 0 & -4 & -4 \end{vmatrix} = -10\begin{vmatrix} 0 & -4 \\ -4 & 0 \end{vmatrix} = 160.$

2.(1) 第2行から第1行, 第4行から第3行をそれぞれ引くと, 与式 $= \begin{vmatrix} 1 & 2 & 3 & 4 \\ 7 & 5 & 3 & 1 \\ 9 & 10 & 11 & 12 \\ 7 & 5 & 3 & 1 \end{vmatrix} = 0.$

(2) 第2行, 第3行, 第4行をすべて第1行に加え, $a+3b$ をくくりだすと, 与式 $= (a+3b)\begin{vmatrix} 1 & 1 & 1 & 1 \\ b & a & b & b \\ b & b & a & b \\ b & b & b & a \end{vmatrix}$,

第1行の $(-b)$ 倍を第2行, 第3行, 第4行にすべて加えると, $= (a+3b)\begin{vmatrix} 1 & 1 & 1 & 1 \\ 0 & a-b & 0 & 0 \\ 0 & 0 & a-b & 0 \\ 0 & 0 & 0 & a-b \end{vmatrix} =$

$(a+3b)\cdot 1\cdot (a-b)\cdot (a-b)\cdot (a-b) = (a+3b)(a-b)^3.$

(3) 第1行の (-1) 倍を第2行, 第3行, 第4行にそれぞれ加えると, $\begin{vmatrix} 1 & 1 & 1 & 1 \\ 0 & 1 & 2 & 3 \\ 0 & 2 & 5 & 9 \\ 0 & 3 & 9 & 19 \end{vmatrix} = \begin{vmatrix} 1 & 2 & 3 \\ 0 & 1 & 3 \\ 0 & 3 & 10 \end{vmatrix} =$

$\begin{vmatrix} 1 & 3 \\ 3 & 10 \end{vmatrix} = 1.$

(4) 第1行の $(-a)$ 倍を第2行, 第3行, 第4行にそれぞれ加えると, $\begin{vmatrix} a & a & a & a \\ 0 & b-a & 0 & 0 \\ 0 & 0 & b-a & 0 \\ 0 & 0 & 0 & b-a \end{vmatrix} =$

$a(b-a)^3.$

(5) 第1行の (-1) 倍を第2行, 第3行, 第4行にそれぞれ加えると, $\begin{vmatrix} 11 & 2 & 3 & 4 \\ -10 & 10 & 0 & 0 \\ -10 & 0 & 10 & 0 \\ -10 & 0 & 0 & 10 \end{vmatrix} =$

$1000\begin{vmatrix} 11 & 2 & 3 & 4 \\ -1 & 1 & 0 & 0 \\ -1 & 0 & 1 & 0 \\ -1 & 0 & 0 & 1 \end{vmatrix}$, 第2列, 第3列, 第4列をすべて第1列に加えると, $= 1000\begin{vmatrix} 20 & 2 & 3 & 4 \\ 0 & 1 & 0 & 0 \\ 0 & 0 & 1 & 0 \\ 0 & 0 & 0 & 1 \end{vmatrix} =$

$1000\cdot 20\cdot 1\cdot 1\cdot 1 = 20000.$

(6) 第1行の (-1) 倍を第2行, 第3行, 第4行にそれぞれ加えると,

$$\begin{vmatrix} 1 & a & a^2 & a^3+bcd \\ 0 & b-a & b^2-a^2 & b^3-a^3+cd(a-b) \\ 0 & c-a & c^2-a^2 & c^3-a^3+bd(a-c) \\ 0 & d-a & d^2-a^2 & d^3-a^3+bc(a-d) \end{vmatrix}$$

$$= (b-a)(c-a)(d-a)\begin{vmatrix} 1 & b+a & a^2+ab+b^2-cd \\ 1 & c+a & a^2+ac+c^2-bd \\ 1 & d+a & a^2+ad+d^2-bc \end{vmatrix}$$

$$= (b-a)(c-a)(d-a)\begin{vmatrix} 1 & b+a & a^2+ab+b^2-cd \\ 0 & c-b & a(c-b)+c^2-b^2+d(c-b) \\ 0 & d-b & a(d-b)+d^2-b^2+c(d-b) \end{vmatrix}$$

$$= (b-a)(c-a)(d-a)(c-b)(d-b)\begin{vmatrix} 1 & a+b+c+d \\ 1 & a+b+c+d \end{vmatrix} = 0.$$

練習問題 2.5

1.(1) 与えられた行列を A とすると, $|A| = -17$ より逆行列が存在する. A の余因子は

$$\tilde{a}_{11} = \begin{vmatrix} -2 & -1 \\ -3 & 2 \end{vmatrix} = -7, \quad \tilde{a}_{12} = -\begin{vmatrix} 1 & -1 \\ 2 & 2 \end{vmatrix} = -4, \quad \tilde{a}_{13} = \begin{vmatrix} 1 & -2 \\ 2 & -3 \end{vmatrix} = 1,$$

$$\tilde{a}_{21} = -\begin{vmatrix} 4 & -1 \\ -3 & 2 \end{vmatrix} = -5, \quad \tilde{a}_{22} = \begin{vmatrix} 0 & -1 \\ 2 & 2 \end{vmatrix} = 2, \quad \tilde{a}_{23} = -\begin{vmatrix} 0 & 4 \\ 2 & -3 \end{vmatrix} = 8,$$

$$\tilde{a}_{31} = \begin{vmatrix} 4 & -1 \\ -2 & -1 \end{vmatrix} = -6, \quad \tilde{a}_{32} = -\begin{vmatrix} 0 & -1 \\ 1 & -1 \end{vmatrix} = -1, \quad \tilde{a}_{33} = \begin{vmatrix} 0 & 4 \\ 1 & -2 \end{vmatrix} = -4.$$

よって, $A^{-1} = \dfrac{1}{-17}\begin{pmatrix} -7 & -5 & -6 \\ -4 & 2 & -1 \\ 1 & 8 & -4 \end{pmatrix} = \dfrac{1}{17}\begin{pmatrix} 7 & 5 & 6 \\ 4 & -2 & 1 \\ -1 & -8 & 4 \end{pmatrix}.$

(2) $|A|=6$ より逆行列が存在する．A の余因子は

$$\tilde{a}_{11}=\begin{vmatrix} -1 & 2 \\ 1 & 1 \end{vmatrix}=-3,\quad \tilde{a}_{12}=-\begin{vmatrix} -1 & 2 \\ 2 & 1 \end{vmatrix}=5,\quad \tilde{a}_{13}=\begin{vmatrix} -1 & -1 \\ 2 & 1 \end{vmatrix}=1,$$
$$\tilde{a}_{21}=-\begin{vmatrix} 2 & -1 \\ 1 & 1 \end{vmatrix}=-3,\quad \tilde{a}_{22}=\begin{vmatrix} 1 & -1 \\ 2 & 1 \end{vmatrix}=3,\quad \tilde{a}_{23}=-\begin{vmatrix} 1 & 2 \\ 2 & 1 \end{vmatrix}=3,$$
$$\tilde{a}_{31}=\begin{vmatrix} 2 & -1 \\ -1 & 2 \end{vmatrix}=3,\quad \tilde{a}_{32}=-\begin{vmatrix} 1 & -1 \\ -1 & 2 \end{vmatrix}=-1,\quad \tilde{a}_{33}=\begin{vmatrix} 1 & 2 \\ -1 & -1 \end{vmatrix}=1\,.$$

よって，$A^{-1}=\dfrac{1}{6}\begin{pmatrix} -3 & -3 & 3 \\ 5 & 3 & -1 \\ 1 & 3 & 1 \end{pmatrix}$.

(3) $|A|=0$ より逆行列は存在しない．

(4) $|A|=1$ より逆行列が存在する．A の余因子は

$$\tilde{a}_{11}=\begin{vmatrix} 1 & 1 \\ -1 & 3 \end{vmatrix}=4,\quad \tilde{a}_{12}=-\begin{vmatrix} 1 & 1 \\ 4 & 3 \end{vmatrix}=1,\quad \tilde{a}_{13}=\begin{vmatrix} 1 & 1 \\ 4 & -1 \end{vmatrix}=-5,$$
$$\tilde{a}_{21}=-\begin{vmatrix} -1 & 2 \\ -1 & 3 \end{vmatrix}=1,\quad \tilde{a}_{22}=\begin{vmatrix} 3 & 2 \\ 4 & 3 \end{vmatrix}=1,\quad \tilde{a}_{23}=-\begin{vmatrix} 3 & -1 \\ 4 & -1 \end{vmatrix}=-1,$$
$$\tilde{a}_{31}=\begin{vmatrix} -1 & 2 \\ 1 & 1 \end{vmatrix}=-3,\quad \tilde{a}_{32}=-\begin{vmatrix} 3 & 2 \\ 1 & 1 \end{vmatrix}=-1,\quad \tilde{a}_{33}=\begin{vmatrix} 3 & -1 \\ 1 & 1 \end{vmatrix}=4\,.$$

よって，$A^{-1}=\begin{pmatrix} 4 & 1 & -3 \\ 1 & 1 & -1 \\ -5 & -1 & 4 \end{pmatrix}$.

(5) $|A|=-2$ より逆行列が存在する．A の余因子は

$$\tilde{a}_{11}=\begin{vmatrix} 0 & 1 \\ 1 & 1 \end{vmatrix}=-1,\quad \tilde{a}_{12}=-\begin{vmatrix} 1 & 1 \\ 0 & 1 \end{vmatrix}=-1,\quad \tilde{a}_{13}=\begin{vmatrix} 1 & 0 \\ 0 & 1 \end{vmatrix}=1,$$
$$\tilde{a}_{21}=-\begin{vmatrix} 1 & 0 \\ 1 & 1 \end{vmatrix}=-1,\quad \tilde{a}_{22}=\begin{vmatrix} 1 & 0 \\ 0 & 1 \end{vmatrix}=1,\quad \tilde{a}_{23}=-\begin{vmatrix} 1 & 1 \\ 0 & 1 \end{vmatrix}=-1,$$
$$\tilde{a}_{31}=\begin{vmatrix} 1 & 0 \\ 0 & 1 \end{vmatrix}=1,\quad \tilde{a}_{32}=-\begin{vmatrix} 1 & 0 \\ 1 & 1 \end{vmatrix}=-1,\quad \tilde{a}_{33}=\begin{vmatrix} 1 & 1 \\ 1 & 0 \end{vmatrix}=-1\,.$$

よって，$A^{-1}=\dfrac{1}{-2}\begin{pmatrix} -1 & -1 & 1 \\ -1 & 1 & -1 \\ 1 & -1 & -1 \end{pmatrix}=\dfrac{1}{2}\begin{pmatrix} 1 & 1 & -1 \\ 1 & -1 & 1 \\ -1 & 1 & 1 \end{pmatrix}$.

(6) $|A|=1$ より逆行列が存在する．A の余因子は

$$\tilde{a}_{11}=\begin{vmatrix} 2 & 3 \\ 5 & 7 \end{vmatrix}=-1,\quad \tilde{a}_{12}=-\begin{vmatrix} 1 & 3 \\ 3 & 7 \end{vmatrix}=2,\quad \tilde{a}_{13}=\begin{vmatrix} 1 & 2 \\ 3 & 5 \end{vmatrix}=-1,$$
$$\tilde{a}_{21}=-\begin{vmatrix} 1 & 1 \\ 5 & 7 \end{vmatrix}=-2,\quad \tilde{a}_{22}=\begin{vmatrix} 0 & 1 \\ 3 & 7 \end{vmatrix}=-3,\quad \tilde{a}_{23}=-\begin{vmatrix} 0 & 1 \\ 3 & 5 \end{vmatrix}=3,$$
$$\tilde{a}_{31}=\begin{vmatrix} 1 & 1 \\ 2 & 3 \end{vmatrix}=1,\quad \tilde{a}_{32}=-\begin{vmatrix} 0 & 1 \\ 1 & 3 \end{vmatrix}=1,\quad \tilde{a}_{33}=\begin{vmatrix} 0 & 1 \\ 1 & 2 \end{vmatrix}=-1\,.$$

よって，$A^{-1}=\begin{pmatrix} -1 & -2 & 1 \\ 2 & -3 & 1 \\ -1 & 3 & -1 \end{pmatrix}$.

2.(1) $|A|=6$ より逆行列が存在する．A の余因子は

$$\tilde{a}_{11}=\begin{vmatrix}1&-3\\4&5\end{vmatrix}=17,\qquad \tilde{a}_{12}=-\begin{vmatrix}1&-3\\1&5\end{vmatrix}=-8,\qquad \tilde{a}_{13}=\begin{vmatrix}1&1\\1&4\end{vmatrix}=1,$$

$$\tilde{a}_{21}=-\begin{vmatrix}2&-4\\4&5\end{vmatrix}=-26,\qquad \tilde{a}_{22}=\begin{vmatrix}2&-4\\1&5\end{vmatrix}=14,\qquad \tilde{a}_{23}=-\begin{vmatrix}2&2\\1&4\end{vmatrix}=-6,$$

$$\tilde{a}_{31}=\begin{vmatrix}2&-4\\1&-3\end{vmatrix}=-2,\qquad \tilde{a}_{32}=-\begin{vmatrix}2&-4\\1&-3\end{vmatrix}=2,\qquad \tilde{a}_{33}=\begin{vmatrix}2&2\\1&1\end{vmatrix}=0.$$

よって，$A^{-1}=\dfrac{1}{6}\begin{pmatrix}17&-26&-2\\-8&14&2\\3&-6&0\end{pmatrix}$.

(2) $|A|=-33$ より逆行列が存在する．A の余因子は

$$\tilde{a}_{11}=\begin{vmatrix}2&4\\7&6\end{vmatrix}=-16,\qquad \tilde{a}_{12}=-\begin{vmatrix}1&4\\8&6\end{vmatrix}=26,\qquad \tilde{a}_{13}=\begin{vmatrix}1&2\\8&7\end{vmatrix}=-9,$$

$$\tilde{a}_{21}=-\begin{vmatrix}1&3\\7&6\end{vmatrix}=15,\qquad \tilde{a}_{22}=\begin{vmatrix}2&3\\8&6\end{vmatrix}=-12,\qquad \tilde{a}_{23}=-\begin{vmatrix}2&1\\8&7\end{vmatrix}=-6,$$

$$\tilde{a}_{31}=\begin{vmatrix}1&3\\2&4\end{vmatrix}=-2,\qquad \tilde{a}_{32}=-\begin{vmatrix}2&3\\1&4\end{vmatrix}=-5,\qquad \tilde{a}_{33}=\begin{vmatrix}2&1\\1&2\end{vmatrix}=3.$$

よって，$A^{-1}=\dfrac{1}{-33}\begin{pmatrix}-16&15&-2\\26&-12&-5\\-9&-6&3\end{pmatrix}=\dfrac{1}{33}\begin{pmatrix}16&-15&2\\-26&12&5\\9&6&-3\end{pmatrix}$.

(3) $|A|=a(a-b)(b-c)$ より，$a\neq 0$ かつ $a\neq b$ かつ $b\neq c$ のとき逆行列が存在する．A の余因子は

$$\tilde{a}_{11}=\begin{vmatrix}b&b\\b&c\end{vmatrix}=b(c-b),\qquad \tilde{a}_{12}=-\begin{vmatrix}a&b\\a&c\end{vmatrix}=a(b-c),\qquad \tilde{a}_{13}=\begin{vmatrix}a&b\\a&b\end{vmatrix}=0,$$

$$\tilde{a}_{21}=-\begin{vmatrix}a&a\\b&c\end{vmatrix}=a(b-c),\qquad \tilde{a}_{22}=\begin{vmatrix}a&a\\a&c\end{vmatrix}=a(c-a),\qquad \tilde{a}_{23}=-\begin{vmatrix}a&a\\a&c\end{vmatrix}=a(c-a),$$

$$\tilde{a}_{31}=\begin{vmatrix}a&a\\b&b\end{vmatrix}=0,\qquad \tilde{a}_{32}=-\begin{vmatrix}a&a\\a&b\end{vmatrix}=a(a-b),\qquad \tilde{a}_{33}=\begin{vmatrix}a&a\\a&b\end{vmatrix}=a(b-a).$$

よって，$A^{-1}=\dfrac{1}{a(a-b)(b-c)}\begin{pmatrix}b(c-b)&a(b-c)&0\\a(b-c)&a(c-a)&a(a-b)\\0&a(a-b)&a(b-a)\end{pmatrix}$.

練習問題 2.6

1.(1) $|A|=\begin{vmatrix}1&2&-1&1\\2&2&-5&0\\1&7&5&6\\3&6&-4&-1\end{vmatrix}=-12\neq 0$ だから，この連立方程式にはただ 1 つの解が存在し，$|A_1|=\begin{vmatrix}-2&2&-1&1\\-1&2&-5&0\\-11&7&5&6\\9&6&-4&-1\end{vmatrix}=-12$, $|A_2|=\begin{vmatrix}1&-2&-1&1\\2&-1&-5&0\\1&-11&5&6\\3&9&-4&-1\end{vmatrix}=-12$, $|A_3|=\begin{vmatrix}1&2&-2&1\\2&2&-1&0\\1&7&-11&6\\3&6&9&-1\end{vmatrix}=-12$, $|A_4|=\begin{vmatrix}1&2&-1&-2\\2&2&-5&-1\\1&7&5&-11\\3&6&-4&9\end{vmatrix}=48$ より，

$x = |A_1|/|A| = 1$, $y = |A_2|/|A| = 1$, $z = |A_3|/|A| = 1$, $u = |A_4|/|A| = -4$.

(2) $|A| = \begin{vmatrix} 1 & -3 & -1 \\ 3 & -1 & 2 \\ 2 & 1 & 1 \end{vmatrix} = -11 \neq 0$ だから，この連立方程式にはただ 1 つの解が存在し，

$|A_1| = \begin{vmatrix} 0 & -3 & -1 \\ 3 & -1 & 2 \\ 4 & 1 & 1 \end{vmatrix} = -22$, $|A_2| = \begin{vmatrix} 1 & -3 & 0 \\ 3 & 3 & 2 \\ 2 & 4 & 1 \end{vmatrix} = -11$, $|A_3| = \begin{vmatrix} 1 & -3 & 0 \\ 3 & -1 & 3 \\ 2 & 1 & 4 \end{vmatrix} = 11$

より，$x = |A_1|/|A| = 2$, $y = |A_2|/|A| = 1$, $z = |A_3|/|A| = -1$.

(3) $|A| = \begin{vmatrix} 3 & 5 & -7 & 4 \\ 4 & -2 & 5 & 3 \\ 6 & 1 & -4 & 2 \\ 4 & -3 & -1 & 6 \end{vmatrix} = 1127 \neq 0$ だから，この連立方程式にはただ 1 つの解が存在

し，$|A_1| = \begin{vmatrix} -3 & 5 & -7 & 4 \\ -9 & -2 & 5 & 3 \\ -5 & 1 & -4 & 2 \\ 9 & -3 & -1 & 6 \end{vmatrix} = -2254$, $|A_2| = \begin{vmatrix} 3 & -3 & -7 & 4 \\ 4 & -9 & 5 & 3 \\ 6 & -5 & -4 & 2 \\ 4 & 9 & -1 & 6 \end{vmatrix} = -3381$, $|A_3| =$

$\begin{vmatrix} 3 & 5 & -3 & 4 \\ 4 & -2 & -9 & 3 \\ 6 & 1 & -5 & 2 \\ 4 & -3 & 9 & 6 \end{vmatrix} = -2254$, $|A_4| = \begin{vmatrix} 3 & 5 & -7 & -3 \\ 4 & -2 & 5 & -9 \\ 6 & 1 & -4 & -5 \\ 4 & -3 & -1 & 9 \end{vmatrix} = 1127$ より，

$x = |A_1|/|A| = -2$, $y = |A_2|/|A| = -3$, $z = |A_3|/|A| = -2$, $w = |A_4|/|A| = 1$.

(4) $|A| = \begin{vmatrix} 1 & 1 & 1 \\ 2 & 3 & 4 \\ 4 & 9 & 16 \end{vmatrix} = 2 \neq 0$ だから，この連立方程式にはただ 1 つの解が存在し，$|A_1| =$

$\begin{vmatrix} 1 & 1 & 1 \\ 5 & 3 & 4 \\ 25 & 9 & 16 \end{vmatrix} = 2$, $|A_2| = \begin{vmatrix} 1 & 1 & 1 \\ 2 & 5 & 4 \\ 4 & 25 & 16 \end{vmatrix} = -6$, $|A_3| = \begin{vmatrix} 1 & 1 & 1 \\ 2 & 3 & 5 \\ 4 & 9 & 25 \end{vmatrix} = 6$ より，

$x = |A_1|/|A| = 1$, $y = |A_2|/|A| = -3$, $z = |A_3|/|A| = 3$.

(5) $|A| = \begin{vmatrix} 2 & 6 & 1 & -4 \\ 4 & 3 & 5 & -7 \\ 3 & 4 & -2 & 5 \\ 6 & 4 & -3 & -1 \end{vmatrix} = -1127 \neq 0$ だから，この連立方程式にはただ 1 つの解が存在

し，$|A_1| = \begin{vmatrix} -19 & 6 & 1 & -4 \\ -15 & 3 & 5 & -7 \\ 21 & 4 & -2 & 5 \\ -6 & 4 & -3 & -1 \end{vmatrix} = -2254$, $|A_2| = \begin{vmatrix} 2 & -19 & 1 & -4 \\ 4 & -15 & 5 & -7 \\ 3 & 21 & -2 & 5 \\ 6 & -6 & -3 & -1 \end{vmatrix} = 1127$, $|A_3| =$

$\begin{vmatrix} 2 & 6 & -19 & -19 \\ 4 & 3 & -15 & -15 \\ 3 & 4 & 21 & 21 \\ 6 & 4 & -6 & -6 \end{vmatrix} = -3381$, $|A_4| = \begin{vmatrix} 2 & 6 & 1 & -4 \\ 4 & 3 & 5 & -7 \\ 3 & 4 & -2 & 5 \\ 6 & 4 & -3 & -1 \end{vmatrix} = -5635$ より，

$x_1 = |A_1|/|A| = 2$, $x_2 = |A_2|/|A| = -1$, $x_3 = |A_3|/|A| = 3$, $x_4 = |A_4|/|A| = 5$.

(6) $|A| = \begin{vmatrix} 1 & 2 & 4 \\ 1 & 3 & 9 \\ 1 & 4 & 16 \end{vmatrix} = 2 \neq 0$ だから，この連立方程式にはただ 1 つの解が存在し，$|A_1| =$

$\begin{vmatrix} 8 & 2 & 4 \\ 27 & 3 & 9 \\ 64 & 4 & 16 \end{vmatrix} = 48$, $|A_2| = \begin{vmatrix} 1 & 8 & 4 \\ 1 & 27 & 9 \\ 1 & 64 & 16 \end{vmatrix} = -52$, $|A_3| = \begin{vmatrix} 1 & 2 & 8 \\ 1 & 3 & 27 \\ 1 & 4 & 64 \end{vmatrix} = 18$ より，

$x = |A_1|/|A| = 24$, $y = |A_2|/|A| = -26$, $z = |A_3|/|A| = 9$.

章末問題

1.(1) $\begin{pmatrix} -10 & 2 & 7 \\ 7 & -1 & -5 \\ -1 & 0 & 1 \end{pmatrix}$ (2) $\begin{pmatrix} 1 & -1 & 0 \\ \frac{7}{2} & -\frac{3}{2} & -\frac{3}{2} \\ 3 & -2 & -1 \end{pmatrix}$ (3) $\begin{pmatrix} -13 & -11 & -4 \\ 8 & 7 & 3 \\ 2 & 2 & 1 \end{pmatrix}$

2.(1) $\frac{1}{20}\begin{pmatrix} 17 & 11 & -5 \\ -13 & 1 & 5 \\ -9 & -7 & 5 \end{pmatrix}$ (2) $\frac{1}{12}\begin{pmatrix} 4 & -4 & 8 \\ -11 & 8 & -7 \\ 10 & -4 & 2 \end{pmatrix}$ (3) $\frac{1}{2}\begin{pmatrix} 7 & 2 & -1 \\ -9 & -3 & 2 \\ 5 & 2 & -1 \end{pmatrix}$

(4) $\begin{vmatrix} 1 & 4 & 1 \\ 1 & 9 & 2 \\ 5 & 10 & 3 \end{vmatrix} = 0$ より逆行列は存在しない. (5) $-\frac{1}{4}\begin{pmatrix} 3 & 2 & 1 \\ 8 & 3 & 2 \\ 9 & 4 & 3 \end{pmatrix}$

3.(1) $\frac{1}{7}\begin{pmatrix} -5 & 2 & 1 \\ 3 & 3 & -2 \\ -1 & -1 & 3 \end{pmatrix}$ (2) $\frac{1}{2}\begin{pmatrix} -37 & 11 & 3 \\ 17 & -5 & -1 \\ -11 & 3 & 1 \end{pmatrix}$ (3) $\begin{pmatrix} -1 & \sqrt{2} & 0 \\ 0 & -1 & \sqrt{2} \\ 1 & 0 & -1 \end{pmatrix}$

4.(1) 9 (2) $-4abc$ (3) 12 (4) $-(a-b)^4$ (5) 40 (6) 6

5.(1) 54 (2) 30 (3) 10 (4) -98 (5) -56 (6) -7

6.(1) $2(a-b)(b-c)(c-a)(a+b+c)$ (2) $(a-b)(a-c)(a-d)(b-c)(b-d)(c-d)$
(3) $(a-b)(b-c)(c-a)(a+b+c)$ (4) $(a+b+c)(a-b-c)(a+b-c)(a-b+c)$
(5) $(a^2+b^2+c^2+d^2)^2$ (6) $4(a^2+b^2)(c^2+d^2)$

7.(1) $|A| = \begin{vmatrix} 4 & 5 & -3 \\ 3 & 8 & -2 \\ 9 & 5 & -7 \end{vmatrix} = 2 \neq 0$ だから, この連立方程式にはただ 1 つの解が存在し, $|A_1| = \begin{vmatrix} 2 & 5 & -3 \\ 3 & 8 & -2 \\ 4 & 5 & -7 \end{vmatrix} = 24$, $|A_2| = \begin{vmatrix} 4 & 2 & -3 \\ 3 & 3 & -2 \\ 9 & 4 & -7 \end{vmatrix} = -1$, $|A_3| = \begin{vmatrix} 4 & 5 & 2 \\ 3 & 8 & 3 \\ 9 & 5 & 4 \end{vmatrix} = 29$ より,
$x = |A_1|/|A| = 12$, $y = |A_2|/|A| = -1/2$, $z = |A_3|/|A| = 29/2$.

(2) $|A| = \begin{vmatrix} 3 & 1 & -2 \\ 2 & 1 & -3 \\ 4 & -3 & -1 \end{vmatrix} = -20 \neq 0$ だから, この連立方程式にはただ 1 つの解が存在し, $|A_1| = \begin{vmatrix} 1 & 1 & -2 \\ 2 & 1 & -3 \\ -3 & -3 & -1 \end{vmatrix} = 7$, $|A_2| = \begin{vmatrix} 3 & 1 & -2 \\ 2 & 2 & -3 \\ 4 & -3 & -1 \end{vmatrix} = -15$, $|A_3| = \begin{vmatrix} 3 & 1 & 1 \\ 2 & 1 & 2 \\ 4 & -3 & -3 \end{vmatrix} = 13$ より,
$x_1 = |A_1|/|A| = -7/20$, $x_2 = |A_2|/|A| = 3/4$, $x_3 = |A_3|/|A| = -13/20$.

(3) $|A| = \begin{vmatrix} 2 & 5 & -1 \\ 1 & 3 & -2 \\ 1 & 2 & 2 \end{vmatrix} = 1 \neq 0$ だから, この連立方程式にはただ 1 つの解が存在し, $|A_1| = \begin{vmatrix} -4 & 5 & -1 \\ 1 & 3 & -2 \\ 2 & 2 & 2 \end{vmatrix} = -66$, $|A_2| = \begin{vmatrix} 2 & -4 & -1 \\ 1 & 1 & -2 \\ 1 & 2 & 2 \end{vmatrix} = 27$, $|A_3| = \begin{vmatrix} 2 & 5 & -4 \\ 1 & 3 & 1 \\ 1 & 2 & 2 \end{vmatrix} = 7$ より,
$x_1 = |A_1|/|A| = -66$, $x_2 = |A_2|/|A| = 27$, $x_3 = |A_3|/|A| = 7$.

(4) $|A| = \begin{vmatrix} 1 & -2 & -1 & 1 \\ 1 & -1 & 1 & 1 \\ 2 & -3 & 1 & 4 \\ 1 & -2 & 0 & 3 \end{vmatrix} = 0$ だから, この連立方程式には解が存在しない.

第 3 章

練習問題 3.1

1.(1) $\boldsymbol{v}_1 = (a_1, a_2, a_3)$, $\boldsymbol{v}_2 = (b_1, b_2, b_3)$ というベクトルが $\boldsymbol{v}_1, \boldsymbol{v}_2 \in \mathbf{V}$ であるとき, $a_1 + 2a_2 + 3a_3 = 4$ かつ $b_1 + 2b_2 + 3b_3 = 4$ をみたす. このとき $\boldsymbol{v}_1 + \boldsymbol{v}_2 = (a_1 + b_1, a_2 + b_2, a_3 + b_3)$ において, $(a_1 + b_1) + 2(a_2 + b_2) + 3(a_3 + b_3) = (a_1 + 2a_2 + 3a_3) + (b_1 + 2b_2 + 3b_3) = 4 + 4 \neq 4$ であるから, $\boldsymbol{v}_1 + \boldsymbol{v}_2 \notin \mathbf{V}$. よって V は $\mathbb{R}^3$ の部分空間をなさない.

(2) $\boldsymbol{v}_1 = (a_1, a_2, a_3)$, $\boldsymbol{v}_2 = (b_1, b_2, b_3)$ というベクトルが $\boldsymbol{v}_1, \boldsymbol{v}_2 \in \mathbf{V}$ であるとき, $a_1 + 2a_2 + 3a_3 = 0$ かつ $b_1 + 2b_2 + 3b_3 = 0$ をみたす. このとき $\boldsymbol{v}_1 + \boldsymbol{v}_2 = (a_1 + b_1, a_2 + b_2, a_3 + b_3)$ において, $(a_1 + b_1) + 2(a_2 + b_2) + 3(a_3 + b_3) = (a_1 + 2a_2 + 3a_3) + (b_1 + 2b_2 + 3b_3) = 0 + 0 = 0$ であるから, $\boldsymbol{v}_1 + \boldsymbol{v}_2 \in \mathbf{V}$. また, スカラー k と $\boldsymbol{v}_1 = (a_1, a_2, a_3)$ に対して, $k\boldsymbol{v}_1 = k(a_1, a_2, a_3)$

$= (ka_1, ka_2, ka_3)$ というベクトルは $(ka_1) + 2(ka_2) + 3(ka_3) = k(a_1 + 2a_2 + 3a_3) = k \cdot 0 = 0$ をみたすから, $k\boldsymbol{v}_1 \in \mathbf{V}$. 以上より $\mathbf{V}$ は $\mathbb{R}^3$ の部分空間をなす.

2.(1) $\boldsymbol{u} = (x_1, y_1) \in \mathbf{W}$, $\boldsymbol{v} = (x_2, y_2) \in \mathbf{W}$ とすると, $y_1 = 3x_1$ かつ $y_2 = 3x_2$ をみたす. このとき, $\boldsymbol{u} + \boldsymbol{v} = (x_1 + x_2, y_1 + y_2)$ について $y_1 + y_2 = 3x_1 + 3x_2 = 3(x_1 + x_2)$ がなりたつから, $\boldsymbol{u} + \boldsymbol{v} \in \mathbf{W}$. また, スカラー c とベクトル $\boldsymbol{u} = (x_1, y_1) \in \mathbf{W}$ に対して $cy_1 = c(3x_1) = 3(cx_1)$ であるから, $c\boldsymbol{u} \in \mathbf{W}$. 以上より $\mathbf{W}$ は $\mathbb{R}^2$ の部分空間をなす.

(2) $\boldsymbol{u} = (x_1, y_1) \in \mathbf{W}$, $\boldsymbol{v} = (x_2, y_2) \in \mathbf{W}$ とすると, $y_1 = 3x_1 - 1$ かつ $y_2 = 3x_2 - 1$ をみたす. このとき, $\boldsymbol{u} + \boldsymbol{v} = (x_1 + x_2, y_1 + y_2)$ について $y_1 + y_2 = (3x_1 - 1) + (3x_2 - 1) \neq 3(x_1 + x_2) - 1$ となるから, $\boldsymbol{u} + \boldsymbol{v} \notin \mathbf{W}$. よって $\mathbf{W}$ は $\mathbb{R}^2$ の部分空間をなさない.

3.(1) $\boldsymbol{u}_1 = (x_1, y_1, z_1) \in \mathbf{W}$, $\boldsymbol{u}_2 = (x_2, y_2, z_2) \in \mathbf{W}$ とすると, $x_1 + y_1 + z_1 = 0$ かつ $x_2 + y_2 + z_2 = 0$ をみたす. このとき, $\boldsymbol{u}_1 + \boldsymbol{u}_2 = (x_1 + x_2, y_1 + y_2, z_1 + z_2)$ について $(x_1 + x_2) + (y_1 + y_2) + (z_1 + z_2) = (x_1 + y_1 + z_1) + (x_2 + y_2 + z_2) = 0 + 0 = 0$ がなりたつから, $\boldsymbol{u}_1 + \boldsymbol{u}_2 \in \mathbf{W}$. また, スカラー k とベクトル $\boldsymbol{u}_1 = (x_1, y_1, z_1) \in \mathbf{W}$ に対して $(kx_1) + (ky_1) + (kz_1) = k(x_1 + y_1 + z_1) = k \cdot 0 = 0$ であるから, $k\boldsymbol{u}_1 \in \mathbf{W}$. 以上より $\mathbf{W}$ は $\mathbb{R}^3$ の部分空間をなす.

(2) $\boldsymbol{u}_1 = (x_1, y_1, z_1) \in \mathbf{W}$, $\boldsymbol{u}_2 = (x_2, y_2, z_2) \in \mathbf{W}$ とすると, $x_1 y_1 + z_1 = 0$ かつ $x_2 y_2 + z_2 = 0$ をみたす. このとき, $\boldsymbol{u}_1 + \boldsymbol{u}_2 = (x_1 + x_2, y_1 + y_2, z_1 + z_2)$ について $(x_1 + x_2)(y_1 + y_2) + (z_1 + z_2) = (x_1 y_1 + z_1) + (x_2 y_2 + z_2) + x_2 y_1 + x_1 y_2 = 0 + 0 + x_2 y_1 + x_1 y_2 = x_2 y_1 + x_1 y_2$ となり, 0 に等しいとは限らないから, $\boldsymbol{u}_1 + \boldsymbol{u}_2 \notin \mathbf{W}$. 同様にスカラー k とベクトル $\boldsymbol{u}_1 = (x_1, y_1, z_1) \in \mathbf{W}$ に対して $(kx_1)(ky_1) + (kz_1) = k(kx_1 y_1 + z_1) = k(k-1)x_1 y_1$ となり 0 に等しいとは限らないから, $k\boldsymbol{u}_1 \notin \mathbf{W}$. よって $\mathbf{W}$ は $\mathbb{R}^3$ の部分空間をなさない.

練習問題 3.2

1.(1) スカラー k_1, k_2, k_3 に対して, $k_1\boldsymbol{a} + k_2\boldsymbol{b} + k_3\boldsymbol{c} = \boldsymbol{0}$ が成り立つと仮定する. $\begin{pmatrix} 1 & 1 & 1 \\ 0 & 1 & 1 \\ 0 & 0 & 1 \end{pmatrix} \longrightarrow \begin{pmatrix} 1 & 0 & 0 \\ 0 & 1 & 0 \\ 0 & 0 & 1 \end{pmatrix}$ と行基本変形されるので, $k_1 = k_2 = k_3 = 0$. よって, $\boldsymbol{a}$, $\boldsymbol{b}$, $\boldsymbol{c}$ は 1 次独立である.

(2) (1) と同様にして, $\begin{pmatrix} 1 & 1 & 2 \\ 0 & 1 & 2 \\ 0 & 0 & 3 \end{pmatrix} \longrightarrow \begin{pmatrix} 1 & 0 & 0 \\ 0 & 1 & 0 \\ 0 & 0 & 1 \end{pmatrix}$ と行基本変形されるので, $\boldsymbol{a}$, $\boldsymbol{b}$, $\boldsymbol{d}$ は 1 次独立である.

(3) (1) と同様にしても 1 次独立であることが示される. または, $\begin{vmatrix} 1 & 1 & 2 \\ 0 & 1 & 2 \\ 0 & 1 & 3 \end{vmatrix} = 1 \neq 0$ より $\boldsymbol{a}$, $\boldsymbol{c}$, $\boldsymbol{d}$ は 1 次独立である.

(4) $\begin{vmatrix} 1 & 1 & 2 \\ 1 & 1 & 2 \\ 0 & 1 & 3 \end{vmatrix} = 0$ より $\boldsymbol{b}$, $\boldsymbol{c}$, $\boldsymbol{d}$ は 1 次独立ではない. 実際, $k_1\boldsymbol{b} + k_2\boldsymbol{c} + k_3\boldsymbol{d} = \boldsymbol{0}$ とおくと, $\begin{pmatrix} 1 & 1 & 2 \\ 1 & 1 & 2 \\ 0 & 1 & 3 \end{pmatrix} \longrightarrow \begin{pmatrix} 1 & 0 & -1 \\ 0 & 1 & 3 \\ 0 & 0 & 0 \end{pmatrix}$ より, $k_1 - k_3 = 0$, $k_2 + 3k_3 = 0$. ここで $k_3 = t$ とおくと $k_1 = t$, $k_2 = -3t$ であるから, $t\boldsymbol{b} - 3t\boldsymbol{c} + t\boldsymbol{d} = \boldsymbol{0}$. すなわち, $\boldsymbol{d} = -\boldsymbol{b} + 3\boldsymbol{c}$ という線形関係がある.

2.(1) $\begin{vmatrix} 1 & 0 & 2 \\ 3 & 1 & 0 \\ 2 & -1 & 1 \end{vmatrix} = -9 \neq 0$ より 1 次独立である. (2) $\begin{vmatrix} 1 & 3 & -2 \\ 3 & -2 & 5 \\ -2 & 0 & -2 \end{vmatrix} = 0$ より 1 次従属である.

3. スカラー k_1, k_2, k_3 に対して $k_1(\boldsymbol{a} - \boldsymbol{b} + \boldsymbol{c}) + k_2(\boldsymbol{a} + \boldsymbol{b} - \boldsymbol{c}) + k_3(\boldsymbol{a} + \boldsymbol{b} + \boldsymbol{c}) = (k_1 + k_2 + k_3)\boldsymbol{a} + (-k_1 + k_2 + k_3)\boldsymbol{b} + (k_1 - k_2 + k_3)\boldsymbol{c} = \boldsymbol{0}$ が成り立つと仮定する. $\boldsymbol{a}$, $\boldsymbol{b}$, $\boldsymbol{c}$ が 1 次独立であるから, $k_1 + k_2 + k_3 = 0$, $-k_1 + k_2 + k_3 = 0$, $k_1 - k_2 + k_3 = 0$ がいえる. このとき, $\begin{pmatrix} 1 & 1 & 1 \\ -1 & 1 & 1 \\ 1 & -1 & 1 \end{pmatrix} \longrightarrow \begin{pmatrix} 1 & 0 & 0 \\ 0 & 1 & 0 \\ 0 & 0 & 1 \end{pmatrix}$ と行基本変形されるので, $k_1 = k_2 = k_3 = 0$. よって, $\boldsymbol{a} - \boldsymbol{b} + \boldsymbol{c}$, $\boldsymbol{a} + \boldsymbol{b} - \boldsymbol{c}$, $\boldsymbol{a} + \boldsymbol{b} + \boldsymbol{c}$ は 1 次独立である.

4. ベクトルを並べ替えて

$$\begin{pmatrix} 1 \\ 0 \\ 0 \\ 0 \end{pmatrix},\ \begin{pmatrix} 1 \\ 1 \\ 1 \\ 2 \end{pmatrix},\ \begin{pmatrix} 2 \\ 4 \\ -2 \\ a \end{pmatrix},\ \begin{pmatrix} 0 \\ 1 \\ 3 \\ 2a-7 \end{pmatrix}\ \begin{pmatrix} -2 \\ 0 \\ -2a \\ a-10 \end{pmatrix}$$ について行基本変形すると

$$\begin{pmatrix} 1 & 1 & 2 & 0 & -2 \\ 0 & 1 & 4 & 1 & 0 \\ 0 & 1 & -2 & 3 & -2a \\ 0 & 2 & a & 2a-7 & a-10 \end{pmatrix} \longrightarrow \begin{pmatrix} 1 & 0 & 0 & -\frac{5}{3} & \frac{2}{3}a-2 \\ 0 & 1 & 0 & \frac{7}{3} & -\frac{4}{3}a \\ 0 & 0 & 1 & -\frac{1}{3} & \frac{a}{3} \\ 0 & 0 & 0 & \frac{7(a-5)}{3} & -\frac{(a-5)(a-6)}{3} \end{pmatrix}.$$ よって, $a = 5$.

練習問題 3.3

1.(1) $\begin{vmatrix} 1 & 1 & 1 \\ 0 & 1 & 1 \\ 0 & 0 & 1 \end{vmatrix} = 1 \neq 0$ より基底をなし, $\left(\begin{array}{ccc|c} 1 & 1 & 1 & 5 \\ 0 & 1 & 1 & 3 \\ 0 & 0 & 1 & 4 \end{array}\right) \longrightarrow \left(\begin{array}{ccc|c} 1 & 0 & 0 & 2 \\ 0 & 1 & 0 & -1 \\ 0 & 0 & 1 & 4 \end{array}\right)$ となることより, $\boldsymbol{d} = 2\boldsymbol{a} - \boldsymbol{b} + 4\boldsymbol{c}$.

(2) $\begin{vmatrix} 1 & -2 & 4 \\ 5 & 0 & -1 \\ -3 & 1 & 0 \end{vmatrix} = 15 \neq 0$ より基底をなし, $\left(\begin{array}{ccc|c} 1 & -2 & 4 & 5 \\ 5 & 0 & -1 & 3 \\ -3 & 1 & 0 & 4 \end{array}\right) \longrightarrow \left(\begin{array}{ccc|c} 1 & 0 & 0 & \frac{5}{3} \\ 0 & 1 & 0 & 9 \\ 0 & 0 & 1 & \frac{16}{3} \end{array}\right)$ となることより, $\boldsymbol{d} = \frac{5}{3}\boldsymbol{a} + 9\boldsymbol{b} + \frac{16}{3}\boldsymbol{c}$.

(3) $\begin{vmatrix} 1 & 1 & 1 \\ 2 & 6 & 0 \\ 0 & -4 & 2 \end{vmatrix} = 0$ より基底をなさない.

2.(1) $\begin{pmatrix} 1 & 4 & 2 & 4 \\ 1 & 3 & 1 & 2 \\ 1 & 2 & 0 & 0 \end{pmatrix} \longrightarrow \begin{pmatrix} 1 & 0 & -2 & -4 \\ 0 & 1 & 1 & 2 \\ 0 & 0 & 0 & 0 \end{pmatrix}$ と行基本変形されるから, 次元は 2. 基底は例えば, $(1,1,1)$, $(2,1,0)$.

(2) $\begin{pmatrix} 2 & 3 & -2 & 3 \\ -1 & 0 & 1 & 2 \\ 0 & 1 & 1 & 2 \end{pmatrix} \longrightarrow \begin{pmatrix} 1 & 0 & 0 & -\frac{7}{3} \\ 0 & 1 & 0 & \frac{7}{3} \\ 0 & 0 & 1 & -\frac{1}{3} \end{pmatrix}$ と行基本変形されるから, 次元は 3. 基底は例えば, $(2,-1,0)$, $(3,0,1)$, $(-2,1,1)$.

3.(1) $\begin{pmatrix} 1 & 1 & -2 \\ 2 & -1 & 3 \end{pmatrix} \longrightarrow \begin{pmatrix} 1 & 0 & \frac{1}{3} \\ 0 & 1 & -\frac{7}{3} \end{pmatrix}$ と行基本変形されるので, $x + \frac{1}{3}z = 0$, $y - \frac{7}{3}z = 0$.

$z = 3t$ とおくと, $x = -t$, $y = 7t$. よって, $\begin{pmatrix} x \\ y \\ z \end{pmatrix} = t\begin{pmatrix} -1 \\ 7 \\ 3 \end{pmatrix}$ より, 基底 $\begin{pmatrix} -1 \\ 7 \\ 3 \end{pmatrix}$, 次元 1.

(2) $\begin{pmatrix} 1 & 1 & -2 \\ 2 & 2 & -4 \end{pmatrix} \longrightarrow \begin{pmatrix} 1 & 1 & -2 \\ 0 & 0 & 0 \end{pmatrix}$ と行基本変形されるので, $x + y - 2z = 0$. $y = s$, $z = t$ とおくと, $x = -s + 2t$. よって, $\begin{pmatrix} x \\ y \\ z \end{pmatrix} = s\begin{pmatrix} -1 \\ 1 \\ 0 \end{pmatrix} + t\begin{pmatrix} 2 \\ 0 \\ 1 \end{pmatrix}$ より, 基底 $\begin{pmatrix} -1 \\ 1 \\ 0 \end{pmatrix}$, $\begin{pmatrix} 2 \\ 0 \\ 1 \end{pmatrix}$, 次元 2.

4.(1) $\begin{pmatrix} 1 & 1 & -2 & -2 & -2 \\ 1 & 2 & -3 & -1 & -2 \\ 2 & -1 & -1 & -7 & -4 \end{pmatrix} \longrightarrow \begin{pmatrix} 1 & 0 & -1 & -3 & -2 \\ 0 & 1 & -1 & 1 & 0 \\ 0 & 0 & 0 & 0 & 0 \end{pmatrix}$ と行基本変形されるので,

$x_1 - x_3 - 3x_4 - 2x_5 = 0$, $x_2 - x_3 + x_4 = 0$. $x_3 = t_1$, $x_4 = t_2$, $x_5 = t_3$ とおくと, $x_1 = t_1 + 3t_2 + 2t_3$,

$x_2 = t_1 - t_2$. よって, $\begin{pmatrix} x_1 \\ x_2 \\ x_3 \\ x_4 \\ x_5 \end{pmatrix} = t_1\begin{pmatrix} 1 \\ 1 \\ 1 \\ 0 \\ 0 \end{pmatrix} + t_2\begin{pmatrix} 3 \\ -1 \\ 0 \\ 1 \\ 0 \end{pmatrix} + t_3\begin{pmatrix} 2 \\ 0 \\ 0 \\ 0 \\ 1 \end{pmatrix}$ より, 基底

$\begin{pmatrix} 1 \\ 1 \\ 1 \\ 0 \\ 0 \end{pmatrix}, \begin{pmatrix} 3 \\ -1 \\ 0 \\ 1 \\ 0 \end{pmatrix}, \begin{pmatrix} 2 \\ 0 \\ 0 \\ 0 \\ 1 \end{pmatrix}$, 次元 3.

(2) $\begin{pmatrix} 3 & -3 & -1 \\ -2 & 1 & 1 \\ 2 & 5 & -3 \end{pmatrix} \longrightarrow \begin{pmatrix} 1 & -2 & 0 \\ 0 & 1 & -\frac{1}{3} \\ 0 & 0 & 0 \end{pmatrix}$ と行基本変形されるので, $x_1 - \frac{2}{3}x_3 = 0$,

$x_2 - \frac{1}{3}x_3 = 0$. $x_3 = 3t$ とおくと, $x_1 = 2t$, $x_2 = t$. よって, $\begin{pmatrix} x_1 \\ x_2 \\ x_3 \end{pmatrix} = t \begin{pmatrix} 2 \\ 1 \\ 3 \end{pmatrix}$ より,

基底 $\begin{pmatrix} 2 \\ 1 \\ 3 \end{pmatrix}$, 次元 1.

5. $\begin{pmatrix} a & 1 & 1 & 1 \\ 1 & a & 1 & 1 \\ 1 & 1 & a & 1 \\ 1 & 1 & 1 & a \end{pmatrix} \longrightarrow \begin{pmatrix} 1 & 1 & 1 & a \\ a-1 & 0 & 0 & 1-a \\ 0 & a-1 & 0 & 1-a \\ 0 & 0 & a-1 & 1-a \end{pmatrix}$. $a = 1$ のときは $\begin{pmatrix} 1 & 1 & 1 & 1 \\ 0 & 0 & 0 & 0 \\ 0 & 0 & 0 & 0 \\ 0 & 0 & 0 & 0 \end{pmatrix}$

より, 次元 1. $a \neq 1$ のときは, $\begin{pmatrix} 1 & 1 & 1 & a \\ 1 & 0 & 0 & -1 \\ 0 & 1 & 0 & -1 \\ 0 & 0 & 1 & -1 \end{pmatrix} \longrightarrow \begin{pmatrix} 1 & 0 & 0 & -1 \\ 0 & 1 & 0 & -1 \\ 0 & 0 & 1 & -1 \\ 0 & 0 & 0 & a+3 \end{pmatrix}$. よって,

$a = -3$ のとき次元 3, $a \neq -3$ のとき次元 4.

練習問題 3.4

1.(1) $\begin{pmatrix} -4 & 7 \\ -5 & 0 \end{pmatrix} = A_f \begin{pmatrix} -2 & 1 \\ -1 & 3 \end{pmatrix}$ より,

$$A_f = \begin{pmatrix} -4 & 7 \\ -5 & 0 \end{pmatrix} \begin{pmatrix} -2 & 1 \\ -1 & 3 \end{pmatrix}^{-1} = -\frac{1}{5} \begin{pmatrix} -4 & 7 \\ -5 & 0 \end{pmatrix} \begin{pmatrix} 3 & -1 \\ 1 & -2 \end{pmatrix} = \begin{pmatrix} 1 & 2 \\ 3 & -1 \end{pmatrix}$$

(2) $A_f = \begin{pmatrix} 1 & -4 & 1 \\ 2 & 1 & -3 \\ 0 & 7 & 5 \end{pmatrix}$

2.(1) f は線形写像であり, 表現行列は $\begin{pmatrix} 0 & 2 & -1 \\ 3 & 2 & 0 \end{pmatrix}$ (2) f は線形写像ではない.

3.(1) 線形写像であり, 行列は $\begin{pmatrix} 3 & -1 \\ 0 & 2 \end{pmatrix}$ (2) 線形写像ではない (3) 線形写像ではない

(4) 線形写像であり, 行列は $\begin{pmatrix} 1 & 0 & 0 \\ 0 & 1 & 0 \\ 0 & 0 & 0 \end{pmatrix}$ (5) 線形写像ではない

4.(1) $f(a_1+b_1, a_2+b_2, a_3+b_3) = (a_1+b_1, a_2+b_2+1, a_1+b_1-a_3-b_3)$, $f(a_1, a_2, a_3)+f(b_1, b_2, b_3) = (a_1, a_2+1, a_1-a_3) + (b_1, b_2+1, b_1-b_3) = (a_1+b_1, a_2+b_2+2, a_1+b_1-a_3-b_3)$ となり両者は等しくないので, 線形写像ではない

(2) $f(a_1+b_1, a_2+b_2) = (a_1+b_1-a_2-b_2, a_1+b_1+2a_2+2b_2, 3a_1+3a_2+4a_2+4b_2) = (a_1-a_2, a_1+2a_2, 3a_1+4a_2) + (b_1-b_2, b_1+2b_2, 3b_1+4b_2) = f(a_1, a_2) + f(b_1, b_2)$. 任意のスカラー k に対して, $f(ka_1, ka_2) = (ka_1 - ka_2, ka_1 + 2ka_2, 3ka_1 + 4ka_2) = k(a_1 - a_2, a_1 + 2a_2, 3a_1 + 4a_2) = kf(a_1, a_2)$. よって線形写像である

5.(1) $\begin{pmatrix} 1 & 0 & 0 \\ 0 & 0 & 1 \end{pmatrix}$

(2) $P(x) = ax^2 + bx + c$ とすると $P(x+1) = ax^2 + (2a+b)x + (a+b+c)$ であるから,

$$\begin{pmatrix} a \\ 2a+b \\ a+b+c \end{pmatrix} = \begin{pmatrix} 1 & 0 & 0 \\ 2 & 1 & 0 \\ 1 & 1 & 1 \end{pmatrix} \begin{pmatrix} a \\ b \\ c \end{pmatrix}$$

(3) θ 回転の行列は $\begin{pmatrix} \cos\theta & -\sin\theta \\ \sin\theta & \cos\theta \end{pmatrix}$, x 軸対称の行列は $\begin{pmatrix} 1 & 0 \\ 0 & -1 \end{pmatrix}$ であるから, 求める行列は

$$\begin{pmatrix} 1 & 0 \\ 0 & -1 \end{pmatrix}\begin{pmatrix} \cos\theta & -\sin\theta \\ \sin\theta & \cos\theta \end{pmatrix} = \begin{pmatrix} \cos\theta & -\sin\theta \\ -\sin\theta & -\cos\theta \end{pmatrix}$$

練習問題 3.5

1.(1) $\mathrm{Ker}(f) = \{t_1(0,1,0) + t_2(0,0,1) | t_1, t_2 \in \mathbb{R}\}$, $\mathrm{Im}(f) = \{t_3(1,0,0) | t_3 \in \mathbb{R}\}$.
(2) $\mathrm{Ker}(f) = \{t_1(-1,1,0) + t_2(-1,0,1) | t_1, t_2 \in \mathbb{R}\}$, $\mathrm{Im}(f) = \{t_3(1,0,0) | t_3 \in \mathbb{R}\}$.
(3) $\mathrm{Ker}(f) = \mathbb{R}^3$, $\mathrm{Im}(f) = \{\mathbf{0}\}$. (4) $\mathrm{Ker}(f) = \{\mathbf{0}\}$, $\mathrm{Im}(f) = \mathbb{R}^3$.

2. (1) $\begin{pmatrix} 1 & 0 \\ -1 & 7 \end{pmatrix} \longrightarrow \begin{pmatrix} 1 & 0 \\ 0 & 1 \end{pmatrix}$ より, $\dim(\mathrm{Im}(f)) = 2$.

(2) $\begin{pmatrix} 1 & -2 & 3 \\ -4 & 5 & -6 \end{pmatrix} \longrightarrow \begin{pmatrix} 1 & 0 & -1 \\ 0 & 1 & -2 \end{pmatrix}$ より, $\dim(\mathrm{Im}(f)) = 2$.

3.(1) $\begin{pmatrix} 1 & 1 & 0 \\ 0 & 1 & 1 \\ -1 & 0 & 1 \end{pmatrix} = A \begin{pmatrix} 1 & 0 & 0 \\ 0 & 1 & 0 \\ 0 & 0 & 1 \end{pmatrix}$ より, $A = \begin{pmatrix} 1 & 1 & 0 \\ 0 & 1 & 1 \\ -1 & 0 & 1 \end{pmatrix}\begin{pmatrix} 1 & 0 & 0 \\ 0 & 1 & 0 \\ 0 & 0 & 1 \end{pmatrix}^{-1} =$
$\begin{pmatrix} 1 & 1 & 0 \\ 0 & 1 & 1 \\ -1 & 0 & 1 \end{pmatrix}$.

(2) $\begin{pmatrix} 1 & 1 & 0 \\ 0 & 1 & 1 \\ -1 & 0 & 1 \end{pmatrix} \longrightarrow \begin{pmatrix} 1 & 0 & -1 \\ 0 & 1 & 1 \\ 0 & 0 & 0 \end{pmatrix}$ より, 行列の階数が 2 であるから, $\dim(\mathrm{Im}(T)) = 2$.

また, 例えば $\mathrm{Im}(T) = \left\{ s_1 \begin{pmatrix} 1 \\ 0 \\ -1 \end{pmatrix} + s_2 \begin{pmatrix} 1 \\ 1 \\ 0 \end{pmatrix} \middle| s_1, s_2 \in \mathbb{R} \right\}$.

(3) (2) で, $x_1 - x_3 = 0$, $x_2 + x_3 = 0$ より, $x_3 = t$ とおくと, $x_1 = t$, $x_2 = -t$. $\begin{pmatrix} x_1 \\ x_2 \\ x_3 \end{pmatrix} = t \begin{pmatrix} 1 \\ -1 \\ 1 \end{pmatrix}$.

基底ベクトルの個数が 1 であるから, $\dim(\mathrm{Ker}(T)) = 1$. よって, $\mathrm{Ker}(T) = \left\{ t \begin{pmatrix} 1 \\ -1 \\ 1 \end{pmatrix} \middle| t \in \mathbb{R} \right\}$

4.(1) $\begin{pmatrix} 2 & 1 & 0 & 0 \\ 0 & 2 & 1 & 0 \\ 0 & 0 & 2 & 1 \\ 0 & 0 & 0 & 0 \end{pmatrix} \longrightarrow \begin{pmatrix} 1 & 0 & 0 & \frac{1}{8} \\ 0 & 1 & 0 & -\frac{1}{4} \\ 0 & 0 & 1 & \frac{1}{2} \\ 0 & 0 & 0 & 0 \end{pmatrix}$ より, 像の次元は 3, 基底は例えば $\begin{pmatrix} 2 \\ 0 \\ 0 \\ 0 \end{pmatrix}$,
$\begin{pmatrix} 1 \\ 2 \\ 0 \\ 0 \end{pmatrix}$, $\begin{pmatrix} 0 \\ 1 \\ 2 \\ 0 \end{pmatrix}$. $\begin{cases} x_1 + \frac{1}{8}x_4 = 0 \\ x_2 - \frac{1}{4}x_4 = 0 \\ x_3 + \frac{1}{2}x_4 = 0 \end{cases}$ において $x_4 = 8t$ とおくと $x_1 = -t$, $x_2 = 2t$, $x_3 = -4t$.

よって, 核の次元は 1, 基底は例えば $\begin{pmatrix} -1 \\ 2 \\ -4 \\ 8 \end{pmatrix}$.

(2) $\begin{pmatrix} 2 & -6 & 7 & 1 & 6 \\ 1 & -4 & 4 & -1 & 3 \\ 2 & -2 & 5 & 7 & 6 \\ 3 & -4 & 8 & 9 & 9 \end{pmatrix} \longrightarrow \begin{pmatrix} 1 & 0 & 2 & 5 & 3 \\ 0 & 1 & -\frac{1}{2} & \frac{3}{2} & 0 \\ 0 & 0 & 0 & 0 & 0 \\ 0 & 0 & 0 & 0 & 0 \end{pmatrix}$ より, 像の次元は 2, 基底は例えば

$\begin{pmatrix} 2 \\ 1 \\ 2 \\ 3 \end{pmatrix}, \begin{pmatrix} -6 \\ -4 \\ -2 \\ -4 \end{pmatrix}$. $\begin{cases} x_1 \phantom{- \frac{1}{2}x_3} + 2x_3 + 5x_4 + 3x_5 = 0 \\ x_2 - \frac{1}{2}x_3 + \frac{3}{2}x_4 = 0 \end{cases}$ において $x_3 = 2t_1$, $x_4 = 2t_2$, $x_5 = t_3$

とおくと $x_1 = -4t_1 - 10t_2 - 3t_3$, $x_2 = t_1 - 3t_2$. $\begin{pmatrix} x_1 \\ x_2 \\ x_3 \\ x_4 \\ x_5 \end{pmatrix} = t_1 \begin{pmatrix} -4 \\ 1 \\ 2 \\ 0 \\ 0 \end{pmatrix} + t_2 \begin{pmatrix} -10 \\ -3 \\ 0 \\ 2 \\ 0 \end{pmatrix} +$

$t_3 \begin{pmatrix} -3 \\ 0 \\ 0 \\ 0 \\ 1 \end{pmatrix}$ より, 核の次元は 3, 基底は例えば $\begin{pmatrix} -4 \\ 1 \\ 2 \\ 0 \\ 0 \end{pmatrix}, \begin{pmatrix} -10 \\ -3 \\ 0 \\ 2 \\ 0 \end{pmatrix}, \begin{pmatrix} -3 \\ 0 \\ 0 \\ 0 \\ 1 \end{pmatrix}$.

章末問題

1.(1) 1 次従属　(2) $\begin{pmatrix} 1 & 0 & -3 \\ -1 & 2 & 1 \\ 3 & 1 & 1 \\ 2 & 1 & -1 \end{pmatrix} \longrightarrow \begin{pmatrix} 1 & 0 & 0 \\ 0 & 1 & 0 \\ 0 & 0 & 1 \\ 0 & 0 & 0 \end{pmatrix}$ より，1 次独立　(3) 1 次独立

(4) $\begin{pmatrix} 1 & 1 & 1 \\ 2 & 1 & 4 \\ -1 & 3 & -9 \\ 2 & -1 & 8 \end{pmatrix} \longrightarrow \begin{pmatrix} 1 & 0 & -3 \\ 0 & 1 & -2 \\ 0 & 0 & 0 \\ 0 & 0 & 0 \end{pmatrix}$ より，1 次従属

2. $\begin{vmatrix} 1 & a & -a & b \\ 1 & 2 & 0 & 1 \\ 1 & 1 & 1 & 1 \\ 1 & 2 & 1 & b \end{vmatrix} = 3(b-1) = 0$ より $b = 1$.

3.(1) 1 次従属　(2) 1 次従属

4. いずれも 3 個のベクトルから成るので，1 次独立であれば基底をなし，1 次従属であれば基底をなさない.　(1) 基底をなす　(2) 基底をなす　(3) 基底をなさない

5.(1) 基底は例えば $\begin{pmatrix} -1 \\ 4 \\ 3 \end{pmatrix}, \begin{pmatrix} 1 \\ -2 \\ -1 \end{pmatrix}$; 次元は 2

(2) 基底は例えば $\begin{pmatrix} 1 \\ 0 \\ -2 \end{pmatrix}, \begin{pmatrix} 0 \\ -1 \\ 4 \end{pmatrix}, \begin{pmatrix} 3 \\ 8 \\ 3 \end{pmatrix}$; 次元は 3

6. $\begin{pmatrix} 1 & 1 & 1 & 1 \\ 2 & 3 & 4 & 5 \\ 3 & 4 & 5 & 6 \end{pmatrix} \longrightarrow \begin{pmatrix} 1 & 0 & -1 & -2 \\ 0 & 1 & 2 & 3 \\ 0 & 0 & 0 & 0 \end{pmatrix}$ より，$\begin{cases} x_1 - x_3 - 2x_4 = 0 \\ x_2 + 2x_3 + 3x_4 = 0 \end{cases}$ $x_3 = s$, $x_4 = t$

とおくと，$\begin{pmatrix} x_1 \\ x_2 \\ x_3 \\ x_4 \end{pmatrix} = s \begin{pmatrix} 1 \\ -2 \\ 1 \\ 0 \end{pmatrix} + t \begin{pmatrix} 2 \\ -3 \\ 0 \\ 1 \end{pmatrix}$. よって，基底 $\begin{pmatrix} 1 \\ -2 \\ 1 \\ 0 \end{pmatrix}, \begin{pmatrix} 2 \\ -3 \\ 0 \\ 1 \end{pmatrix}$, 次元 2.

7. 行基本変形すると，$\begin{pmatrix} 1 & 3 & -4 & 3 \\ 0 & 1 & 1 & 3 \\ 2 & 2 & 1 & 7 \\ -1 & -2 & 5 & 0 \end{pmatrix} \longrightarrow \begin{pmatrix} 1 & 0 & 0 & 1 \\ 0 & 1 & 0 & 2 \\ 0 & 0 & 1 & 1 \\ 0 & 0 & 0 & 0 \end{pmatrix}$ より, 次元 3, 基底は例えば

$\boldsymbol{a}_1$, $\boldsymbol{a}_2$, $\boldsymbol{a}_3$.

8. 行基本変形すると，$\begin{pmatrix} 1 & 3 & 0 & 1 & 3 \\ 1 & 2 & 1 & 2 & 0 \\ -1 & 1 & -4 & 3 & 1 \\ -1 & -2 & -1 & -2 & 0 \end{pmatrix} \longrightarrow \begin{pmatrix} 1 & 0 & 3 & 4 & -6 \\ 0 & 1 & -1 & -1 & 3 \\ 0 & 0 & 0 & 1 & -1 \\ 0 & 0 & 0 & 0 & 0 \end{pmatrix}$ より，

次元 3, 基底は例えば $\boldsymbol{a}_1$, $\boldsymbol{a}_2$, $\boldsymbol{a}_4$.
9.(1) 部分空間をなさない　(2) 部分空間をなす　(3) $a_1 - 2a_2 + a_3 = 0$ より部分空間をなす

第 4 章

練習問題 4.1
1.(1) $(-6)5 + (-2)(-2) = -26$　(2) $(-4) \cdot 0 + 3 \cdot 7 + 3(-3) = 12$
(3) $1 \cdot 2 + (-1) \cdot 1 + (-4) \cdot 4 + (-5)(-3) = 0$　(4) $3 \cdot 4 + (-1) \cdot 2 + 4(-4) + 4 \cdot 2 + (-3)(-1) = 5$
2.(1) $\sqrt{(1-2)^2 + (-2-1)^2} = \sqrt{10}$　(2) $\sqrt{(-4+3)^2 + (6-4)^2 + (1+3)^2} = \sqrt{21}$
(3) $\sqrt{(0+6)^2 + (-2+2)^2 + (-2-4)^2 + (7-1)^2} = 6\sqrt{3}$
(4) $\sqrt{(3+4)^2 + (1+1)^2 + (-2+4)^2 + (-2+1)^2 + (-1-3)^2} = \sqrt{74}$
3.(1) $\sqrt{(-3)^2 + 7^2 + 0^2 + (-4)^2} = \sqrt{74}$
(2) $\sqrt{3^2 + 0^2 + (-2)^2 + 0^2} + \sqrt{0^2 + 7^2 + (-2)^2 + (-4)^2} = \sqrt{13} + \sqrt{69}$
(3) $\sqrt{6^2 + 0^2 + (-4)^2 + 0^2} + 2\sqrt{0^2 + 7^2 + (-2)^2 + (-4)^2} = 2\sqrt{13} + 2\sqrt{69}$
(4) $\sqrt{8^2 + (-20)^2 + (-2)^2 + 6^2} = 6\sqrt{14}$
(5) $\sqrt{6^2 + 0^2 + (-4)^2 + 0^2} - \sqrt{0^2 + 21^2 + (-6)^2 + (-12)^2} + \sqrt{2^2 + 1^2 + (-4)^2 + (-6)^2} =$
$2\sqrt{13} - 3\sqrt{69} + \sqrt{57}$
(6) $\left\| \frac{1}{\sqrt{57}}(2, 1, -4, -6) \right\| = \sqrt{(2/\sqrt{57})^2 + (1/\sqrt{57})^2 + (-4/\sqrt{57})^2 + (-6/\sqrt{57})^2}$
$= \sqrt{(4/57) + (1/57) + (16/57) + (36/57)} = 1$

練習問題 4.2
1.(1) $\boldsymbol{u} \cdot \boldsymbol{v} = (-1) \cdot 4 + 3 \cdot 2 + 2(-1) = 0$ より直交する　(2) $\boldsymbol{u} \cdot \boldsymbol{v} = -6 \neq 0$ より直交しない
(3) $\boldsymbol{u} \cdot \boldsymbol{v} = 0$ より直交する　(4) $\boldsymbol{u} \cdot \boldsymbol{v} = 27 \neq 0$ より直交しない
(5) $\boldsymbol{u} \cdot \boldsymbol{v} = 8 \neq 0$ より直交しない　(6) $\boldsymbol{u} \cdot \boldsymbol{v} = 0$ より直交する
2.(1) $\cos\theta = \dfrac{1 \cdot 2 + (-3) \cdot 4}{\sqrt{1^2 + (-3)^2}\sqrt{2^2 + 4^2}} = -\dfrac{1}{\sqrt{2}}$　$(\theta = \dfrac{3}{4}\pi)$
(2) $\cos\theta = \dfrac{(-1) \cdot 3 + 0 \cdot 8}{\sqrt{(-1)^2 + 0^2}\sqrt{3^2 + 8^2}} = -\dfrac{3}{\sqrt{73}}$
(3) $\cos\theta = \dfrac{(-1) \cdot 2 + 5 \cdot 4 + 2(-9)}{\sqrt{(-1)^2 + 5^2 + 2^2}\sqrt{2^2 + 4^2 + (-9)^2}} = 0$　$(\theta = \dfrac{\pi}{2})$
(4) $\cos\theta = \dfrac{4 \cdot 1 + 1 \cdot 0 + 8(-3)}{\sqrt{4^2 + 1^2 + 8^2}\sqrt{1^2 + 0^2 + (-3)^2}} = -\dfrac{20}{9\sqrt{10}}$
(5) $\cos\theta = \dfrac{1(-3) + 0(-3) + 1(-3) + 0(-3)}{\sqrt{1^2 + 0^2 + 1^2 + 0^2}\sqrt{(-3)^2 + (-3)^2 + (-3)^2 + (-3)^2}} = -\dfrac{1}{\sqrt{2}}$　$(\theta = \dfrac{3}{4}\pi)$
(6) $\cos\theta = \dfrac{2 \cdot 4 + 1 \cdot 0 + 7 \cdot 0 + (-1) \cdot 0}{\sqrt{2^2 + 1^2 + 7^2 + (-1)^2}\sqrt{4^2 + 0^2 + 0^2 + 0^2}} = \dfrac{2}{\sqrt{55}}$
3.(1) $\boldsymbol{u} \cdot \boldsymbol{v} = 9 + 3k = 0$ より $k = -3$.　(2) $\boldsymbol{u} \cdot \boldsymbol{v} = k^2 + 5k + 6 = (k+2)(k+3) = 0$ より $k = -2$, -3.
4.(1) $|\langle \boldsymbol{u}, \boldsymbol{v} \rangle| = 10$, $\|\boldsymbol{u}\|\,\|\boldsymbol{v}\| = \sqrt{13}\sqrt{17}$　(2) $|\langle \boldsymbol{u}, \boldsymbol{v} \rangle| = 7$, $\|\boldsymbol{u}\|\,\|\boldsymbol{v}\| = \sqrt{10}\sqrt{14}$
(3) $|\langle \boldsymbol{u}, \boldsymbol{v} \rangle| = 42$, $\|\boldsymbol{u}\|\,\|\boldsymbol{v}\| = \sqrt{21}\sqrt{84} = 42$　(4) $|\langle \boldsymbol{u}, \boldsymbol{v} \rangle| = 5$, $\|\boldsymbol{u}\|\,\|\boldsymbol{v}\| = 3 \cdot 2 = 6$
5. $\|\boldsymbol{a}\| = \sqrt{1^2 + 1^2 + (-2)^2 + 2^2} = \sqrt{10}$, $\|\boldsymbol{b}\| = \sqrt{(-1)^2 + 2^2 + 1^2 + (-2)^2} = \sqrt{10}$,
$\boldsymbol{a} \cdot \boldsymbol{b} = 1(-1) + 1 \cdot 2 + (-1) \cdot 1 + 2(-2) = -5$, $\cos\theta = \frac{-5}{\sqrt{10}\sqrt{10}} = -\frac{1}{2}$ より $\theta = \frac{2}{3}\pi$.
$\boldsymbol{a}$ と $\boldsymbol{b}$ の両方に垂直なベクトルを $\boldsymbol{c} = (c_1, c_2, c_3, c_4)$ とすると, $\boldsymbol{a} \cdot \boldsymbol{c} = c_1 + c_2 - 2c_3 + 2c_4 = 0$,
$\boldsymbol{b} \cdot \boldsymbol{c} = -c_1 + 2c_2 + c_3 - 2c_4 = 0$. $\begin{pmatrix} 1 & 1 & -2 & 2 \\ -1 & 2 & 1 & -2 \end{pmatrix} \longrightarrow \begin{pmatrix} 1 & 0 & -\frac{5}{3} & 2 \\ 0 & 1 & -\frac{1}{3} & 0 \end{pmatrix}$ より,
$c_3 = 3s$, $c_4 = t$ とおくと, $\boldsymbol{c} = s(5, 1, 3, 0) + t(-2, 0, 0, 1)$ (s, t は任意定数)
6. $\cos\theta = \frac{(-1) \cdot 1 + 1 \cdot 0 + 2(-1)}{\sqrt{(-1)^2 + 1^2 + 2^2}\sqrt{1^2 + 0^2 + (-1)^2}} = -\frac{\sqrt{3}}{2}$ より $\theta = \frac{5}{6}\pi$.

7. 求める単位ベクトルを $\begin{pmatrix} u_1 \\ u_2 \\ u_3 \end{pmatrix}$ とすると, $u_1 + 2u_3 = 0,\ 2u_1 + u_2 + 2u_3 = 0,\ u_1^2 + u_2^2 + u_3^2 = 1$.

これを解いて, $\begin{pmatrix} u_1 \\ u_2 \\ u_3 \end{pmatrix} = \pm\dfrac{1}{3}\begin{pmatrix} -2 \\ 2 \\ 1 \end{pmatrix}$.

練習問題 4.3

1.(1) $0 \cdot 2 + 1 \cdot 0 = 0$ より直交する (2) 直交する (3) 直交しない (4) 直交する

2.(1) $\|(2,0)\| = 2$ より正規直交しない (2) 正規直交する (4) $\|(0,0)\| = 0$ より正規直交しない

3.(1) 2番目と3番目のベクトルが直交しない (2) 直交する

(3) 2番目と3番目のベクトルが直交しない (4) 直交する

4.(2) 正規直交する (4) 正規直交する

5.(1) $(-1) \cdot 6 + 2 \cdot 3 = 0$ より直交している. $(-\frac{1}{\sqrt{5}}, \frac{2}{\sqrt{5}}), (\frac{2}{\sqrt{5}}, \frac{1}{\sqrt{5}})$

(2) $(\frac{1}{\sqrt{2}}, 0, -\frac{1}{\sqrt{2}}), (\frac{1}{\sqrt{2}}, 0, \frac{1}{\sqrt{2}}), (0, 1, 0)$

(3) $(\frac{1}{\sqrt{3}}, \frac{1}{\sqrt{3}}, \frac{1}{\sqrt{3}}), (-\frac{1}{\sqrt{2}}, \frac{1}{\sqrt{2}}, 0), (\frac{1}{\sqrt{6}}, \frac{1}{\sqrt{6}}, -\frac{2}{\sqrt{6}})$

6. $\boldsymbol{v}_1 \cdot \boldsymbol{v}_2 = \boldsymbol{v}_1 \cdot \boldsymbol{v}_3 = \boldsymbol{v}_1 \cdot \boldsymbol{v}_4 = \boldsymbol{v}_2 \cdot \boldsymbol{v}_3 = \boldsymbol{v}_2 \cdot \boldsymbol{v}_4 = \boldsymbol{v}_3 \cdot \boldsymbol{v}_4 = 0$ より直交基底をなす.

(1) $c_1\boldsymbol{v}_1 + c_2\boldsymbol{v}_2 + c_3\boldsymbol{v}_3 + c_4\boldsymbol{v}_4 = (1, -3, 2, 1)$ とおくと, $\begin{cases} c_1 - 2c_2 + c_3 + c_4 = 1 \\ -c_1 + 2c_2 + 2c_3 = -3 \\ 2c_1 + 3c_2 = 2 \\ -c_1 + 2c_2 - c_3 + c_4 = 1 \end{cases}$

行基本変形をすると, $\left(\begin{array}{cccc|c} 1 & -2 & 1 & 1 & 1 \\ -1 & 2 & 2 & 0 & -3 \\ 2 & 3 & 0 & 0 & 2 \\ -1 & 2 & -1 & 1 & 1 \end{array}\right) \longrightarrow \left(\begin{array}{cccc|c} 1 & 0 & 0 & 0 & 1 \\ 0 & 1 & 0 & 0 & 0 \\ 0 & 0 & 1 & 0 & -1 \\ 0 & 0 & 0 & 1 & 1 \end{array}\right)$ となるから,

$c_1 = 1,\ c_2 = 0,\ c_3 = -1,\ c_4 = 1$. よって, $(1, -3, 2, 1) = \boldsymbol{v}_1 - \boldsymbol{v}_3 + \boldsymbol{v}_4$.

(2) 一般に, $\left(\begin{array}{cccc|c} 1 & -2 & 1 & 1 & a \\ -1 & 2 & 2 & 0 & b \\ 2 & 3 & 0 & 0 & c \\ -1 & 2 & -1 & 1 & d \end{array}\right) \longrightarrow \left(\begin{array}{cccc|c} 1 & 0 & 0 & 0 & \frac{a-b+2c-d}{7} \\ 0 & 1 & 0 & 0 & \frac{-2a+2b+3c+2d}{21} \\ 0 & 0 & 1 & 0 & \frac{a+2b-d}{6} \\ 0 & 0 & 0 & 1 & \frac{a+d}{2} \end{array}\right)$ と行基本変形

されるから, $(a, b, c, d) = \dfrac{a-b+2c-d}{7}\boldsymbol{v}_1 + \dfrac{-2a+2b+3c+2d}{21}\boldsymbol{v}_2 + \dfrac{a+2b-d}{6}\boldsymbol{v}_3 + \dfrac{a+d}{2}\boldsymbol{v}_4$.

したがって, $(-1, 2, 3, 3) = \boldsymbol{v}_2 + \boldsymbol{v}_4$.

(3) $(2, 1, -5, -2) = -\boldsymbol{v}_1 - \boldsymbol{v}_2 + \boldsymbol{v}_3$. (4) $(3, 0, 7, 3) = 2\boldsymbol{v}_1 + \boldsymbol{v}_2 + 3\boldsymbol{v}_4$.

7.(1) $\langle \boldsymbol{w}, \boldsymbol{u}_1 \rangle = \frac{3}{\sqrt{2}} + \frac{-7}{\sqrt{2}} = -\frac{4}{\sqrt{2}},\ \langle \boldsymbol{w}, \boldsymbol{u}_2 \rangle = \frac{3}{\sqrt{2}} + \frac{7}{\sqrt{2}} = \frac{10}{\sqrt{2}}$

(2) $\langle \boldsymbol{w}, \boldsymbol{u}_1 \rangle = -\frac{2}{3} + 0 + \frac{2}{3} = 0,\ \langle \boldsymbol{w}, \boldsymbol{u}_2 \rangle = -\frac{3}{\sqrt{2}} + 0 + \frac{-4}{3} = -2,\ \langle \boldsymbol{w}, \boldsymbol{u}_3 \rangle = -\frac{1}{3} + \frac{4}{3} = 1$.

8.(1) $\boldsymbol{v}_1$ と $\boldsymbol{v}_2$ で張られる部分空間を W とし正規直交基底をつくる. $\boldsymbol{w}_1 = \boldsymbol{v}_1,\ \boldsymbol{w}_2 = \boldsymbol{v}_2 - \mathrm{proj}_{\boldsymbol{v}_1}\boldsymbol{v}_2 = \boldsymbol{v}_2 - \frac{\langle \boldsymbol{v}_2, \boldsymbol{w}_1 \rangle}{\|\boldsymbol{w}_1\|^2}\boldsymbol{w}_1 = (1, 2, 1) - \frac{3}{2}(1, 1, 0) = -\frac{1}{2}(1, -1, -2)$. 正規化して, $\boldsymbol{q}_1 = \frac{\boldsymbol{w}_1}{\|\boldsymbol{w}_1\|} = \frac{1}{\sqrt{2}}(1, 1, 0)$, $\boldsymbol{q}_2 = \frac{\boldsymbol{w}_2}{\|\boldsymbol{w}_2\|} = \frac{1}{\sqrt{6}}(1, -1, -2)$. よって求める $\boldsymbol{u}$ の W への正射影は, $\mathrm{proj}_W\boldsymbol{u} = \langle \boldsymbol{u}, \boldsymbol{q}_1 \rangle \boldsymbol{q}_1 + \langle \boldsymbol{u}, \boldsymbol{q}_2 \rangle \boldsymbol{q}_2 = \frac{2+1}{\sqrt{2}}\frac{1}{\sqrt{2}}(1, 1, 0) + \frac{2-1-6}{\sqrt{6}}\frac{1}{\sqrt{6}}(1, -1, -2) = \frac{1}{3}(2, 7, 5)$.

(2) (1) と同様にして, 正規直交基底は $\boldsymbol{q}_1 = \frac{1}{\sqrt{2}}(1, 0, 1),\ \boldsymbol{q}_2 = \frac{1}{\sqrt{6}}(-1, 2, 1)$. $\boldsymbol{u}$ の W への正射影は, $\mathrm{proj}_W\boldsymbol{u} = \langle \boldsymbol{u}, \boldsymbol{q}_1 \rangle \boldsymbol{q}_1 + \langle \boldsymbol{u}, \boldsymbol{q}_2 \rangle \boldsymbol{q}_2 = \frac{2}{\sqrt{2}}\frac{1}{\sqrt{2}}(1, 0, 1) + \frac{-12}{\sqrt{6}}\frac{1}{\sqrt{6}}(-1, 2, 1) = (3, -4, -1)$.

9.(1) $\boldsymbol{v}_1,\ \boldsymbol{v}_2,\ \boldsymbol{v}_3$ で張られる部分空間を W とし, 8 番と同様に正規直交基底をつくると, $\boldsymbol{q}_1 = \frac{1}{\sqrt{7}}(2, 1, 1, 1),\ \boldsymbol{q}_2 = \frac{1}{\sqrt{35}}(-1, -4, 3, 3),\ \boldsymbol{q}_3 = \frac{1}{\sqrt{15}}(-1, 1, 3, -2)$. $\boldsymbol{u}$ の W への正射影は, $\mathrm{proj}_W\boldsymbol{u} = \langle \boldsymbol{u}, \boldsymbol{q}_1 \rangle \boldsymbol{q}_1 + \langle \boldsymbol{u}, \boldsymbol{q}_2 \rangle \boldsymbol{q}_2 + \langle \boldsymbol{u}, \boldsymbol{q}_3 \rangle \boldsymbol{q}_3 = \frac{30}{\sqrt{7}}\frac{1}{\sqrt{7}}(2, 1, 1, 1) + \frac{27}{\sqrt{35}}\frac{1}{\sqrt{35}}(-1, -4, 3, 3) + \frac{12}{\sqrt{15}}\frac{1}{\sqrt{15}}(-1, 1, 3, -2) = (7, 2, 9, 5)$.

(2) 正規直交基底は, $\boldsymbol{q}_1 = \frac{1}{\sqrt{11}}(1, 1, 3, 0),\ \boldsymbol{q}_2 = \frac{1}{\sqrt{319}}(-13, -2, 5, 11),\ \boldsymbol{q}_3 = \frac{1}{\sqrt{290}}(9, -12, 1, 8)$. $\boldsymbol{u}$ の W への正射影は, $\mathrm{proj}_W\boldsymbol{u} = \frac{4}{\sqrt{11}}\frac{1}{\sqrt{11}}(1, 1, 3, 0) + \frac{80}{\sqrt{319}}\frac{1}{\sqrt{319}}(-13, -2, 5, 11) + \frac{16}{\sqrt{290}}\frac{1}{\sqrt{290}}(9, -12, 1, 8) = \frac{4}{5}(-3, -1, 3, 4)$.

10. $\begin{pmatrix} 1 & 1 & 0 & 0 \\ 0 & 2 & 1 & 1 \end{pmatrix} \longrightarrow \begin{pmatrix} 1 & 0 & \frac{1}{2} & -\frac{1}{2} \\ 0 & 1 & \frac{1}{2} & \frac{1}{2} \end{pmatrix}$ と行基本変形されるから, $x_1 + \frac{1}{2}x_3 - \frac{1}{2}x_4 = 0$,

$x_2 + \frac{1}{2}x_3 + \frac{1}{2}x_4 = 0$ において $x_3 = 2s$, $x_4 = 2t$ とおくと, 解は $\begin{pmatrix} x_1 \\ x_2 \\ x_3 \\ x_4 \end{pmatrix} = s\begin{pmatrix} -1 \\ -1 \\ 2 \\ 0 \end{pmatrix} + t\begin{pmatrix} 1 \\ -1 \\ 0 \\ 2 \end{pmatrix}$. ベクトル $\boldsymbol{v}_1 = \begin{pmatrix} -1 \\ -1 \\ 2 \\ 0 \end{pmatrix}$ と $\boldsymbol{v}_2 = \begin{pmatrix} 1 \\ -1 \\ 0 \\ 2 \end{pmatrix}$ はすでに直交している. よって求める直交射影は, $\frac{\langle \boldsymbol{u}, \boldsymbol{v}_1 \rangle}{\|\boldsymbol{v}_1\|^2}\boldsymbol{v}_1 + \frac{\langle \boldsymbol{u}, \boldsymbol{v}_2 \rangle}{\|\boldsymbol{v}_2\|^2}\boldsymbol{v}_2 = \frac{3}{6}\begin{pmatrix} -1 \\ -1 \\ 2 \\ 0 \end{pmatrix} + \frac{3}{6}\begin{pmatrix} 1 \\ -1 \\ 0 \\ 2 \end{pmatrix} = \begin{pmatrix} 0 \\ -1 \\ 1 \\ 1 \end{pmatrix}$.

11.(1) $\boldsymbol{v}_1 = (1, -3)$, $\boldsymbol{v}_2 = \boldsymbol{u}_2 - \frac{\langle \boldsymbol{u}_2, \boldsymbol{v}_1 \rangle}{\|\boldsymbol{v}_1\|^2}\boldsymbol{v}_1 = (2, 2) - \frac{-4}{10}(1, -3) = \frac{4}{5}(3, 1)$. $\boldsymbol{v}_1$ と $\boldsymbol{v}_2$ を正規化して, $\boldsymbol{q}_1 = \frac{1}{\sqrt{10}}(1, -3)$, $\boldsymbol{q}_2 = \frac{1}{\sqrt{10}}(3, 1)$.

(2) $\boldsymbol{v}_1 = (1, 0)$, $\boldsymbol{v}_2 = (3, -5) - \frac{3}{1}(1, 0) = (0, -5)$. 正規化して, $\boldsymbol{q}_1 = (1, 0)$, $\boldsymbol{q}_2 = (0, 1)$.

12.(1) $\boldsymbol{v}_1 = (1, 1, 1)$, $\boldsymbol{v}_2 = \boldsymbol{u}_2 - \frac{\langle \boldsymbol{u}_2, \boldsymbol{v}_1 \rangle}{\|\boldsymbol{v}_1\|^2}\boldsymbol{v}_1 = (-1, 1, 0) - \frac{0}{3}(1, 1, 1) = (-1, 1, 0)$, $\boldsymbol{v}_3 = \boldsymbol{u}_3 - \frac{\langle \boldsymbol{u}_3, \boldsymbol{v}_1 \rangle}{\|\boldsymbol{v}_1\|^2}\boldsymbol{v}_1 - \frac{\langle \boldsymbol{u}_3, \boldsymbol{v}_2 \rangle}{\|\boldsymbol{v}_2\|^2}\boldsymbol{v}_2 = (1, 2, 1) - \frac{4}{3}(1, 1, 1) - \frac{1}{2}(-1, 1, 0) = \frac{1}{6}(1, 1, -2)$. $\boldsymbol{v}_1$, $\boldsymbol{v}_2$, $\boldsymbol{v}_3$ を正規化して, $\boldsymbol{q}_1 = \frac{1}{\sqrt{3}}(1, 1, 1)$, $\boldsymbol{q}_2 = \frac{1}{\sqrt{2}}(-1, 1, 0)$, $\boldsymbol{q}_3 = \frac{1}{\sqrt{6}}(1, 1, -2)$.

(2) $\boldsymbol{v}_1 = (1, 0, 0)$, $\boldsymbol{v}_2 = (3, 7, -2) - \frac{3}{1}(1, 0, 0) = (0, 7, -2)$, $\boldsymbol{v}_3 = (0, 4, 1) - \frac{0}{1}(1, 0, 0) - \frac{26}{53}(0, 7, -2) = \frac{15}{53}(0, 2, 7)$. 正規化して, $\boldsymbol{q}_1 = (1, 0, 0)$, $\boldsymbol{q}_2 = \frac{1}{\sqrt{53}}(0, 7, -2)$, $\boldsymbol{q}_3 = \frac{1}{\sqrt{53}}(0, 2, 7)$.

13. $\boldsymbol{v}_1 = (0, 2, 1, 0)$, $\boldsymbol{v}_2 = \boldsymbol{u}_2 - \frac{\langle \boldsymbol{u}_2, \boldsymbol{v}_1 \rangle}{\|\boldsymbol{v}_1\|^2}\boldsymbol{v}_1 = (1, -1, 0, 0) - \frac{-2}{5}(0, 2, 1, 0) = \frac{1}{5}(5, -1, 2, 0)$, $\boldsymbol{v}_3 = \boldsymbol{u}_3 - \frac{\langle \boldsymbol{u}_3, \boldsymbol{v}_1 \rangle}{\|\boldsymbol{v}_1\|^2}\boldsymbol{v}_1 - \frac{\langle \boldsymbol{u}_3, \boldsymbol{v}_2 \rangle}{\|\boldsymbol{v}_2\|^2}\boldsymbol{v}_2 = (1, 2, 0, -1) - \frac{4}{5}(0, 2, 1, 0) - \frac{3/5}{30/25}\frac{1}{5}(5, -1, 2, 0) = \frac{1}{2}(1, 1, -2, -2)$, $\boldsymbol{v}_4 = \boldsymbol{u}_4 - \frac{\langle \boldsymbol{u}_4, \boldsymbol{v}_1 \rangle}{\|\boldsymbol{v}_1\|^2}\boldsymbol{v}_1 - \frac{\langle \boldsymbol{u}_4, \boldsymbol{v}_2 \rangle}{\|\boldsymbol{v}_2\|^2}\boldsymbol{v}_2 - \frac{\langle \boldsymbol{u}_4, \boldsymbol{v}_3 \rangle}{\|\boldsymbol{v}_3\|^2}\boldsymbol{v}_3 = (1, 0, 0, 1) - \frac{0}{5}(0, 2, 1, 0) - \frac{5/5}{30/25}\frac{1}{5}(5, -1, 2, 0) - \frac{-1/2}{10/4}\frac{1}{2}(1, 1, -2, -2) = \frac{4}{15}(1, 1, -2, 3)$. $\boldsymbol{v}_1$, $\boldsymbol{v}_2$, $\boldsymbol{v}_3$, $\boldsymbol{v}_4$ を正規化して, $\boldsymbol{q}_1 = \frac{1}{\sqrt{5}}(0, 2, 1, 0)$, $\boldsymbol{q}_2 = \frac{1}{\sqrt{30}}(5, -1, 2, 0)$, $\boldsymbol{q}_3 = \frac{1}{\sqrt{10}}(1, 1, -2, -2)$, $\boldsymbol{q}_4 = \frac{1}{\sqrt{15}}(1, 1, -2, 3)$.

14. $\boldsymbol{v}_1 = (1, 0, 1)$, $\boldsymbol{v}_2 = (-1, 1, 1) - \frac{0}{2}(1, 0, 1) = (-1, 1, 1)$, $\boldsymbol{v}_3 = (3, 2, 1) - \frac{4}{2}(1, 0, 1) - \frac{0}{3}(-1, 1, 1) = (1, 2, -1)$. 正規化して, $\boldsymbol{q}_1 = \frac{1}{\sqrt{2}}(1, 0, 1)$, $\boldsymbol{q}_2 = \frac{1}{\sqrt{3}}(-1, 1, 1)$, $\boldsymbol{q}_3 = \frac{1}{\sqrt{6}}(1, 2, -1)$.

15. $\boldsymbol{v}_1 = \begin{pmatrix} 1 \\ 0 \\ 1 \end{pmatrix}$, $\boldsymbol{v}_2 = \begin{pmatrix} 0 \\ 1 \\ 1 \end{pmatrix} - \frac{1}{2}\begin{pmatrix} 1 \\ 0 \\ 1 \end{pmatrix} = \frac{1}{2}\begin{pmatrix} -1 \\ 2 \\ 1 \end{pmatrix}$, $\boldsymbol{v}_3 = \begin{pmatrix} 1 \\ 1 \\ 1 \end{pmatrix} - \frac{2}{2}\begin{pmatrix} 1 \\ 0 \\ 1 \end{pmatrix} - \frac{2/2}{6/4}\frac{1}{2}\begin{pmatrix} -1 \\ 2 \\ 1 \end{pmatrix} = \frac{1}{3}\begin{pmatrix} 1 \\ 1 \\ -1 \end{pmatrix}$. $\boldsymbol{v}_1$, $\boldsymbol{v}_2$, $\boldsymbol{v}_3$ を正規化して, $\boldsymbol{q}_1 = \frac{1}{\sqrt{2}}\begin{pmatrix} 1 \\ 0 \\ 1 \end{pmatrix}$, $\boldsymbol{q}_2 = \frac{1}{\sqrt{6}}\begin{pmatrix} -1 \\ 2 \\ 1 \end{pmatrix}$, $\boldsymbol{q}_3 = \frac{1}{\sqrt{3}}\begin{pmatrix} 1 \\ 1 \\ -1 \end{pmatrix}$.

16. $\boldsymbol{v}_1 = \begin{pmatrix} 1 \\ 2 \\ -1 \end{pmatrix}$, $\boldsymbol{v}_2 = \begin{pmatrix} -1 \\ 3 \\ 1 \end{pmatrix} - \frac{4}{6}\begin{pmatrix} 1 \\ 2 \\ -1 \end{pmatrix} = \frac{5}{3}\begin{pmatrix} -1 \\ 1 \\ 1 \end{pmatrix}$, $\boldsymbol{v}_3 = \begin{pmatrix} 4 \\ 0 \\ -1 \end{pmatrix} - \frac{5}{6}\begin{pmatrix} 1 \\ 2 \\ -1 \end{pmatrix} - \frac{-5 \cdot 5/3}{3 \cdot 25/9}\frac{5}{3}\begin{pmatrix} -1 \\ 1 \\ 1 \end{pmatrix} = \frac{3}{2}\begin{pmatrix} 1 \\ 0 \\ 1 \end{pmatrix}$. 正規化して, $\boldsymbol{q}_1 = \frac{1}{\sqrt{6}}\begin{pmatrix} 1 \\ 2 \\ -1 \end{pmatrix}$, $\boldsymbol{q}_2 = \frac{1}{\sqrt{3}}\begin{pmatrix} -1 \\ 1 \\ 1 \end{pmatrix}$,

$$q_3 = \frac{1}{\sqrt{2}}\begin{pmatrix} 1 \\ 0 \\ 1 \end{pmatrix}.$$

練習問題 4.4

1.(1) $\left(\begin{vmatrix} 2 & -5 \\ -4 & 3 \end{vmatrix}, \begin{vmatrix} -5 & 4 \\ 3 & 0 \end{vmatrix}, \begin{vmatrix} 4 & 2 \\ 0 & -4 \end{vmatrix}\right) = (-14, -12, -16)$

(2) $\left(\begin{vmatrix} 0 & 3 \\ -2 & 1 \end{vmatrix}, \begin{vmatrix} 3 & 1 \\ 1 & 2 \end{vmatrix}, \begin{vmatrix} 1 & 0 \\ 2 & -2 \end{vmatrix}\right) = (6, 5, -2)$

(3) $\left(\begin{vmatrix} -2 & 0 \\ 4 & -4 \end{vmatrix}, \begin{vmatrix} 0 & 3 \\ -4 & 1 \end{vmatrix}, \begin{vmatrix} 3 & -2 \\ 1 & 4 \end{vmatrix}\right) = (8, 12, 14)$

(4) $\left(\begin{vmatrix} -3 & 2 \\ -1 & -4 \end{vmatrix}, \begin{vmatrix} 2 & -1 \\ -4 & 2 \end{vmatrix}, \begin{vmatrix} -1 & -3 \\ 2 & -1 \end{vmatrix}\right) = (14, 0, 7)$

(5) $\left(\begin{vmatrix} 2 & 1 \\ 1 & -1 \end{vmatrix}, \begin{vmatrix} 1 & 1 \\ -1 & -2 \end{vmatrix}, \begin{vmatrix} 1 & 2 \\ -2 & 1 \end{vmatrix}\right) = (-3, -1, 5)$

(6) $\left(\begin{vmatrix} 1 & -3 \\ -3 & -2 \end{vmatrix}, \begin{vmatrix} -3 & 2 \\ -2 & 4 \end{vmatrix}, \begin{vmatrix} 2 & 1 \\ 4 & -3 \end{vmatrix}\right) = (-11, -8, -10)$

2.(1) $(3, 3, 1)$ (2) $(-3, -3, -1)$ (3) $(-10, 15, -15)$ (4) $(1, 1, -3)$ (5) -1

3.(1) -18 (2) -18 (3) $(2, 14, 4)$ (4) $(20, -4, 4)$

4.(1) $\|\boldsymbol{u} \times \boldsymbol{v}\| = \|(-14, -12, -16)\| = \sqrt{(-14)^2 + (-12)^2 + (-16)^2} = 2\sqrt{149}$

(2) $\|\boldsymbol{u} \times \boldsymbol{v}\| = \|(6, 5, -2)\| = \sqrt{6^2 + 5^2 + (-2)^2} = \sqrt{65}$

5.(1) $\sin\theta = \dfrac{\|\boldsymbol{u} \times \boldsymbol{v}\|}{\|\boldsymbol{u}\|\|\boldsymbol{v}\|} = \dfrac{7\sqrt{5}}{\sqrt{14}\sqrt{21}} = \sqrt{\dfrac{5}{6}}$ (2) $\sin\theta = \dfrac{\sqrt{35}}{\sqrt{6}\sqrt{6}} = \dfrac{\sqrt{35}}{6}$

6.(1) $\begin{vmatrix} 2 & 3 & 1 \\ 3 & 1 & 2 \\ 1 & 2 & 3 \end{vmatrix} = -18$ より求める体積は $|-18| = 18$.

(2) $\begin{vmatrix} 0 & 2 & 1 \\ -1 & 2 & 0 \\ 1 & 1 & 3 \end{vmatrix} = 3$ より求める体積は $|3| = 3$.

7.(1) 分配律が成り立つから, 左辺 $= (\boldsymbol{u}\times\boldsymbol{u})+(\boldsymbol{v}\times\boldsymbol{u})-(\boldsymbol{u}\times\boldsymbol{v})-(\boldsymbol{v}\times\boldsymbol{v}) = \boldsymbol{0}-(\boldsymbol{u}\times\boldsymbol{u})-(\boldsymbol{u}\times\boldsymbol{v})-\boldsymbol{0} =$ 右辺.

(2) $\boldsymbol{w} = -\boldsymbol{u} - \boldsymbol{v}$ より, $\boldsymbol{v} \times \boldsymbol{w} = \boldsymbol{v} \times (-\boldsymbol{u} - \boldsymbol{v}) = -(\boldsymbol{v} \times \boldsymbol{u}) - (\boldsymbol{v} \times \boldsymbol{v}) = \boldsymbol{u} \times \boldsymbol{v} - \boldsymbol{0} = \boldsymbol{u} \times \boldsymbol{v}$.
$\boldsymbol{w} \times \boldsymbol{u} = (-\boldsymbol{u} - \boldsymbol{v}) \times \boldsymbol{u} = -(\boldsymbol{u} \times \boldsymbol{u}) - (\boldsymbol{v} \times \boldsymbol{u}) = -\boldsymbol{0} + (\boldsymbol{u} \times \boldsymbol{v}) = \boldsymbol{u} \times \boldsymbol{v}$.

(3) 内積では交換律が成り立つから定理 4.10(4) より, 左辺 $= (\boldsymbol{u} \cdot \boldsymbol{w})\boldsymbol{v} - (\boldsymbol{u} \cdot \boldsymbol{v})\boldsymbol{w} + (\boldsymbol{v} \cdot \boldsymbol{u})\boldsymbol{w} - (\boldsymbol{v} \cdot \boldsymbol{w})\boldsymbol{u} + (\boldsymbol{w} \cdot \boldsymbol{v})\boldsymbol{u} - (\boldsymbol{w} \cdot \boldsymbol{u})\boldsymbol{v} = \boldsymbol{0} =$ 右辺.

章末問題

1. $\|\boldsymbol{a} - \boldsymbol{b}\| = \sqrt{15}$, $\cos\theta = \dfrac{\langle \boldsymbol{a}, \boldsymbol{b} \rangle}{\|\boldsymbol{a}\|\|\boldsymbol{b}\|} = \dfrac{-3}{\sqrt{6}\sqrt{3}} = -\dfrac{1}{\sqrt{2}}$ より $\theta = \dfrac{3}{4}\pi$ $\mathrm{proj}_{\boldsymbol{a}}\boldsymbol{b} = \dfrac{\langle \boldsymbol{b}, \boldsymbol{a} \rangle}{\|\boldsymbol{a}\|^2}\boldsymbol{a} = \dfrac{-3}{3}\begin{pmatrix} 1 \\ 0 \\ 1 \\ 1 \end{pmatrix} = \begin{pmatrix} -1 \\ 0 \\ -1 \\ -1 \end{pmatrix}$, $\mathrm{proj}_{\boldsymbol{b}}\boldsymbol{a} = \dfrac{\langle \boldsymbol{a}, \boldsymbol{b} \rangle}{\|\boldsymbol{b}\|^2}\boldsymbol{b} = \dfrac{-3}{6}\begin{pmatrix} 0 \\ 1 \\ -1 \\ -2 \end{pmatrix} = \dfrac{1}{2}\begin{pmatrix} 0 \\ -1 \\ 1 \\ 2 \end{pmatrix}$

2. $\langle \boldsymbol{a}, \boldsymbol{b} \rangle = 12$, $\|\boldsymbol{a}\| = 3\sqrt{2}$, $\|\boldsymbol{b}\| = 4$, $\cos\theta = \frac{12}{3\sqrt{2}\cdot 4} = \dfrac{\sqrt{2}}{2}$ より $\theta = \dfrac{\pi}{4}$

3.(1) $(1, 3, 2) \cdot (4, -2, 1) = 4 - 6 + 2 = 0$ (2) 求める単位ベクトルを $\boldsymbol{w} = k_1\boldsymbol{e}_1 + k_2\boldsymbol{e}_2 + k_3\boldsymbol{e}_3$ とおくと, $\langle \boldsymbol{c}, \boldsymbol{w} \rangle = \langle \boldsymbol{d}, \boldsymbol{w} \rangle = 0$ かつ $\|\boldsymbol{w}\| = 1$ より, $k_1 + k_2 - k_3 = 0$, $k_1 - k_2 + k_3 = 0$, $k_1^2 + k_2^2 + k_3^2 = 1$. これを解くと $k_1 = 0$, $k_2 = k_3 = \pm\dfrac{1}{\sqrt{2}}$ となるから, $\boldsymbol{w} = \pm\dfrac{1}{\sqrt{2}}(\boldsymbol{e}_2 + \boldsymbol{e}_3)$

(3) $\mathrm{proj}_{\boldsymbol{c}}\boldsymbol{d} = \dfrac{\langle \boldsymbol{d}, \boldsymbol{c} \rangle}{\|\boldsymbol{c}\|^2}\boldsymbol{c} = -\dfrac{1}{3}(\boldsymbol{e}_1 + \boldsymbol{e}_2 - \boldsymbol{e}_3)$

(4) $\cos\theta = \dfrac{\langle \boldsymbol{u}, \boldsymbol{v} \rangle}{\|\boldsymbol{u}\|\|\boldsymbol{v}\|} = \dfrac{11}{14}$

4. $\boldsymbol{a}$, $\boldsymbol{b}$ から正規直交基底をつくると, $\boldsymbol{v}_1 = \dfrac{1}{\sqrt{14}}\begin{pmatrix} 1 \\ -2 \\ 0 \\ 3 \end{pmatrix}$, $\boldsymbol{v}_2 = \dfrac{1}{\sqrt{2618}}\begin{pmatrix} 3 \\ 36 \\ 28 \\ 23 \end{pmatrix}$. よって求める正射影は, $\langle \boldsymbol{u}, \boldsymbol{v}_1 \rangle \boldsymbol{v}_1 + \langle \boldsymbol{u}, \boldsymbol{v}_2 \rangle \boldsymbol{v}_2 = \dfrac{2}{14}\begin{pmatrix} 1 \\ -2 \\ 0 \\ 3 \end{pmatrix} + \dfrac{90}{2618}\begin{pmatrix} 3 \\ 36 \\ 28 \\ 23 \end{pmatrix} = \dfrac{2}{187}\begin{pmatrix} 23 \\ 89 \\ 90 \\ 114 \end{pmatrix}$

5. (1) $\mathrm{proj}_{\boldsymbol{a}}\boldsymbol{u} = \dfrac{\langle \boldsymbol{u}, \boldsymbol{a} \rangle}{\|\boldsymbol{a}\|^2}\boldsymbol{a} = \dfrac{6}{3}(1,1,1) = (2,2,2)$

(2) $\boldsymbol{b}$, $\boldsymbol{c}$ から正規直交基底をつくると, $\boldsymbol{v}_1 = \dfrac{1}{\sqrt{2}}(0,1,1)$, $\boldsymbol{v}_2 = (1,0,0)$. よって求める正射影は,
$\langle \boldsymbol{u}, \boldsymbol{v}_1 \rangle \boldsymbol{v}_1 + \langle \boldsymbol{u}, \boldsymbol{v}_2 \rangle \boldsymbol{v}_2 = \dfrac{5}{2}(0,1,1) + (1,0,0) = \dfrac{1}{2}(2,5,5)$

6. (1) $\left\{ \dfrac{1}{\sqrt{2}}\begin{pmatrix} -1 \\ 0 \\ 1 \end{pmatrix}, \dfrac{1}{\sqrt{6}}\begin{pmatrix} 1 \\ 2 \\ 1 \end{pmatrix}, \dfrac{1}{\sqrt{3}}\begin{pmatrix} 1 \\ -1 \\ 1 \end{pmatrix} \right\}$

(2) $\left\{ \dfrac{1}{\sqrt{10}}\begin{pmatrix} 1 \\ -3 \\ 0 \end{pmatrix}, \dfrac{1}{\sqrt{110}}\begin{pmatrix} -3 \\ -1 \\ 10 \end{pmatrix}, \dfrac{1}{\sqrt{11}}\begin{pmatrix} 3 \\ 1 \\ 1 \end{pmatrix} \right\}$

7. $\dfrac{1}{\sqrt{3}}\begin{pmatrix} -1 \\ 0 \\ 1 \\ -1 \end{pmatrix}$, $\dfrac{1}{\sqrt{3}}\begin{pmatrix} 0 \\ 1 \\ 1 \\ 1 \end{pmatrix}$, $\dfrac{1}{\sqrt{39}}\begin{pmatrix} 1 \\ -5 \\ 3 \\ 2 \end{pmatrix}$

8.(1) $\dfrac{1}{\sqrt{2}}\begin{pmatrix} 1 \\ 0 \\ 0 \\ -1 \end{pmatrix}$, $\dfrac{1}{\sqrt{6}}\begin{pmatrix} -1 \\ 2 \\ 0 \\ -1 \end{pmatrix}$, $\dfrac{1}{2\sqrt{3}}\begin{pmatrix} -1 \\ -1 \\ 3 \\ -1 \end{pmatrix}$

(2) $\dfrac{1}{\sqrt{6}}\begin{pmatrix} 1 \\ 2 \\ -1 \end{pmatrix}$, $\dfrac{1}{\sqrt{3}}\begin{pmatrix} -1 \\ 1 \\ 1 \end{pmatrix}$, $\dfrac{1}{\sqrt{2}}\begin{pmatrix} 1 \\ 0 \\ 1 \end{pmatrix}$

9. $\dfrac{1}{\sqrt{5}}(0,1,2)$, $\dfrac{1}{3\sqrt{5}}(5,4,-2)$, $\dfrac{1}{3}(-2,2,-1)$

10. $\langle \boldsymbol{a}, \boldsymbol{b} - 2\boldsymbol{c} \rangle = -33$, $\|\boldsymbol{a} + \boldsymbol{b} - \boldsymbol{c}\| = 7$, $\boldsymbol{a} \times \boldsymbol{c} = (6,14,10)$, $\boldsymbol{a} \times (\boldsymbol{b} \times \boldsymbol{c}) = (33,48,-3)$, $\langle \boldsymbol{c} \times \boldsymbol{a}, \boldsymbol{b} \rangle = -70$

11.(1) $\langle \boldsymbol{a} + 3\boldsymbol{b}, \boldsymbol{c} \rangle = -8$, $(3\boldsymbol{a}) \times \boldsymbol{b} = (3,78,33)$ (2) あるスカラー k に対して $k(\boldsymbol{a} \times \boldsymbol{c}) = k(-5,-8,6)$ (3) $(\boldsymbol{a} \times \boldsymbol{b}) \times (\boldsymbol{a} \times \boldsymbol{c}) = (244,-61,122)$

第5章

練習問題 5.1

1. 与えられた行列を A とする.

(1) 固有多項式は $|\lambda E - A| = \begin{vmatrix} \lambda - 3 & 0 \\ -8 & \lambda + 1 \end{vmatrix} = (\lambda - 3)(\lambda + 1)$ となるから, 固有値は $\lambda = 3, -1$.
固有値が 3 のとき, $\begin{pmatrix} 0 & 0 \\ -8 & 4 \end{pmatrix} \to \begin{pmatrix} 1 & -\frac{1}{2} \\ 0 & 0 \end{pmatrix}$ と行基本変形されるから, $x_1 - \frac{1}{2}x_2 = 0$ において $x_2 = 2t$ とおくと $x_1 = t$. 固有ベクトルは $\begin{pmatrix} x_1 \\ x_2 \end{pmatrix} = t\begin{pmatrix} 1 \\ 2 \end{pmatrix}$ (t は任意定数). 固有値が -1 のとき, $\begin{pmatrix} -4 & 0 \\ -8 & 0 \end{pmatrix} \to \begin{pmatrix} 1 & 0 \\ 0 & 0 \end{pmatrix}$ と行基本変形されるから, $x_1 = 0$, $x_2 = s$ (s は任意). 固

有ベクトルは $\begin{pmatrix} x_1 \\ x_2 \end{pmatrix} = s\begin{pmatrix} 0 \\ 1 \end{pmatrix}$ (s は任意定数).

(2) 固有多項式が $|\lambda E - A| = (\lambda-4)^2$ となるから, 固有値は $\lambda = 4$ (重解). 固有値が 4 のときの固有ベクトルは $t\begin{pmatrix} 3 \\ 2 \end{pmatrix}$ (t は任意定数).

(3) 固有多項式が $|\lambda E - A| = \lambda^2 - 12$ となるから, 固有値は $\lambda = \pm 2\sqrt{3}$. 固有値が $2\sqrt{3}$ のとき, 固有ベクトルは $t_1\begin{pmatrix} \sqrt{3} \\ 2 \end{pmatrix}$ (t_1 は任意定数). 固有値が $-2\sqrt{3}$ のとき, 固有ベクトルは $t_2\begin{pmatrix} -\sqrt{3} \\ 2 \end{pmatrix}$ (t_2 は任意定数).

(4) 固有多項式が $|\lambda E - A| = \lambda^2 - 11$ となるから, 固有値は $\lambda = \pm\sqrt{11}$. 固有値が $\sqrt{11}$ のとき, 固有ベクトルは $t_1\begin{pmatrix} \sqrt{11}-2 \\ 1 \end{pmatrix}$ (t_1 は任意定数). 固有値が $-\sqrt{11}$ のとき, 固有ベクトルは $t_2\begin{pmatrix} \sqrt{11}+2 \\ -1 \end{pmatrix}$ (t_2 は任意定数).

(5) 固有多項式が $|\lambda E - A| = \lambda^2$ となるから, 固有値は $\lambda = 0$ (重解). 固有値が 0 のとき x_1 も x_2 も任意に取れるので, 固有ベクトルは $s\begin{pmatrix} 1 \\ 0 \end{pmatrix} + t\begin{pmatrix} 0 \\ 1 \end{pmatrix}$ (s, t は任意定数).

(6) 固有多項式が $|\lambda E - A| = (\lambda-1)^2$ となるから, 固有値は $\lambda = 1$ (重解). 固有値が 1 のとき x_1 も x_2 も任意に取れるので, 固有ベクトルは $s\begin{pmatrix} 1 \\ 0 \end{pmatrix} + t\begin{pmatrix} 0 \\ 1 \end{pmatrix}$ (s, t は任意定数).

2. 与えられた行列を A とする.

(1) 固有多項式は $|\lambda E - A| = \begin{vmatrix} \lambda-4 & 0 & -1 \\ 2 & \lambda-1 & 0 \\ 2 & 0 & \lambda-1 \end{vmatrix} = (\lambda-1)(\lambda-2)(\lambda-3)$ となるから, 固有値は $\lambda = 1, 2, 3$. 固有値が 1 のとき, $\begin{pmatrix} -3 & 0 & -1 \\ 2 & 0 & 0 \\ 2 & 0 & 0 \end{pmatrix} \to \begin{pmatrix} 1 & 0 & 0 \\ 0 & 0 & 1 \\ 0 & 0 & 0 \end{pmatrix}$ と行基本変形されるから, $x_1 = x_3 = 0$, $x_2 = t_1$ (t_1 は任意) とおける. 固有ベクトルは $\begin{pmatrix} x_1 \\ x_2 \\ x_3 \end{pmatrix} = t_1\begin{pmatrix} 0 \\ 1 \\ 0 \end{pmatrix}$ (t_1 は任意定数). 固有値が 2 のとき, $\begin{pmatrix} -2 & 0 & -1 \\ 2 & 1 & 0 \\ 2 & 0 & 1 \end{pmatrix} \to \begin{pmatrix} 1 & 0 & \frac{1}{2} \\ 0 & 1 & -1 \\ 0 & 0 & 0 \end{pmatrix}$ と行基本変形されるから, $x_1 + \frac{1}{2}x_3 = 0$, $x_2 - x_3 = 0$. $x_3 = 2t_2$ (t_2 は任意) とおくと $x_1 = -t_2$, $x_2 = 2t_2$. 固有ベクトルは $\begin{pmatrix} x_1 \\ x_2 \\ x_3 \end{pmatrix} = t_2\begin{pmatrix} -1 \\ 2 \\ 2 \end{pmatrix}$ (t_2 は任意定数). 固有値が 3 のとき, $\begin{pmatrix} -1 & 0 & -1 \\ 2 & 2 & 0 \\ 2 & 0 & 2 \end{pmatrix} \to \begin{pmatrix} 1 & 0 & 1 \\ 0 & 1 & -1 \\ 0 & 0 & 0 \end{pmatrix}$ と行基本変形されるから, $x_1 + x_3 = 0$, $x_2 - x_3 = 0$. $x_3 = t_3$ (t_3 は任意) とおくと $x_1 = -t_3$, $x_2 = t_3$. 固有ベクトルは $\begin{pmatrix} x_1 \\ x_2 \\ x_3 \end{pmatrix} = t_3\begin{pmatrix} -1 \\ 1 \\ 1 \end{pmatrix}$ (t_3 は任意定数).

(2) 固有多項式は $|\lambda E - A| = \lambda(\lambda^2-2)$ となるから, 固有値は $\lambda = 0, \pm\sqrt{2}$. 固有値が 0 のときの固有ベクトルは $t_1\begin{pmatrix} 5 \\ 1 \\ 3 \end{pmatrix}$ (t_1 は任意定数). 固有値が $\sqrt{2}$ のときの固有ベクトルは $t_2\begin{pmatrix} 15+5\sqrt{2} \\ -1+2\sqrt{2} \\ 7 \end{pmatrix}$ (t_2 は任意定数). 固有値が 3 のときの固有ベクトルは $t_3\begin{pmatrix} 15-5\sqrt{2} \\ -1-2\sqrt{2} \\ 7 \end{pmatrix}$ (t_3 は任意定数).

(3) 固有多項式は $|\lambda E - A| = (\lambda-2)(\lambda+1)(\lambda-1)$ となるから, 固有値は $\lambda = 2, \pm 1$. 固有値が 2 の

ときの固有ベクトルは $t_1\begin{pmatrix}1\\1\\1\end{pmatrix}$ (t_1 は任意定数). 固有値が 1 のときの固有ベクトルは $t_2\begin{pmatrix}12\\11\\13\end{pmatrix}$ (t_2 は任意定数). 固有値が -1 のときの固有ベクトルは $t_3\begin{pmatrix}0\\1\\1\end{pmatrix}$ (t_3 は任意定数).

(4) 固有多項式は $|\lambda E-A|=(\lambda-1)(\lambda-2)(\lambda-4)$ となるから, 固有値は $\lambda=1,2,4$. 固有値が 1 のときの固有ベクトルは $t_1\begin{pmatrix}1\\0\\0\end{pmatrix}$ (t_1 は任意定数). 固有値が 2 のときの固有ベクトルは $t_2\begin{pmatrix}5\\1\\1\end{pmatrix}$ (t_2 は任意定数). 固有値が 4 のときの固有ベクトルは $t_3\begin{pmatrix}1\\-3\\3\end{pmatrix}$ (t_3 は任意定数).

(5) 固有多項式は $|\lambda E-A|=(\lambda-2)^3$ となるから, 固有値は $\lambda=2$ (3 重解). 固有値が 2 のときの固有ベクトルは $t\begin{pmatrix}-1\\-1\\3\end{pmatrix}$ (t は任意定数).

(6) 固有多項式は $|\lambda E-A|=(\lambda+4)(\lambda-3)^2$ となるから, 固有値は $\lambda=-4,\ 3$ (重解). 固有値が -4 のときの固有ベクトルは $t\begin{pmatrix}-6\\8\\3\end{pmatrix}$ (t は任意定数). 固有値が 3 のときの固有ベクトルは $s\begin{pmatrix}5\\-2\\1\end{pmatrix}$ (s は任意定数).

3.(1) 固有多項式は $|\lambda E-A|=(\lambda+2)(\lambda+1)(\lambda-1)^2$ となるから, 固有値は $\lambda=-2,\ -1,\ 1$ (重解). 固有値が -2 のときの固有ベクトルは $t_1\begin{pmatrix}-1\\0\\1\\0\end{pmatrix}$ (t_1 は任意定数). 固有値が -1 のときの固有ベクトルは $t_2\begin{pmatrix}-2\\1\\1\\0\end{pmatrix}$ (t_2 は任意定数). 固有値が 1 のときの固有ベクトルは $t_3\begin{pmatrix}0\\0\\0\\1\end{pmatrix}+t_4\begin{pmatrix}2\\3\\1\\0\end{pmatrix}$ ($t_3,\ t_4$ は任意定数).

(2) 固有多項式は $|\lambda E-A|=(\lambda-3)^2(\lambda-2)^2$ となるから, 固有値は $\lambda=3$ (重解), 2 (重解). 固有値が 3 のときの固有ベクトルは $s\begin{pmatrix}-1\\1\\1\\0\end{pmatrix}$ (s は任意定数). 固有値が 2 のときの固有ベクトルは $t\begin{pmatrix}1\\0\\0\\0\end{pmatrix}$ (t は任意定数).

練習問題 5.2

1. 与えられた行列を A とする.

(1) 固有多項式が $(\lambda-2)^2$ となるから, 固有値は $\lambda=2$（重解）. このとき固有ベクトルの基底として ${}^t(0,1)$ と取れるが, 2 次の正方行列に対して 1 個の基底しか存在しないから, 対角化可能ではない.

(2) 固有多項式が $(\lambda+1)(\lambda-1)$ となるから, 固有値は $\lambda=\pm1$. $\lambda=1$ のとき固有ベクトルの基底として ${}^t(3,1)$, $\lambda=-1$ のとき ${}^t(1,1)$ と取れるから, 正則行列 $P=\begin{pmatrix}3&1\\1&1\end{pmatrix}$ に対して,

$P^{-1}AP = \begin{pmatrix} 1 & 0 \\ 0 & -1 \end{pmatrix}$.

(3) 固有多項式が $(\lambda-2)(\lambda-1)$ となるから, 固有値は $\lambda=2, 1$. $\lambda=2$ のとき固有ベクトルの基底として ${}^t(3,4)$, $\lambda=1$ のとき ${}^t(4,5)$ と取れるから, 正則行列 $P = \begin{pmatrix} 3 & 4 \\ 4 & 5 \end{pmatrix}$ に対して,
$P^{-1}AP = \begin{pmatrix} 2 & 0 \\ 0 & 1 \end{pmatrix}$.

(4) 固有多項式が $\lambda(\lambda-5)$ となるから, 固有値は $\lambda=0, 5$. $\lambda=0$ のとき固有ベクトルの基底として ${}^t(2,1)$, $\lambda=5$ のとき ${}^t(-1,2)$ と取れるから, 正則行列 $P = \begin{pmatrix} 2 & -1 \\ 1 & 2 \end{pmatrix}$ に対して,
$P^{-1}AP = \begin{pmatrix} 0 & 0 \\ 0 & 5 \end{pmatrix}$.

(5) 固有多項式は $\lambda^2-8\lambda+13$. $\lambda=4+\sqrt{3}$ のとき固有ベクトルの基底として ${}^t(2-\sqrt{3},1)$, $\lambda=4-\sqrt{3}$ のとき ${}^t(2+\sqrt{3},1)$ と取れるから, $P = \begin{pmatrix} 2+\sqrt{3} & 2-\sqrt{3} \\ 1 & 1 \end{pmatrix}$ に対して $P^{-1}AP = \begin{pmatrix} 4+\sqrt{3} & 0 \\ 0 & 4-\sqrt{3} \end{pmatrix}$.

2.(1) 固有多項式が $\lambda(\lambda-1)(\lambda-2)$ となるから, 固有値は $\lambda=0, 1, 2$. $\lambda=0$ のとき固有ベクトルの基底として ${}^t(-1,1,0)$, $\lambda=1$ のとき ${}^t(0,0,1)$, $\lambda=2$ のとき ${}^t(1,1,0)$ と取れるから, 正則行列 $P = \begin{pmatrix} -1 & 0 & 1 \\ 1 & 0 & 1 \\ 0 & 1 & 0 \end{pmatrix}$ に対して, $P^{-1}AP = \begin{pmatrix} 0 & 0 & 0 \\ 0 & 1 & 0 \\ 0 & 0 & 2 \end{pmatrix}$.

(2) 固有多項式が $(\lambda-2)(\lambda-3)^2$ となるから, 固有値は $\lambda=2, 3$ (重解). $\lambda=2$ のとき固有ベクトルの基底として ${}^t(1,0,0)$, $\lambda=3$ のとき ${}^t(-2,0,1)$ と ${}^t(0,1,0)$ と取れるから, 正則行列 $P = \begin{pmatrix} 1 & -2 & 0 \\ 0 & 0 & 1 \\ 0 & 1 & 0 \end{pmatrix}$ に対して, $P^{-1}AP = \begin{pmatrix} 2 & 0 & 0 \\ 0 & 3 & 0 \\ 0 & 0 & 3 \end{pmatrix}$.

(3) 固有多項式が $(\lambda-3)(\lambda-2)^2$ となるから, 固有値は $\lambda=3, 2$ (重解). $\lambda=3$ のとき固有ベクトルの基底として ${}^t(1,0,0)$, $\lambda=2$ のとき ${}^t(0,0,1)$ と取れるが, 3 次の正方行列に対して 2 個の基底しか存在しないので、対角化可能ではない.

(4) 固有多項式が $(\lambda-1)^2(\lambda-5)$ となるから, 固有値は $\lambda=1$ (重解), 5. $\lambda=1$ のとき固有ベクトルの基底として ${}^t(2,1,4)$, $\lambda=5$ のとき ${}^t(2,-1,12)$ と取れるが, 3 次の正方行列に対して 2 個の基底しか存在しないので、対角化可能ではない.

(5) 固有多項式が $(\lambda-2)^2(\lambda-3)^2$ となるから, 固有値は $\lambda=2$ (重解), 3 (重解). $\lambda=2$ のとき固有ベクトルの基底として ${}^t(1,0,0,0)$, $\lambda=3$ のとき ${}^t(-1,1,1,0)$ と取れるが, 4 次の正方行列に対して 2 個の基底しか存在しないので、対角化可能ではない.

3.(1) 固有値は 4, 1 (重解). 固有値が 4 のとき固有ベクトルの基底として ${}^t(1,1,1)$, 固有値が 1 のとき固有ベクトルの基底として ${}^t(-1,0,1)$, ${}^t(-1,1,0)$ が取れる. よって, 正則行列 $P = \begin{pmatrix} 1 & -1 & -1 \\ 1 & 0 & 1 \\ 1 & 1 & 0 \end{pmatrix}$ に対して, $P^{-1}AP = \begin{pmatrix} 4 & 0 & 0 \\ 0 & 1 & 0 \\ 0 & 0 & 1 \end{pmatrix}$.

(2) 固有値は 6, 4, 0. 固有値が 6 のとき固有ベクトルの基底として ${}^t(1,1,1)$, 固有値が -4 のとき固有ベクトルの基底として ${}^t(-2,1,0)$, 固有値が 0 のとき固有ベクトルの基底として ${}^t(1,0,1)$ が取れる. よって, 正則行列 $P = \begin{pmatrix} 1 & -2 & 1 \\ 1 & 1 & 0 \\ 1 & 0 & 1 \end{pmatrix}$ に対して, $P^{-1}AP = \begin{pmatrix} 6 & 0 & 0 \\ 0 & -4 & 0 \\ 0 & 0 & 0 \end{pmatrix}$.

(3) 固有値は 1 (3 重解). 固有値が 1 のとき固有ベクトルの基底として ${}^t(0,0,1)$ と取れるが, 3 次の正方行列に対して 1 個の基底しか存在しないので、対角化可能ではない.

(4) 固有値は -1 (重解), 2. 固有値が -1 のとき固有ベクトルの基底として ${}^t(1,1,1)$, 固有値が 2 のとき ${}^t(1,1,0)$ と取れるが, 3 次の正方行列に対して 2 個の基底しか存在しないので、対角化可能ではない.

(5) 固有値は 5, 2, 1. 固有値が 5 のとき固有ベクトルの基底として ${}^t(1,1,1)$, 固有値が 2 のとき固有ベクトルの基底として ${}^t(-1,-1,2)$, 固有値が 1 のとき固有ベクトルの基底として ${}^t(1,-1,1)$ が取れる. よって, 正則行列 $P = \begin{pmatrix} 1 & -1 & 1 \\ 1 & -1 & -1 \\ 1 & 2 & 1 \end{pmatrix}$ に対して, $P^{-1}AP = \begin{pmatrix} 5 & 0 & 0 \\ 0 & 2 & 0 \\ 0 & 0 & 1 \end{pmatrix}$.

(6) 固有値は 5, 3 (重解). 固有値が 5 のとき固有ベクトルの基底として ${}^t(1,2,1)$, 固有値が 3 のとき固有ベクトルの基底として ${}^t(-1,0,1)$, ${}^t(0,1,0)$ が取れる. よって, 正則行列 $P = \begin{pmatrix} 1 & -1 & 0 \\ 2 & 0 & 1 \\ 1 & 1 & 0 \end{pmatrix}$ に対して, $P^{-1}AP = \begin{pmatrix} 5 & 0 & 0 \\ 0 & 3 & 0 \\ 0 & 0 & 3 \end{pmatrix}$.

(7) 固有値は -1 (重解), 3. 固有値が -1 のとき固有ベクトルの基底として ${}^t(1,-1,1)$, 固有値が 3 のとき ${}^t(1,1,1)$ と取れるが, 3 次の正方行列に対して 2 個の基底しか存在しないので、対角化可能ではない.

(8) 固有値は 7, 1 (重解). 固有値が 7 のとき固有ベクトルの基底として ${}^t(1,-1,2)$, 固有値が 1 のとき固有ベクトルの基底として ${}^t(-1,0,1)$ と ${}^t(-1,1,0)$ が取れる. よって, 正則行列 $P = \begin{pmatrix} 1 & -1 & -1 \\ 1 & -1 & 0 \\ 2 & 1 & 0 \end{pmatrix}$ に対して, $P^{-1}AP = \begin{pmatrix} 7 & 0 & 0 \\ 0 & 1 & 0 \\ 0 & 0 & 1 \end{pmatrix}$.

(9) 固有値は 2 (重解), 5. 固有値が 2 のとき固有ベクトルの基底として ${}^t(1,1,0)$, 固有値が 5 のとき ${}^t(1,1,1)$ と取れるが, 3 次の正方行列に対して 2 個の基底しか存在しないので、対角化可能ではない.

(10) 固有値は 2 (重解), 1. 固有値が 2 のとき固有ベクトルの基底として ${}^t(1,0,2)$ と ${}^t(1,2,0)$, 固有値が 1 のとき固有ベクトルの基底として ${}^t(1,0,1)$ が取れる. よって, 正則行列 $P = \begin{pmatrix} 1 & 1 & 1 \\ 0 & 2 & 0 \\ 2 & 0 & 1 \end{pmatrix}$ に対して, $P^{-1}AP = \begin{pmatrix} 2 & 0 & 0 \\ 0 & 2 & 0 \\ 0 & 0 & 1 \end{pmatrix}$.

4. A の固有値は 3, 1. 固有値が 3 のとき固有ベクトルの基底として ${}^t(-1,2)$, 固有値が 1 のとき ${}^t(1,0)$ が取れるので, 正則行列 $P = \begin{pmatrix} -1 & 1 \\ 2 & 0 \end{pmatrix}$ に対して, $P^{-1}AP = \begin{pmatrix} 3 & 0 \\ 0 & 1 \end{pmatrix}$.
よって, $P^{-1}A^{10}P = (P^{-1}AP)^{10} = \begin{pmatrix} 3^{10} & 0 \\ 0 & 1 \end{pmatrix}$ であるから, $A^{10} = P\begin{pmatrix} 59049 & 0 \\ & 0 & 1 \end{pmatrix}P^{-1} = \begin{pmatrix} -1 & 1 \\ 2 & 0 \end{pmatrix}\begin{pmatrix} 59049 & 0 \\ 0 & 1 \end{pmatrix}\frac{1}{2}\begin{pmatrix} 0 & 1 \\ 2 & 1 \end{pmatrix} = \begin{pmatrix} 1 & -29524 \\ 0 & 59049 \end{pmatrix}$

5. A の固有値は 1 (重解), -1. 固有値が 1 のとき固有ベクトルの基底として ${}^t(-4,0,1)$ と ${}^t(1,1,0)$, 固有値が -1 のとき ${}^t(1,0,0)$ が取れるので, 正則行列 $P = \begin{pmatrix} -4 & 1 & 1 \\ 0 & 1 & 0 \\ 1 & 0 & 0 \end{pmatrix}$ に対して, $P^{-1}AP = \begin{pmatrix} 1 & 0 & 0 \\ 0 & 1 & 0 \\ 0 & 0 & -1 \end{pmatrix}$. よって, $P^{-1}A^{11}P = (P^{-1}AP)^{11} = \begin{pmatrix} 1 & 0 & 0 \\ 0 & 1 & 0 \\ 0 & 0 & -1 \end{pmatrix}$ であるから, $A^{11} = P\begin{pmatrix} 1 & 0 & 0 \\ 0 & 1 & 0 \\ 0 & 0 & -1 \end{pmatrix}P^{-1} = \begin{pmatrix} -4 & 1 & 1 \\ 0 & 1 & 0 \\ 1 & 0 & 0 \end{pmatrix}\begin{pmatrix} 1 & 0 & 0 \\ 0 & 1 & 0 \\ 0 & 0 & -1 \end{pmatrix}\begin{pmatrix} 0 & 0 & 1 \\ 0 & 1 & 0 \\ 1 & -1 & 4 \end{pmatrix}$
$= \begin{pmatrix} -1 & 2 & -8 \\ 0 & 1 & 0 \\ 0 & 0 & 1 \end{pmatrix}$

6. A の固有値は 2, ±1. 固有値が 2 のとき固有ベクトルの基底として ${}^t(1,0,1)$, 固有値が 1 のとき ${}^t(1,0,0)$, 固有値が −1 のとき ${}^t(1,1,5)$ が取れるので, 正則行列 $P = \begin{pmatrix} 1 & 1 & 1 \\ 0 & 0 & 1 \\ 1 & 0 & 5 \end{pmatrix}$ に対して, $P^{-1}AP = \begin{pmatrix} 2 & 0 & 0 \\ 0 & 1 & 0 \\ 0 & 0 & -1 \end{pmatrix}$.

(1) $P^{-1}A^{100}P = (P^{-1}AP)^{100} = \begin{pmatrix} 2^{100} & 0 & 0 \\ 0 & 1 & 0 \\ 0 & 0 & 1 \end{pmatrix}$ であるから, $A^{100} = P\begin{pmatrix} 2^{100} & 0 & 0 \\ 0 & 1 & 0 \\ 0 & 0 & 1 \end{pmatrix}P^{-1}$

$= \begin{pmatrix} 1 & 1 & 1 \\ 0 & 0 & 1 \\ 1 & 0 & 5 \end{pmatrix}\begin{pmatrix} 2^{100} & 0 & 0 \\ 0 & 1 & 0 \\ 0 & 0 & 1 \end{pmatrix}\begin{pmatrix} 0 & -5 & 1 \\ 1 & 4 & -1 \\ 0 & 1 & 0 \end{pmatrix} = \begin{pmatrix} 1 & -5\cdot 2^{100}+5 & 2^{100}-1 \\ 0 & 1 & 0 \\ 0 & -5\cdot 2^{100}+5 & 2^{100} \end{pmatrix}$

(2) $P^{-1}A^{-100}P = (P^{-1}A^{-1}P)^{100} = (P^{-1}AP)^{100} = \begin{pmatrix} 2^{-100} & 0 & 0 \\ 0 & 1 & 0 \\ 0 & 0 & 1 \end{pmatrix}$ であるから, A^{-100}

$= P\begin{pmatrix} 2^{-100} & 0 & 0 \\ 0 & 1 & 0 \\ 0 & 0 & 1 \end{pmatrix}P^{-1} = \begin{pmatrix} 1 & -5\cdot 2^{-100}+5 & 2^{-100}-1 \\ 0 & 1 & 0 \\ 0 & -5\cdot 2^{-100}+5 & 2^{-100} \end{pmatrix}$

(3) $P^{-1}A^{2341}P = \begin{pmatrix} 2^{2341} & 0 & 0 \\ 0 & 1 & 0 \\ 0 & 0 & -1 \end{pmatrix}$ であるから, $A^{2341} = P\begin{pmatrix} 2^{2341} & 0 & 0 \\ 0 & 1 & 0 \\ 0 & 0 & -1 \end{pmatrix}P^{-1}$

$= \begin{pmatrix} 1 & -5\cdot 2^{2341}+3 & 2^{2341}-1 \\ 0 & -1 & 0 \\ 0 & -5\cdot 2^{2341}-5 & 2^{2341} \end{pmatrix}$

(4) $A^{-2341} = P\begin{pmatrix} 2^{-2341} & 0 & 0 \\ 0 & 1 & 0 \\ 0 & 0 & -1 \end{pmatrix}P^{-1} = \begin{pmatrix} 1 & -5\cdot 2^{-2341}+3 & 2^{-2341}-1 \\ 0 & -1 & 0 \\ 0 & -5\cdot 2^{-2341}-5 & 2^{-2341} \end{pmatrix}$

練習問題 5.3

1. 与えられた行列を A とし, ${}^tAA = E$ または $A{}^tA = E$ を確かめればよい.
2. 直交行列になるためには, $a^2+b^2+c^2=1$, $\frac{1}{\sqrt{2}}a+\frac{1}{\sqrt{3}}b+\frac{1}{\sqrt{6}}c=0$, $d^2+e^2=1$, $\frac{1}{\sqrt{3}}d+\frac{1}{\sqrt{6}}e=0$, $bd+ce=0$ をみたす必要がある. これらを解いて, $a=\frac{1}{\sqrt{2}}$, $b=-\frac{1}{\sqrt{3}}$, $c=-\frac{1}{\sqrt{6}}$, $d=-\frac{1}{\sqrt{3}}$, $e=\frac{2}{\sqrt{6}}$.

3.(1) 固有多項式は $\lambda(\lambda-10)$. $\lambda=0$ のときの固有ベクトルは ${}^t(-3,1)$; $\lambda=10$ のときの固有ベクトルは ${}^t(1,3)$. よって, 直交行列 $P=\frac{1}{\sqrt{10}}\begin{pmatrix} -3 & 1 \\ 1 & 3 \end{pmatrix}$ に対して ${}^tPAP=\begin{pmatrix} 0 & 0 \\ 0 & 10 \end{pmatrix}$.

(2) 固有多項式は $(\lambda-5)(\lambda-3)$. $\lambda=5$ のときの固有ベクトルは ${}^t(1,1)$; $\lambda=3$ のときの固有ベクトルは ${}^t(-1,1)$. よって, $P=\frac{1}{\sqrt{10}}\begin{pmatrix} 1 & -1 \\ 1 & 1 \end{pmatrix}$ に対して ${}^tPAP=\begin{pmatrix} 5 & 0 \\ 0 & 3 \end{pmatrix}$.

(3) 固有多項式は $(\lambda-4)(\lambda-1)$. $\lambda=4$ のときの固有ベクトルは ${}^t(1,\sqrt{2})$; $\lambda=1$ のときの固有ベクトルは ${}^t(-\sqrt{2},1)$. よって, $P=\frac{1}{\sqrt{3}}\begin{pmatrix} 1 & \sqrt{2} \\ -\sqrt{2} & 1 \end{pmatrix}$ に対して ${}^tPAP=\begin{pmatrix} 4 & 0 \\ 0 & 1 \end{pmatrix}$.

(4) 固有多項式は $(\lambda-3)(\lambda+2)$. $\lambda=3$ のときの固有ベクトルは ${}^t(-2,1)$; $\lambda=-2$ のときの固有ベクトルは ${}^t(1,2)$. よって, $P=\frac{1}{\sqrt{5}}\begin{pmatrix} -2 & 1 \\ 1 & 2 \end{pmatrix}$ に対して ${}^tPAP=\begin{pmatrix} 3 & 0 \\ 0 & -2 \end{pmatrix}$.

(5) 特性方程式は

$$|\lambda E-A| = \begin{vmatrix} \lambda-4 & -2 & -2 \\ -2 & \lambda-4 & -2 \\ -2 & -2 & \lambda-4 \end{vmatrix} = (\lambda-2)^2(\lambda-8)=0$$

であるから, A の固有値は $\lambda=2$ (重解), $\lambda=8$ となる. $\lambda=2$ に対応する固有空間の基底は, 例

えば

$$u_1 = \begin{pmatrix} -1 \\ 1 \\ 0 \end{pmatrix} \quad と \quad u_2 = \begin{pmatrix} -1 \\ 0 \\ 1 \end{pmatrix}$$

と取れるから, グラム-シュミットの直交化法を $\{u_1, u_2\}$ に適用して, 正規直交固有ベクトル

$$v_1 = \begin{pmatrix} -1/\sqrt{2} \\ 1/\sqrt{2} \\ 0 \end{pmatrix} \quad と \quad v_2 = \begin{pmatrix} -1/\sqrt{6} \\ -1/\sqrt{6} \\ 2/\sqrt{6} \end{pmatrix}$$

を得る.

$\lambda = 8$ に対応する固有空間の基底は, 例えば

$$u_3 = \begin{pmatrix} 1 \\ 1 \\ 1 \end{pmatrix}$$

と取れるから, グラム-シュミットの直交化法を $\{u_3\}$ に適用して

$$v_3 = \begin{pmatrix} 1/\sqrt{3} \\ 1/\sqrt{3} \\ 1/\sqrt{3} \end{pmatrix}$$

を得る. 最後に列ベクトルとして v_1, v_2, v_3 を使って, A を対角化する直交行列

$$P = \begin{pmatrix} -1/\sqrt{2} & -1/\sqrt{6} & 1/\sqrt{3} \\ 1/\sqrt{2} & -1/\sqrt{6} & 1/\sqrt{3} \\ 0 & 2/\sqrt{6} & 1/\sqrt{3} \end{pmatrix}$$

を得る. この P に対して ${}^tPAP = \begin{pmatrix} 2 & 0 & 0 \\ 0 & 2 & 0 \\ 0 & 0 & 8 \end{pmatrix}$ と A が対角化される.

(6) 固有多項式は $(\lambda+3)^2(\lambda-6)$. $\lambda = -3$ のときの固有ベクトルは例えば ${}^t(-1,0,2)$ と ${}^t(1,1,0)$. 正規直交化して ${}^t(-1/\sqrt{5}, 0, 2/\sqrt{5})$ と ${}^t(4/3\sqrt{5}, 5/3\sqrt{5}, 2/3\sqrt{5})$. $\lambda = 6$ のときの固有ベクトルは ${}^t(2,-2,1)$. 正規化して ${}^t(2/3, -2/3, 1/3)$. よって, $P = \begin{pmatrix} -1/\sqrt{5} & 4/3\sqrt{5} & 2/3 \\ 0 & 5/3\sqrt{5} & -2/3 \\ 2/\sqrt{5} & 2/3\sqrt{5} & 1/3 \end{pmatrix}$ に対して ${}^tPAP = \begin{pmatrix} -3 & 0 & 0 \\ 0 & -3 & 0 \\ 0 & 0 & 6 \end{pmatrix}$.

(7) 固有多項式は $\lambda^2(\lambda-3)$. $\lambda = 0$（重解）のときの固有ベクトルは ${}^t(-1,1,0)$ と ${}^t(-1,0,1)$. ${}^t(-1,1,0)$ と ${}^t(-1,0,1)$ を正規直交化して ${}^t(-1/\sqrt{2}, 1/\sqrt{2}, 0)$, ${}^t(-1/\sqrt{6}, -1/\sqrt{6}, 2/\sqrt{6})$. $\lambda = 3$ のときの固有ベクトルは ${}^t(1,1,1)$. 正規化して ${}^t(1/\sqrt{3}, 1/\sqrt{3}, 1/\sqrt{3})$. よって, $P = \begin{pmatrix} -1/\sqrt{2} & -1/\sqrt{6} & 1/\sqrt{3} \\ 1/\sqrt{2} & -1/\sqrt{6} & 1/\sqrt{3} \\ 0 & 2/\sqrt{6} & 1/\sqrt{3} \end{pmatrix}$ に対して ${}^tPAP = \begin{pmatrix} 0 & 0 & 0 \\ 0 & 0 & 0 \\ 0 & 0 & 3 \end{pmatrix}$.

4.(1) 固有値 $\lambda = -3$, $\lambda = -50$, $\lambda = 25$ のときの固有空間は基底としてそれぞれ ${}^t(0,1,0)$, ${}^t(3,0,4)$, $(-4,0,3)$ と取れるから, それぞれ正規化することによって, $P = \begin{pmatrix} 0 & 3/5 & -4/5 \\ 1 & 0 & 0 \\ 0 & 4/5 & 3/5 \end{pmatrix}$ に対して $P^{-1}AP = {}^tPAP = \begin{pmatrix} -3 & 0 & 0 \\ 0 & -50 & 0 \\ 0 & 0 & 25 \end{pmatrix}$.

(2) 固有値は $\lambda=0$ (重解), 2. $\lambda=0$ のとき, 固有空間の基底 ${}^t(0,0,1)$, ${}^t(-1,1,0)$ はすでに直交しているので, そのまま正規化して, ${}^t(0,0,1)$, ${}^t(-1/\sqrt{2},1/\sqrt{2},0)$. $\lambda=2$ のときの固有空間は基底 ${}^t(1,1,0)$ を正規化して ${}^t(1/\sqrt{2},1/\sqrt{2},0)$. よって, $P=\begin{pmatrix} 0 & -1/\sqrt{2} & 1/\sqrt{2} \\ 0 & 1/\sqrt{2} & 1/\sqrt{2} \\ 1 & 0 & 0 \end{pmatrix}$ に対して $P^{-1}AP={}^tPAP=\begin{pmatrix} 0 & 0 & 0 \\ 0 & 0 & 0 \\ 0 & 0 & 2 \end{pmatrix}$.

(3) 固有値は $\lambda=3$ (重解), 0. $\lambda=3$ のとき, 固有空間の基底 ${}^t(-1,0,1)$, ${}^t(-1,1,0)$ を正規直交化して, ${}^t(-1/\sqrt{2},0,1/\sqrt{2})$, ${}^t(-1/\sqrt{6},2/\sqrt{6},-1/\sqrt{6})$. $\lambda=0$ のときの固有空間は基底 ${}^t(1,1,1)$ を正規化して ${}^t(1/\sqrt{3},1/\sqrt{3},1/\sqrt{3})$. よって, $P=\begin{pmatrix} -1/\sqrt{2} & -1/\sqrt{6} & 1/\sqrt{3} \\ 0 & 2/\sqrt{6} & 1/\sqrt{3} \\ 1/\sqrt{2} & -1/\sqrt{6} & 1/\sqrt{3} \end{pmatrix}$ に対して $P^{-1}AP={}^tPAP=\begin{pmatrix} 3 & 0 & 0 \\ 0 & 3 & 0 \\ 0 & 0 & 0 \end{pmatrix}$.

(4) 固有値は $\lambda=4,\ 2,\ 0$ (重解). $\lambda=4$ のとき, 固有空間の基底 ${}^t(1,1,0,0)$ を正規化して, ${}^t(1/\sqrt{2},1/\sqrt{2},0,0)$. $\lambda=2$ のとき, 固有空間の基底 ${}^t(-1,1,0,0)$ を正規化して ${}^t(-1/\sqrt{2},1/\sqrt{2},0,0)$. $\lambda=0$ のとき, 固有空間の基底 ${}^t(0,0,0,1)$ と ${}^t(0,0,1,0)$ はすでに正規直交化されている. よって,

$$P=\begin{pmatrix} 1/\sqrt{2} & -1/\sqrt{2} & 0 & 0 \\ 1/\sqrt{2} & 1/\sqrt{2} & 0 & 0 \\ 0 & 0 & 0 & 1 \\ 0 & 0 & 1 & 0 \end{pmatrix} \text{ に対して } P^{-1}AP={}^tPAP=\begin{pmatrix} 4 & 0 & 0 & 0 \\ 0 & 2 & 0 & 0 \\ 0 & 0 & 0 & 0 \\ 0 & 0 & 0 & 0 \end{pmatrix}.$$

(5) 固有値は $\lambda=\pm 25$ (いずれも重解). $\lambda=25$ のとき, 固有空間の基底 ${}^t(0,0,3,4)$ と ${}^t(3,4,0,0)$ を正規化して, ${}^t(0,0,3/5,4/5)$, ${}^t(3/5,4/5,0,0)$. $\lambda=-25$ のときの固有空間は基底 ${}^t(0,0,-4,3)$ と ${}^t(-4,3,0,0)$ を正規化して ${}^t(0,0,-4/5,3/5)$, ${}^t(-4/5,3/5,0,0)$. よって, $P=$

$$\begin{pmatrix} 0 & 3/5 & 0 & -4/5 \\ 0 & 4/5 & 0 & 3/5 \\ 3/5 & 0 & -4/5 & 0 \\ 4/5 & 0 & 3/5 & 0 \end{pmatrix} \text{ に対して } P^{-1}AP={}^tPAP=\begin{pmatrix} 25 & 0 & 0 & 0 \\ 0 & 25 & 0 & 0 \\ 0 & 0 & -25 & 0 \\ 0 & 0 & 0 & -25 \end{pmatrix}.$$

(6) 固有値は $\lambda=8,\ 0$ (3 重解). $\lambda=8$ のとき, 固有空間の基底 ${}^t(1,1,0,0)$ を正規化して, ${}^t(1/\sqrt{2},1/\sqrt{2},0,0)$. $\lambda=0$ のとき, 固有空間の基底 ${}^t(0,0,0,1)$, ${}^t(0,0,1,0)$, ${}^t(-1,1,0,0)$ を正規直交化して, ${}^t(0,0,0,1)$, ${}^t(0,0,1,0)$, ${}^t(-1/\sqrt{2},1/\sqrt{2},0,0)$. よって,

$$P=\begin{pmatrix} 1/\sqrt{2} & 0 & 0 & -1/\sqrt{2} \\ 1/\sqrt{2} & 0 & 0 & 1/\sqrt{2} \\ 0 & 0 & 1 & 0 \\ 0 & 1 & 0 & 0 \end{pmatrix} \text{ に対して } P^{-1}AP={}^tPAP=\begin{pmatrix} 8 & 0 & 0 & 0 \\ 0 & 0 & 0 & 0 \\ 0 & 0 & 0 & 0 \\ 0 & 0 & 0 & 0 \end{pmatrix}.$$

(7) 固有値は $\lambda=3$ (重解), 1 (重解). $\lambda=3$ のとき, 固有空間の基底 ${}^t(0,0,-1,1)$ と ${}^t(-1,1,0,0)$ を正規化して, ${}^t(0,0,-1/\sqrt{2},1/\sqrt{2})$, ${}^t(-1/\sqrt{2},1/\sqrt{2},0,0)$. $\lambda=1$ のとき, 固有空間の基底 ${}^t(0,0,1,1)$ と ${}^t(1,1,0,0)$ を正規化して ${}^t(0,0,1/\sqrt{2},1/\sqrt{2})$, ${}^t(1/\sqrt{2},1/\sqrt{2},0,0)$. よって,

$$P=\begin{pmatrix} 0 & -1/\sqrt{2} & 0 & 1/\sqrt{2} \\ 0 & 1/\sqrt{2} & 0 & 1/\sqrt{2} \\ -1/\sqrt{2} & 0 & 1/\sqrt{2} & 0 \\ 1/\sqrt{2} & 0 & 1/\sqrt{2} & 0 \end{pmatrix} \text{ に対して } P^{-1}AP={}^tPAP=\begin{pmatrix} 3 & 0 & 0 & 0 \\ 0 & 3 & 0 & 0 \\ 0 & 0 & 1 & 0 \\ 0 & 0 & 0 & 1 \end{pmatrix}.$$

5.(1) 固有値は $\lambda=6,\ -3$ (重解). $\lambda=6$ のとき, 固有空間の基底 ${}^t(2,2,1)$ を正規化して, ${}^t(2/3,2/3,1/3)$. $\lambda=-3$ のとき, 固有空間の基底 ${}^t(-1,0,2)$ と ${}^t(-1,1,0)$ を正規直交化して ${}^t(-1/\sqrt{5},0,2/\sqrt{5})$, ${}^t(-4/3\sqrt{5},5/3\sqrt{5},-2/3\sqrt{5})$. よって, $P=\begin{pmatrix} 2/3 & -1/\sqrt{5} & -4/3\sqrt{5} \\ 2/3 & 0 & 5/3\sqrt{5} \\ 1/3 & 2/\sqrt{5} & -2/3\sqrt{5} \end{pmatrix}$ に対して ${}^tPAP=\begin{pmatrix} 6 & 0 & 0 \\ 0 & -3 & 0 \\ 0 & 0 & -3 \end{pmatrix}$.

(2) 固有値は $\lambda = 12,\ 1$ (重解). $\lambda = 12$ のとき, 固有空間の基底 ${}^t(1,1,3)$ を正規化して, ${}^t(1/\sqrt{11}, 1/\sqrt{11}, 3/\sqrt{11})$. $\lambda = 1$ のとき, 固有空間の基底 ${}^t(-3,0,1)$ と ${}^t(-1,1,0)$ を正規直交化して ${}^t(-3/\sqrt{10}, 0, 1/\sqrt{10})$, ${}^t(-1/\sqrt{110}, 10/\sqrt{110}, -3/\sqrt{110})$. よって, $P = \begin{pmatrix} 1/\sqrt{11} & -3/\sqrt{10} & -1/\sqrt{110} \\ 1/\sqrt{11} & 0 & 10/\sqrt{110} \\ 3/\sqrt{11} & 1/\sqrt{10} & -3/\sqrt{110} \end{pmatrix}$ に対して ${}^tPAP = \begin{pmatrix} 12 & 0 & 0 \\ 0 & 1 & 0 \\ 0 & 0 & 1 \end{pmatrix}$.

(3) 固有値は $\lambda = 2$ (重解), -1. $\lambda = 2$ のとき, 固有空間の基底 ${}^t(1,0,1)$ と ${}^t(-1,1,0)$ を正規直交化して ${}^t(1/\sqrt{2}, 0, 1/\sqrt{2})$, ${}^t(-1/\sqrt{6}, 2/\sqrt{6}, 1/\sqrt{6})$. $\lambda = -1$ のとき, 固有空間の基底 ${}^t(-1,-1,1)$ を正規化して ${}^t(-1/\sqrt{3}, -1/\sqrt{3}, 1/\sqrt{3})$. よって, $P = \begin{pmatrix} 1/\sqrt{2} & -1/\sqrt{6} & -1/\sqrt{3} \\ 0 & 2/\sqrt{6} & -1/\sqrt{3} \\ 1/\sqrt{2} & 1/\sqrt{6} & 1/\sqrt{3} \end{pmatrix}$ に対して ${}^tPAP = \begin{pmatrix} 2 & 0 & 0 \\ 0 & 2 & 0 \\ 0 & 0 & -1 \end{pmatrix}$.

(4) 固有値は $\lambda = 9,\ -1,\ 0$ であり, 固有空間は基底としてそれぞれ ${}^t(1,1,2)$, ${}^t(-1,1,0)$, ${}^t(-1,-1,1)$ と取れるから, それぞれ正規化することによって, $P = \begin{pmatrix} 1/\sqrt{6} & -1/\sqrt{2} & -1/\sqrt{3} \\ 1/\sqrt{6} & 1/\sqrt{2} & -1/\sqrt{3} \\ 2/\sqrt{6} & 0 & 1/\sqrt{3} \end{pmatrix}$ に対して ${}^tPAP = \begin{pmatrix} 9 & 0 & 0 \\ 0 & -1 & 0 \\ 0 & 0 & 0 \end{pmatrix}$.

(5) 固有値は $\lambda = 15,\ 1$ (重解). $\lambda = 15$ のとき, 固有空間の基底 ${}^t(1,2,3)$ を正規化して, ${}^t(1/\sqrt{14}, 2/\sqrt{14}, 3/\sqrt{14})$. $\lambda = 1$ のとき, 固有空間の基底 ${}^t(-3,0,1)$ と ${}^t(-2,1,0)$ を正規直交化して ${}^t(-3/\sqrt{10}, 0, 1/\sqrt{10})$, ${}^t(-1/\sqrt{35}, 5/\sqrt{35}, -3/\sqrt{35})$. よって, $P = \begin{pmatrix} 1/\sqrt{14} & -3/\sqrt{10} & -1/\sqrt{35} \\ 2/\sqrt{14} & 0 & 5/\sqrt{35} \\ 3/\sqrt{14} & 1/\sqrt{10} & -3/\sqrt{35} \end{pmatrix}$ に対して ${}^tPAP = \begin{pmatrix} 15 & 0 & 0 \\ 0 & 1 & 0 \\ 0 & 0 & 1 \end{pmatrix}$.

(6) 固有値は $\lambda = 2,\ \pm 1$ であり, 固有空間は基底としてそれぞれ ${}^t(1,1,1)$, ${}^t(-1,1,0)$, ${}^t(-1,-1,2)$ と取れるから, それぞれ正規化することによって, $P = \begin{pmatrix} 1/\sqrt{3} & -1/\sqrt{2} & -1/\sqrt{6} \\ 1/\sqrt{3} & 1/\sqrt{2} & -1/\sqrt{6} \\ 1/\sqrt{3} & 0 & 2/\sqrt{6} \end{pmatrix}$ に対して ${}^tPAP = \begin{pmatrix} 2 & 0 & 0 \\ 0 & 1 & 0 \\ 0 & 0 & -1 \end{pmatrix}$.

章末問題

1.(1) 固有値は $-1,\ 2,\ -3$. 対応する固有空間はそれぞれ, $\left\{ t_1 \begin{pmatrix} 1 \\ 1 \\ 1 \end{pmatrix} \middle| t_1 \in \mathbb{R} \right\}$, $\left\{ t_2 \begin{pmatrix} 1 \\ 2 \\ 1 \end{pmatrix} \middle| t_2 \in \mathbb{R} \right\}$, $\left\{ t_3 \begin{pmatrix} 0 \\ 1 \\ 1 \end{pmatrix} \middle| t_3 \in \mathbb{R} \right\}$.

(2) 固有値は -2 (重解), -1. 対応する固有空間はそれぞれ, $\left\{ t_1 \begin{pmatrix} 1 \\ 0 \\ 2 \end{pmatrix} + t_2 \begin{pmatrix} 1 \\ 4 \\ 0 \end{pmatrix} \middle| t_1, t_2 \in \mathbb{R} \right\}$, $\left\{ t_3 \begin{pmatrix} 1 \\ 1 \\ 1 \end{pmatrix} \middle| t_3 \in \mathbb{R} \right\}$.

2. 正則行列 $P = \begin{pmatrix} 1 & 1 & 0 \\ 1 & 2 & 1 \\ 1 & 1 & 1 \end{pmatrix}$ に対して, $P^{-1}AP = \begin{pmatrix} -1 & 0 & 0 \\ 0 & 2 & 0 \\ 0 & 0 & -3 \end{pmatrix}$.

3.(1) 固有値は 5, 4, 1. 対応する固有空間はそれぞれ, $\left\{ t_1 \begin{pmatrix} -2 \\ 1 \\ 1 \end{pmatrix} \middle| t_1 \in \mathbb{R} \right\}$, $\left\{ t_2 \begin{pmatrix} -1 \\ 1 \\ 1 \end{pmatrix} \middle| t_2 \in \mathbb{R} \right\}$, $\left\{ t_3 \begin{pmatrix} 0 \\ -1 \\ 1 \end{pmatrix} \middle| t_3 \in \mathbb{R} \right\}$.

(2) 固有値は 4, 1 (重解). 対応する固有空間はそれぞれ, $\left\{ t_1 \begin{pmatrix} 1 \\ -1 \\ 1 \end{pmatrix} \middle| t_1 \in \mathbb{R} \right\}$, $\left\{ t_2 \begin{pmatrix} -1 \\ 0 \\ 1 \end{pmatrix} + t_3 \begin{pmatrix} 1 \\ 1 \\ 0 \end{pmatrix} \middle| t_2, t_3 \in \mathbb{R} \right\}$.

4. 正則行列 $P = \begin{pmatrix} -2 & -1 & 0 \\ 1 & 1 & -1 \\ 1 & 1 & 1 \end{pmatrix}$ に対して, $P^{-1}AP = \begin{pmatrix} 5 & 0 & 0 \\ 0 & 4 & 0 \\ 0 & 0 & 1 \end{pmatrix}$.

5.(1) 固有値は 3, 1, 0. 対応する固有ベクトル（基底）はそれぞれ, $\begin{pmatrix} 1 \\ 0 \\ 1 \end{pmatrix}$, $\begin{pmatrix} -1 \\ -2 \\ 1 \end{pmatrix}$, $\begin{pmatrix} -2 \\ 0 \\ 1 \end{pmatrix}$.

(2) 固有値は 5, 3 (重解). 対応する固有ベクトルはそれぞれ, $\begin{pmatrix} 1 \\ 1 \\ 2 \end{pmatrix}$, $\begin{pmatrix} 1 \\ 0 \\ 1 \end{pmatrix}$, $\begin{pmatrix} 0 \\ 1 \\ 0 \end{pmatrix}$.

6.(1) 固有値は 4, 2 (重解). 対応する固有ベクトル（基底）はそれぞれ, $\begin{pmatrix} 2 \\ 1 \\ 1 \end{pmatrix}$, $\begin{pmatrix} 0 \\ 1 \\ 1 \end{pmatrix}$. 3 次の正方行列に対して 2 個の基底しか存在しないので、対角化可能ではない.

(2) 固有値は 8, −1 (重解). 対応する固有ベクトルはそれぞれ, $\begin{pmatrix} 1 \\ 1 \\ 2 \end{pmatrix}$, $\begin{pmatrix} -3 \\ 0 \\ 1 \end{pmatrix}$, $\begin{pmatrix} -2 \\ 1 \\ 0 \end{pmatrix}$. 正則行列 $P = \begin{pmatrix} 1 & -3 & -2 \\ 1 & 0 & 1 \\ 2 & 1 & 0 \end{pmatrix}$ に対して, $P^{-1}AP = \begin{pmatrix} 8 & 0 & 0 \\ 0 & -1 & 0 \\ 0 & 0 & -1 \end{pmatrix}$.

(3) 固有値は 6, 4, 2. 対応する固有ベクトルはそれぞれ, $\begin{pmatrix} -1 \\ -1 \\ 1 \end{pmatrix}$, $\begin{pmatrix} 1 \\ -1 \\ 1 \end{pmatrix}$, $\begin{pmatrix} -1 \\ 1 \\ 1 \end{pmatrix}$. 正則行列 $P = \begin{pmatrix} -1 & 1 & -1 \\ -1 & -1 & 1 \\ 1 & 1 & 1 \end{pmatrix}$ に対して, $P^{-1}AP = \begin{pmatrix} 6 & 0 & 0 \\ 0 & 4 & 0 \\ 0 & 0 & 2 \end{pmatrix}$.

(4) 固有値は 2 (重解), 1. 対応する固有ベクトルはそれぞれ, $\begin{pmatrix} 1 \\ 0 \\ 1 \end{pmatrix}$, $\begin{pmatrix} -1 \\ 1 \\ 0 \end{pmatrix}$, $\begin{pmatrix} 1 \\ -1 \\ 1 \end{pmatrix}$. 正則行列 $P = \begin{pmatrix} 1 & -1 & 1 \\ 0 & 1 & -1 \\ 1 & 0 & 1 \end{pmatrix}$ に対して, $P^{-1}AP = \begin{pmatrix} 2 & 0 & 0 \\ 0 & 2 & 0 \\ 0 & 0 & 1 \end{pmatrix}$.

(5) 固有値は 2 (3 重解). 固有ベクトルは $\begin{pmatrix} 1 \\ 1 \\ 1 \end{pmatrix}$. 3 次の正方行列に対して 1 個の基底しか存在しないので、対角化可能ではない.

(6) 固有値は 1 (3 重解). 固有ベクトルは $\begin{pmatrix} 2 \\ 0 \\ 1 \end{pmatrix}$, $\begin{pmatrix} -1 \\ 1 \\ 0 \end{pmatrix}$. 3 次の正方行列に対して 2 個の基底しか存在しないので、対角化可能ではない.

7.(1) 固有値 9 (重解) のときの固有ベクトル $\begin{pmatrix} 2 \\ 0 \\ 1 \end{pmatrix}$, $\begin{pmatrix} -2 \\ 1 \\ 0 \end{pmatrix}$ から正規直交ベクトルをつくると,

$\begin{pmatrix} 2/\sqrt{5} \\ 0 \\ 1/\sqrt{5} \end{pmatrix}$, $\begin{pmatrix} -2/3\sqrt{5} \\ 5/3\sqrt{5} \\ 4/3\sqrt{5} \end{pmatrix}$. 固有値 0 のときの固有ベクトル $\begin{pmatrix} -1 \\ -2 \\ 2 \end{pmatrix}$ を正規化して, $\begin{pmatrix} -1/3 \\ -2/3 \\ 2/3 \end{pmatrix}$.

よって, 直交行列 $P = \begin{pmatrix} 2/\sqrt{5} & -2/3\sqrt{5} & -1/3 \\ 0 & 5/3\sqrt{5} & -2/3 \\ 1/\sqrt{5} & 4/3\sqrt{5} & 2/3 \end{pmatrix}$ に対して, ${}^tPAP = \begin{pmatrix} 9 & 0 & 0 \\ 0 & 9 & 0 \\ 0 & 0 & 0 \end{pmatrix}$.

(2) 固有値 -4 のときの固有ベクトル $\begin{pmatrix} 1 \\ -2 \\ 1 \end{pmatrix}$ を正規化して, $\begin{pmatrix} 1/\sqrt{6} \\ -2/\sqrt{6} \\ 1/\sqrt{6} \end{pmatrix}$. 固有値 2 (重解) のとき

の固有ベクトル $\begin{pmatrix} -1 \\ 0 \\ 1 \end{pmatrix}$, $\begin{pmatrix} 2 \\ 1 \\ 0 \end{pmatrix}$ から正規直交ベクトルをつくると, $\begin{pmatrix} -1/\sqrt{2} \\ 0 \\ 1/\sqrt{2} \end{pmatrix}$, $\begin{pmatrix} 1/\sqrt{3} \\ 1/\sqrt{3} \\ 1/\sqrt{3} \end{pmatrix}$.

よって, 直交行列 $P = \begin{pmatrix} 1/\sqrt{6} & -1/\sqrt{2} & 1/\sqrt{3} \\ -2/\sqrt{6} & 0 & 1/\sqrt{3} \\ 1/\sqrt{6} & 1/\sqrt{2} & 1/\sqrt{3} \end{pmatrix}$ に対して, ${}^tPAP = \begin{pmatrix} -4 & 0 & 0 \\ 0 & 2 & 0 \\ 0 & 0 & 2 \end{pmatrix}$.

(3) 固有値 8 のときの固有ベクトル $\begin{pmatrix} 2 \\ 1 \\ 2 \end{pmatrix}$ を正規化して, $\begin{pmatrix} 2/3 \\ 1/3 \\ 2/3 \end{pmatrix}$. 固有値 -1 (重解) のときの固

有ベクトル $\begin{pmatrix} -1 \\ 0 \\ 1 \end{pmatrix}$, $\begin{pmatrix} -1 \\ 2 \\ 0 \end{pmatrix}$ から正規直交ベクトルをつくると, $\begin{pmatrix} -1/\sqrt{2} \\ 0 \\ 1/\sqrt{2} \end{pmatrix}$, $\begin{pmatrix} -1/3\sqrt{2} \\ 4/3\sqrt{2} \\ -1/3\sqrt{2} \end{pmatrix}$.

よって, 直交行列 $P = \begin{pmatrix} 2/3 & -1/\sqrt{2} & -1/3\sqrt{2} \\ 1/3 & 0 & 4/3\sqrt{2} \\ 2/3 & 1/\sqrt{2} & -1/3\sqrt{2} \end{pmatrix}$ に対して, ${}^tPAP = \begin{pmatrix} 8 & 0 & 0 \\ 0 & -1 & 0 \\ 0 & 0 & -1 \end{pmatrix}$.

(4) 固有値 6, 3, 0 に対応する固有ベクトル $\begin{pmatrix} 1 \\ -2 \\ 2 \end{pmatrix}$, $\begin{pmatrix} -2 \\ 1 \\ 2 \end{pmatrix}$, $\begin{pmatrix} 2 \\ 2 \\ 1 \end{pmatrix}$ をそれぞれ正規化して,

$\begin{pmatrix} 1/3 \\ -2/3 \\ 2/3 \end{pmatrix}$, $\begin{pmatrix} -2/3 \\ 1/3 \\ 2/3 \end{pmatrix}$, $\begin{pmatrix} 2/3 \\ 2/3 \\ 1/3 \end{pmatrix}$. よって, 直交行列 $P = \dfrac{1}{3}\begin{pmatrix} 1 & -2 & 2 \\ -2 & 1 & 2 \\ 2 & 2 & 1 \end{pmatrix}$ に対して,

${}^tPAP = \begin{pmatrix} 6 & 0 & 0 \\ 0 & 3 & 0 \\ 0 & 0 & 0 \end{pmatrix}$.

(5) 固有値 4 のときの固有ベクトル $\begin{pmatrix} 1 \\ -1 \\ 2 \end{pmatrix}$ を正規化して, $\begin{pmatrix} 1/\sqrt{6} \\ -1/\sqrt{6} \\ 2/\sqrt{6} \end{pmatrix}$. 固有値 -2 (重解) のとき

の固有ベクトル $\begin{pmatrix} -2 \\ 0 \\ 1 \end{pmatrix}$, $\begin{pmatrix} 1 \\ 1 \\ 0 \end{pmatrix}$ から正規直交ベクトルをつくると, $\begin{pmatrix} -2/\sqrt{5} \\ 0 \\ 1/\sqrt{5} \end{pmatrix}$, $\begin{pmatrix} 1/\sqrt{30} \\ 5/\sqrt{30} \\ 2/\sqrt{30} \end{pmatrix}$.

よって, 直交行列 $P = \begin{pmatrix} 1/\sqrt{6} & -2/\sqrt{5} & 1/\sqrt{30} \\ -1/\sqrt{6} & 0 & 5/\sqrt{30} \\ 2/\sqrt{6} & 1/\sqrt{5} & 2/\sqrt{30} \end{pmatrix}$ に対して, ${}^tPAP = \begin{pmatrix} 4 & 0 & 0 \\ 0 & -2 & 0 \\ 0 & 0 & -2 \end{pmatrix}$.

(6) 固有値 $3a-1$ のときの固有ベクトル $\begin{pmatrix} 1 \\ 1 \\ 1 \end{pmatrix}$ を正規化して, $\begin{pmatrix} 1/\sqrt{3} \\ 1/\sqrt{3} \\ 1/\sqrt{3} \end{pmatrix}$. 固有値 -1 (重

解) のときの固有ベクトル $\begin{pmatrix} -1 \\ 0 \\ 1 \end{pmatrix}$, $\begin{pmatrix} -1 \\ 1 \\ 0 \end{pmatrix}$ から正規直交ベクトルをつくると, $\begin{pmatrix} -1/\sqrt{2} \\ 0 \\ 1/\sqrt{2} \end{pmatrix}$,

$\begin{pmatrix} -1/\sqrt{6} \\ 2/\sqrt{6} \\ -1/\sqrt{6} \end{pmatrix}$. よって, 直交行列 $P = \begin{pmatrix} 1/\sqrt{3} & -1/\sqrt{2} & -1/\sqrt{6} \\ 1/\sqrt{3} & 0 & 2/\sqrt{6} \\ 1/\sqrt{3} & 1/\sqrt{2} & -1/\sqrt{6} \end{pmatrix}$ に対して,

${}^tPAP = \begin{pmatrix} 3a-1 & 0 & 0 \\ 0 & -1 & 0 \\ 0 & 0 & -1 \end{pmatrix}$.

索引

参考文献

(1) H. Anton and C. Rorres, Elementary Linear Algebra 9th Edition, Wiley, 2005.

(2) D. S. Berstein, Matrix Mathematics, Princeton, 2008.

(3) R. Bronson and G. B. Costa, Matrix Method, Applied Linear Algebra, 3rd Edition, Academic Press, 2009.

■著者紹介

小松　尚夫（こまつ　たかお）

秋田県生まれ

弘前大学大学院理工学研究科教授（Ph.D）

線形代数学　講義と演習

―連立方程式の解法から学ぶ―

2010年 4 月 30 日　初版第 1 刷発行

■著　　者――小松尚夫

■発 行 者――佐藤　守

■発 行 所――株式会社　大学教育出版

〒700-0953　岡山市南区西市 855-4

電話 (086)244-1268㈹　FAX (086)246-0294

■印刷製本――サンコー印刷㈱

ISBN978 - 4 - 88730 - 971 - 5